U0206508

教育部人文社会科学重点研究基地基金
中央高校基本科研业务费专项资金·"南中国海" **资助**
问题（201362005）

中国海洋社会学研究

Chinese Ocean Sociology Studies Vol.1

中国社会学会海洋社会学专业委员会（筹）主办
中国海洋大学 承办

2013年卷
总第1卷

崔凤◎主编
王书明◎执行主编

社会科学文献出版社
SOCIAL SCIENCES ACADEMIC PRESS (CHINA)

编辑委员会名单

发 刊 词

"海洋社会学"作为一个新兴的社会学研究领域至今已有十余载，在这期间，海洋社会学不仅在一系列社会学基础理论研究领域获得了学界同仁持续、热烈的讨论，出现了令人欣喜的发展势头，而且在社会学界获得了越来越多的关注。例如，"海洋社会学研究"曾入选"2010年度国家社会科学基金项目课题指南"。再如，我国两位知名社会学家——中央财经大学的杨敏教授与中国人民大学的郑杭生教授曾在 2010 年第 6 期的《思想战线》上发表了评价"十一五"期间中国理论社会学研究进展的重要论文《中国理论社会学研究：进展回顾与趋势瞻望》，文中用较长篇幅专门提及海洋社会学理论在我国的研究进展情况，并特别强调，海洋社会学等几项分支理论研究的推进将是"十二五"期间中国社会学理论发展可以预计到的主要发展趋势之一。又如，在中国社会学会 2012 年学术年会的闭幕式上，宋林飞会长强调，要加强包括海洋社会学研究在内的几个社会学分支学科的研究。正如杨敏教授与郑杭生教授在上文中所提及的，海洋社会学的学科发展"势头迅猛、方兴未艾"。

中国社会学会海洋社会学专业委员会（筹）（以下简称"海洋社会学专委会"）是致力于海洋社会学研究和相关服务的全国性群众学术团体，由从事海洋社会学研究的专家、学者和从事海洋工作的单位及个人共同组成，接受中国社会学会的指导和监督。海洋社会学专委会于 2009 年获得中国社会学会理事会批准成立，并于 2010 年 7 月中国社会学会学术年会期间，在哈尔滨召开了专业委员会的会员代表大会，讨论通过了海洋社会学专委会章程，选举产生了理事长、副理事长、秘书长。迄今为止，海洋社会学专委会已借助中国社会学会学术年会这个平台，成功主办了三届"中国海洋社会学论坛"。从这三年所提交的参会论文数来看，2010 年为 22 篇，2011年为 26 篇，2012 年则为 46 篇，单这一项数据就足以说明海洋社会学学科队伍的成长之迅速。论坛的参与人员既有来自全国各地综合、专业院校的师生，又包括海洋开发、利用和保护相关岗位上的工作人员；既有长年致力于海洋、海事专业领域探索的研究者，也不乏从社会学及其他社会科学视角对人类海洋开发行为予以特别关注的学者；既有对海洋社会学寄予殷切期望的德高望重的前辈，也有作为未来学科发展生力军的生机勃勃的中青年学者。海洋社会学这门新兴学科正在显示自身强大的发展潜力。

在海洋社会学专委会主办的三届"中国海洋社会学论坛"中，第一届论坛主题为"海洋开发与社会变迁"，由中国海洋大学法政学院承办，于 2010 年 7 月在哈尔滨市举行；第二届论坛由上海海洋大学海洋文化研究中心承办，于 2011 年 7 月在南昌市举行，主题为"海洋社会管理与文化建设"；第三届论坛再次由中国海洋大学法政学院承办，于 2012 年 7 月在银川市举行，主题为"海洋社会学与海洋管理"。今年，由上海海洋大学海洋文化研究中心等承办的主题为"海洋社会变迁与海洋强国建设"的第四届中国海洋社会学论坛又将于 7 月在贵阳市举行，中国海洋社会学论坛也将第四次迎来属于我国海洋社会学界的年度盛会。

正值第四届中国海洋社会学论坛举办之际，我们郑重推出由社会科学文献出版社公开出版的中国社会学会海洋社会学专业委员会（筹）会刊《中国海洋社会学研究》，作为中国海洋社会学论坛的最终成果以展示我国海洋社会学的发展成就。

出版《中国海洋社会学研究》这个学术集刊，不仅是我个人长期以来的愿望，也是为了给海洋社会学作为一门独立学科从起步走向成熟建起一座必然要依托的学术平台。十年前，在海洋社会及海洋社会学被提出之时，学者们的思考主要围绕以下主题：第一，"什么是海洋社会学？"——海洋社会学研究的内容是什么？海洋社会学作为一门学科应关注什么？第二，"海洋社会学何以需要？"——海洋社会学作为社会学大家庭中的一员，它的诞生有何必然？它的发展是基于什么样的社会动因？第三，"海洋社会学要怎样发展？"——海洋社会学的研究应遵循哪些基本规律？这门学科的研究范式是怎样的？在学科诞生之初，这样的思考如同在社会学的大地里种下了一颗富有生命力的种子，萌发出社会学界、社会科学界对人类海洋开发实践活动的关怀。十年之间，大家基于对学术研究以及对我们共同的海洋事业的使命感，一起细心呵护、守望着海洋社会学的成长，不仅为海洋社会学逐步培育起日趋稳固、强健的学科体系主干，也基于中国经验、中国海洋开发实践活动的经验以及我国共同关注的全人类海洋开发实践活动的经验，为这一学科添枝加叶。海洋社会学，这株当年从社会学大地上破土而出的小树苗，已经苗壮成长并渐趋枝繁叶茂。十年后的今天，我们比以往任何时候都更为迫切地需要一片属于海洋社会学界的天地，一个供海洋社会学界共同展演的舞台，来汇聚各家之言，组织更富针对性的争辩，接受更加全方位的批判，以形成更成熟、更系统也更鲜明的学术观点，为海洋社会学明天的突飞猛进打好坚实的基础。

我们相信，唯有依靠大家的力量，才能为共同关心人类海洋开发实践活动的学界同仁搭建起这样一个展示、检验和完善海洋社会学成果的年度平台。出于这样的信念，我们建议，从每年的中国海洋社会学论坛参会论文中选取部分具有代表性的论文，形成文集，公开出版，来印证海洋社会学在学科发展历程中留下的不断前行的足迹。值此发刊之际，让我们共同为海洋社会学欣欣向荣的明天深切祈福。

崔　凤

2013 年 6 月 25 日

于中国海洋大学崂山校区工作室

卷 首 语

2012 年 7 月 14—15 日，中国社会学会在宁夏银川召开了一年一度的学术年会，与此同时，我国海洋社会学界也迎来了属于自己的年度盛会。由中国社会学会海洋社会学专业委员会（筹）主办，中国海洋大学法政学院社会学研究所承办，广东海洋大学、上海海洋大学、浙江海洋学院和大连海洋大学协办，主题为"海洋社会学与海洋管理"的第三届中国海洋社会学论坛也于中国社会学年会期间同期举行。开幕式上，中国社会学会海洋社会学专业委员会（筹）理事长崔凤教授致欢迎词，中央财经大学社会学系主任杨敏教授做了题为《面向海洋时代：近现代史视野中的中国社会学之未来》的特邀发言。

论坛收到参会论文 46 篇，并邀请到来自中国海洋大学、台湾海洋大学、广东海洋大学、上海海洋大学、浙江海洋学院、福建省委党校、宁波大学等单位的 23 位专家做了专题发言，内容涉及海洋社会学基础理论、海洋文化与海洋民俗、海洋群体与渔村社会以及海洋管理四个单元。回顾中国海洋社会学论坛自 2010 年成立以来的发展历程，我们无比欣慰，海洋社会学作为一门社会学新兴学科，已经获得了越来越多的关注；展望未来，我们同样充满信心，海洋社会学必将在大家的共同努力下欣欣向荣，蓬勃发展。

在第四届中国海洋社会学论坛举办之际，我们决定，推出中国社会学会海洋社会学专业委员会（筹）会刊《中国海洋社会学研究》，从第三届中国海洋社会学论坛的参会论文中选取部分具有代表性的成果，形成文集，由社会科学文献出版社公开出版。这些论文共分四个专栏，所收录论文的情况大致如下。

在海洋社会学基础理论专栏中，广东省社会学会会长范英研究员在题为《关于逐步完善海洋社会学的若干思考》的论文中强调，今后要逐步完善海洋社会学，必须以近十年研究的既有成果为基础；他还以"小社会"

与"大社会"、"小世界"与"大世界"的视角，论述了海洋社会学的学科发展问题。浙江海洋学院的黄建钢教授等在题为《论"海洋社会"及其在中国的探讨》中指出，"海洋社会"既是一个新的概念，又是一个新的理念，它既是对"陆地社会"的反思，又是对"陆地社会"的超越。

在海洋文化与海洋民俗专栏中，广东海洋大学的张开城教授在《中华海洋文化特质及其现代价值》一文中指出，中华海洋文化既具有世界海洋文化的一般特点，又具有不同于西方海洋文化发展模式的中华海洋文化传统。广东海洋大学的盛清才教授在《海洋法治文化建设的路径选择》中指出，建设海洋法治文化是"文化强省"的重要举措。上海海洋大学的宁波副研究员在《关于海洋文化与大陆文化比较的再认识》中驳斥了"大陆文化比较保守，海洋文化比较开放"的观点，并主张大陆文化不应简单地等同于保守，海洋文化也并非开放的代名词。中国海洋大学的季岸先博士在《刍议〈庄子〉海洋意象及其当代教育价值》一文中认为，"意象"是中国文化的一个重要范畴，而《庄子》对意象早有关注。中国海洋大学的马勇教授在《基于人海关系认识的海洋教育论》中强调了应对人海关系进行系统认识与把握。

在海洋群体与渔村社会专栏中，上海海洋大学的韩兴勇教授在《海洋渔村社会的形成过程探讨》一文中认为，渔民是构成海洋社会的主体人群。中国海洋大学的崔凤教授等在《海洋渔民群体分层现状及特点》一文中通过对山东省长岛县 10 个渔村的调查，将海洋渔民群体划分为五个阶层，并总结出海洋渔民群体分层不同于内陆农民群体分层的特点。中国海洋大学的同春芬教授等在《当前我国渔民家庭收入结构特点及问题初探》一文中指出，随着海洋水域污染的加剧，柴油等渔业生产资料价格的攀升，我国渔民的收入结构虽然呈现逐渐增长的趋势，但在总体上徘徊不前。中国海洋大学的王书明教授等在《海洋渔业转型与政府职能定位》中探讨了我国社会经济转型期，为了推进海洋渔业的现代化进程，海洋渔业由"传统渔业"向"现代渔业"转变的过程中政府职能定位问题。浙江海洋学院的王建友副教授在《中国"三渔"问题的突围之途》一文中认为，近代以来伴随着国家的现代化转型，我国正从大陆国家向海洋国家转型。中国海洋大学的宋宁而博士在《社会变迁：日本漂海民群体的研究视角》中指出，日本漂海民群体因其作为海洋社会群体的典型而具有重要的研究价值。宁波大学的白斌博士等在《古代浙江海洋渔业税收研究》中指出，古代中国的海洋渔业管理体现在赋税征收方面。上海海洋大学的姜地忠博士在《失海渔民发展资源的多重衰竭与渔区社会基础的振兴》中指出，解决失海渔民困境的现有措施都存在不同程度的局限性。

在海洋管理专栏中，中国海洋大学的赵宗金副教授在《从环境公民到海洋公民》一文中指出，当前我国海洋开发、保护与治理过程亟须大力培育海洋公民和发展海洋公民行为。中国海洋大学的陈涛博士在《美国海洋溢油事件的社会学研究》中指出，海洋溢油是工业社会的产物，凸显了现代风险社会的特质。台湾海洋大学的助理教授林谷蓉在《从课责概念探讨台湾渔会组织之治理》一文中研究了台湾渔会组织的治理问题，她认为为了应对全球化的挑战，机构组织的变革与改造已形成一种趋势。上海海洋大学的吴永红博士等在《区域性海洋社会建设中的社会工作干预》中认为，在国家实施海洋战略的大背景下，各省市海洋产业结构的转型不仅仅意味着经济发展方式的转变，也意味着以传统渔业为主要产业的渔村社区、海港社区等区域性海洋社会的转型。上海海洋大学的李国军博士等在《海洋人力资源供给约束探析》一文中对影响海洋人力资源供给的因素进行了考察和分析。

围绕第三届中国海洋社会学论坛，海洋社会学研究学者以海洋社会学理论研究为基础，立足于海洋文化、海洋群体、海洋渔村社会建设等议题，结合国内外先进海洋管理经验，通过大量的调查研究，发出了"海洋时代"的社会学最强音。一些学者的发言极具前瞻性，多维度、宽视野，为沿海地区社会、经济、人文发展提出了新的课题。有关南海问题的发言，极具时局性，客观地分析了中国在实现海洋大国的过程中遇到的烦恼，并提出了解决对策。在第三届论坛上，学者们达成了一个共识，即海洋时代的中国社会学需要长远思考和持续经略，应坚持并加强社会学的学科意识以及经验研究，使海洋社会学获得更为快速的发展，获得更多的主流社会学话语权。

论坛的参会论文中还有许多精彩佳作，但由于篇幅所限，我们只能围绕以上四个专栏，选取部分论文成集出版，因而对许多重要研究成果不得不遗憾割爱，在此深表歉意。

在中国社会学会闭幕式上，宋林飞会长指出，社会学界需要重点加强社会管理研究、现代化研究、网络社会学研究、海洋社会学研究、西部社会学研究。由此表明，海洋社会学这门新兴的社会学分支学科在逐渐受到社会学界的广泛重视。但是，海洋社会学的学科发展及其话语建构，根本而言还是取决于学术研究的深度。正如崔凤教授在海洋社会学论坛闭幕式上一再强调的："海洋社会学若想不被主流社会学边缘化、若想获得更为快速健康的发展，必须重视以下两点：一是必须要加强社会学学科意识，二是研究者特别是年轻学者需要加强调查研究。"只有坚持并加强社会学的学科意识以及经验研究，海洋社会学才能收获高水平的研究成果。

《中国海洋社会学研究》是一个里程碑，见证了我国海洋社会学一路走来所取得的成绩；同时，《中国海洋社会学研究》也是一个新起点，集刊连续出版必将进一步推动海洋社会学的繁荣发展。在《中国海洋社会学研究》正式启动之际，我本人很荣幸能担任第一卷的执行主编，为海洋社会学的成长尽一份自己的力量。

王书明

2013 年 6 月 25 日

于中国海洋大学崂山校区

目录 Contents

海洋社会学基础理论

海洋文化与海洋民俗

海洋群体与渔村社会

海洋管理

海洋社会学基础理论

关于逐步完善海洋社会学的若干思考

范　英[*]

摘要： 本文以近十年来国内外关于新兴学科海洋社会学需要在总体上逐步完善的基本看法为引语，重点之一是提出"大小社会"与"大小社会学"的概念及其在海洋社会学学科体系上逐步完善的功用；重点之二是提出"大小世界"与"大小世界本体"的概念及其在海洋社会学学科体系上逐步完善的功用；最后在结语中简略地阐析了由前述几组概念交叉同一而形成海洋社会学多种模式的现状及逐步完善的路向。

关键词： 海洋社会学　大小社会　大小社会学　大小世界　大小世界本体

一　引语

近十年来，国内部分学者对海洋社会学的研究已经有了一些眉目。2012年1月广东推出的《海洋社会学》[①] 可说有一定代表性。各地关心这一领域的同仁对它的相关评价，也较集中地反映在广东新近出版的《呼唤海洋之回声》[②] 一书中。综观国内海洋社会学研究的良好势头，我们面临的重要任务就是如何将该新兴学科逐步完善。

对此，笔者曾经讲过：海洋社会学今后无疑要以近十年研究的已有成果为基础。一是进一步全面认识和把握社会学既有的理论和方法以指导海洋社会学的创新探索，离开这一条，海洋社会学就可能变形走样；二是进

---

[*] 范英，广东省社会科学界联合会顾问，广东省社会学学会、广东省精神文明学会、广东省历史唯物主义研究会会长，研究员。

[①] 范英、江立平主编，刘小敏、董玉整副主编，中国出版集团·世界图书出版公司，2012。

[②] 范英、江立平、刘小敏、董玉整主编，中国评论学术出版社，2012。

一步认识和把握社会学之外相关学科的理论方法，并借鉴其中有益的养分，海洋社会学的研究才能创新；三是进一步认识和把握与海洋社会学密切相关的海洋学科的各种研究进展，以便吸纳其中的精华，海洋社会学的研究才能丰满；四是进一步开展海洋社会学各种专题定性、定量的调查研究，深入认识和把握海洋社会的全局与变化，为形成的海洋社会学体系架构作出更加切实的支撑；五是要将现有的较为成形的海洋社会学体系架构不断锤炼，成为指导中国海洋社会建设或更具科学性、普适性的人类共有的新兴学科。①

上述所引观点，一方面可以说是笔者对今后逐步完善海洋社会学的较为粗略的总体看法，另一方面也作为笔者在本文比较集中地阐析关于"大小社会"与"大小社会学"、"大小世界"与"大小世界本体"这两点思考的基本前提。

二　关于"大小社会"与"大小社会学"的思考

笔者认为，思考"大小社会"与"大小社会学"的问题，对促进海洋社会学的逐步完善具有特殊作用。

先看"小社会"问题。有学者指出，当前海洋社会学乃至中外社会学研究，主要是"小社会"范式。所谓"小社会"范式，是指在同经济、政治、文化和生态等共处于并列地位的"社会"范式内研究问题。近十年来已有代表性的海洋社会学研究成果，大多是以"小社会"为研究范式的。这种研究范式对于海洋社会学的初步探讨具有一定意义，但难以认识海洋社会整体的系统结构，难以对海洋社会的全局问题作出宏观把握。②

再看"大社会"问题。该学者同时认为，所谓"大社会"范式，是范英先生首次明确提炼出来的全新概念，是指从马克思的大社会系统观出发研究海洋社会问题。范英领衔的广东研究团队主张回归"大社会"的研究范式，即把马克思的大社会系统观作为统帅海洋社会学研究的核心灵魂和根本方法。它不仅包含了"小社会"研究的问题，而且对海洋环境、海洋经济、海洋政

---

① 范英、江立平：《海洋社会学》，中国出版集团·世界图书出版公司，2012，第 60～61 页。
② 黎明泽：《海洋社会学研究的三大突破》，人民网，2012 年 4 月 26 日。

治、海洋文化、海洋军事、海洋外交和海洋法规等本属"大社会"范畴内的问题也进行了专门的探索，对海洋社会学的学科建设以及中外社会学研究，均具有重大的影响、突破和超越。①

该学者关于"小社会"与"大社会"方面的观点，源于笔者2009年初思考、设计《海洋社会学》体系架构时所触及的基本问题之一。当时，笔者意识到用现今中外社会学界流行的"小社会"范式来考察全新的海洋社会和海洋社会学，很难理清海洋社会和海洋社会学的总体范畴——本应属于海洋社会范畴内的东西进不了这一领域；结果所研究的海洋社会必然是残缺不全的，从而形成的海洋社会学的体系架构也是残缺不全的。有鉴于此，笔者便提出了"小社会"与"大社会"的概念以及"小社会学"和"大社会学"的相关命题。

这也就是说，"小社会"对应的是"小社会学"，"大社会"对应的是"大社会学"，都主要根源于西方社会学，是西方社会学的主要产物。如果从"大社会"或"大社会学"上讲，马克思就是最具代表性的人物。他的社会观就是大社会观或社会系统观，他认为社会是个大系统，有系列的、系统的结构，比如经济系统、政治系统、思想文化系统和社会生活系统等。在被称为社会学经典的《资本论》中，马克思就是运用其大社会系统观来考察资本主义社会的环境、经济、政治、文化、军事、外交和法规等这些作为"社会"构成的应然领域及其互为交叉的各种社会现象和社会规律——包括陆地社会和海洋社会以及由它们互动运作的资本主义社会的现象和规律。

在西方，除了马克思这一典型之外，还有不少社会学家都是坚持"大社会"或"大社会学"理念的。例如美国著名社会学家戴维·波斯诺，仅从他关于"社会学是对人类社会和社会互动进行系统、客观研究的一门学科"② 这一界定来看，里面所讲的"社会"绝对不是"小社会"，而是"大社会"即"人类社会"，是对这个"大社会"内部各个构成要素的互动关联进行"系统、客观研究"而成为"一门学科"即"大社会学"学科的。可见戴维·波斯诺与马克思在"大社会"与"大社会学"方面有许多一致性。

---

① 黎明泽：《海洋社会学研究的三大突破》，人民网，2012年4月26日。
② 范英、江立平：《海洋社会学》，中国出版集团·世界图书出版公司，2012，第697页。

如果以更加综观的角度来理解马克思与戴维·波斯诺等的"大社会"与"大社会学"，人类社会不仅由社会环境、社会经济、社会政治、社会文化、社会军事、社会外交和社会法规等主要系统组成，而且各主要系统内部还有系列的子系统结构；此外，人类社会应是由陆地社会、海洋社会和空中社会或太空社会等系统构成的。人们对已成熟的陆地社会习惯成自然，但对正在形成的海洋社会却感到相当陌生，至于人类未来的空中社会或太空社会更谈不上几个 ABC。不过，"大社会"与"大社会学"则要在关注陆地社会的同时关注海洋社会的进展以及空中社会或太空社会的未来趋向。这些，"小社会"与"小社会学"的眼光是几乎无法达到的。

笔者受此理论观点的启发，在思考、设计《海洋社会学》体系的总体架构时，便将"大社会"与"大社会学"作为主要定位，并力求使《海洋社会学》成为"大社会"与"大社会学"的一次尝试、一个缩影。当然，客观存在的"大社会"与"大社会学"、"小社会"与"小社会学"并非互不关联、互不为用。"大社会学"是由大社会观指引的社会学运作，"小社会学"则是以小社会观作为社会学研究的立足点，这是它们之间的相对区别。但有这个区别并不等于两者毫无沟通、毫无关系，也不存在谁代替谁、谁否定谁的问题。一切要从实际需要出发，该用"小社会"与"小社会学"时，便用"小社会"与"小社会学"，该用"大社会"与"大社会学"时，便用"大社会"与"大社会学"，发挥社会学在描述、解释社会问题上各自的应有功用。笔者认为，在《海洋社会学》体系架构方面，运用"大社会"与"大社会学"更能描述、解释海洋社会现象的众多奥秘，这并不排斥"小社会"与"小社会学"在其中的配合与互成。

问题在于，马克思等所倡导的"大社会"与"大社会学"长期以来并没有引起中西方社会学界的应有重视，并且常被一直流行的"小社会"与"小社会学"所替代。这是相当遗憾的。尤其在中国，若缺少从"大社会"与"大社会学"视角来审视全局的、整体的社会问题，那么，头痛医头、脚痛医脚的弊端无疑会层出不穷。比如，把社会建设与经济建设、政治建设和文化建设并列地摆在一起，看起来很重视社会建设，事实上也能说明一些问题，也能在一定范围内起到一定作用，但往往把许多原属整体全局的社会建设的具体内容及这些内容之间的互动关联都排斥在外，很容易走向片面性而难以从总体上关注社会建设的整体全局。因此，国人应多用

"大社会"与"大社会学"以及马克思大社会观之后出现的"系统论"来考察人类社会与国内社会。作为海洋社会学研究工作者，若广泛而深入地运用它，将之作为武器，则能推动海洋社会学的逐步完善。

三 关于"大小世界"与"大小世界本体"的思考

笔者认为，思考"大小世界"与"大小世界本体"，对于如何逐步完善海洋社会学研究也是个重要的问题。

这里所指的"大世界"，主要是讲全球共有、全球共举和全球共享的世界。在海洋社会学研究中所讲的"大世界"，则主要是指海洋社会学应有"大世界本体"。这里所指的"小世界"，主要是指某个国家或地区内共有、共举和共享的世界，在这里则主要是指海洋社会学应有的"小世界本体"。本体即本身。海洋社会学本身应有不同的本体，即"大世界本体"和"小世界本体"。

从目前的研究情况看，广东推出的《海洋社会学》拟可归入"大世界"与"大世界本体"。这是有如下依据的。

首先，该书站在"大世界"的方位来构建全球性海洋社会学的相关体系、相关学说，内容涵盖海洋社会的历史演进、海洋社会与陆地社会的依存关系、海洋社会的人类属性，海洋环境、海洋经济、海洋政治、海洋文化、海洋军事、海洋外交、海洋法规、海洋个体、海洋群体、海洋组织、海洋社区、海洋资源、海洋价值、海洋生态和海洋建设，以及它们的互动关系和规律等全球性共有、共举和共享的东西。

其次，该书站在"大世界"的方位来贯彻"共创和谐"的全球海洋社会的根本宗旨，并设专章阐明这一根本宗旨及重大意义，即有利于在全球强化社会学对海洋社会领域的研究力度，有利于在全球充实人们的海洋意识、海洋观念、海洋视野和海洋理论，有利于在全球深入探索海洋社会、发现海洋社会、把握海洋社会和建设海洋社会。[1] 这说明，该书不是出于某国某地的狭隘民族利益或地方利益，而是"从全人类整体利益角度来揭示海洋社会的发展规律，为包括中国在内的全世界合理开发、和平利用海洋

---

[1] 范英、江立平：《海洋社会学》，中国出版集团·世界图书出版公司，2012，第55~85页。

提供理论指导"。① 总之，"崇尚世界海洋社会的和平，反对世界海洋社会的霸权，倡导世界海洋社会的互利"② 是该书的全部指向。

再次，该书站在"大世界"的方位来阐析全球性海洋社会的相关概念、相关命题，代表的是一般海洋社会学应有的行文用度，特别是在阐析相关概念、相关命题的个案时，不以"我国""我省"而是用"中国""广东"的称谓并贯穿全书始末，表明了该书的本体属于"大世界"的海洋社会学，以区别于"小世界"与"小世界本体"的海洋社会学的固有特征。

从目前情况看，国内一些学者推出的若干部关于海洋社会学的文集式、著作式研究成果，拟可归入"小世界"与"小世界本体"。这也是有如下依据的。

它们多站在某个国家或地区的方位来构建全国性或地方性海洋社会学的相关体系、学说，内容涉及海洋社会的历史演进，海洋社会的环境、经济、政治、文化和军事，海洋个体、群体、组织和社区，以及海洋资源、生态和建设等许多方面，为建构"大世界"与"大世界本体"的海洋社会学提供了丰富的养分。但它们所立足的总体方位不是世界，不是人类共有、共举和共享的意蕴，而几乎是从"我国"或"我省"的角度来阐析问题，来揭示海洋社会的相关机理，并直接为"我国"或"我省"开发、利用和保护海洋社会服务。因此，笔者将这些文集性、著作性研究成果归入"小世界"与"小世界本体"的海洋社会学范围。

将上述国内目前海洋社会学的探索成果大致划分为"大世界"与"大世界本体"以及"小世界"与"小世界本体"两种类型，具有一定的相对性，也不一定准确、合理，应通过讨论来逐步取得共识。但笔者的用意是积极的。

第一，近现代特别是半个多世纪以来，我国的社会科学罕有从世界通行、人类普适的自觉方位推出著述，所关心的多是本国、本地的东西，中华民族学术文化在这方面的萎缩或倒退现象令人担忧。

有学者指出，为了改变这种状况，2011 年 10 月中共中央十七届六中全会首次明确指出，我国的哲学社会科学不仅要认识世界、传承文明、创新

---

① 范国强：《蓝色的奥秘，蓝色的新潮》，《中国社会科学报》2012 年第 4 期。
② 陈伟：《蓝色的奥秘，蓝色的新潮》，《中国社会科学报》2012 年第 4 期。

理论、资政育人和服务社会，还要在这一基础上打向世界，"产生世界影响"。① 这种影响无疑是指全球性影响，无疑要为全世界人类服务。就海洋权益方面而言，如古罗马哲学家西塞罗 2000 多年前关于"谁控制了海洋，谁就控制了世界"的霸权观念，以及美国著名学者马汉在《海权对历史的影响》一书中为美国的私利而大力鼓吹的"海权论"等虽有世界影响，但绝对不是站在人所共享、世界普适的方位，而是为他们一国、一地的霸权效命。因此，要真正站在世界方位来看全球性海洋社会的和谐建设，这种狭隘的民族主义情绪断不可有。

这就要借助于"大世界"与"大世界本体"的海洋社会学学说来宣示中国人民的世界胸怀和以天下为己任的担当精神。出于上述看法，在今后逐步完善海洋社会学的学科建设中，首先，要尽量将已有的"大世界"与"大世界本体"的体系不断深化、发展起来，使之成为世界性、国际性、全球性共有、共举和共享的理论学说，自觉地担当服务人类、造福人类的责任。其次，要大力提倡写作、出版更多的此类学术理论著作，以建立、提高和巩固中国学者于海洋社会学方面在国际学术理论界的地位和影响。

第二，笔者认为，在海洋社会学体系建设上，中国不仅要不断地推出能够打向世界、"产生世界影响"的、不同风格的著述即"大世界"与"大世界本体"的著述——这些著述在服务世界的同时虽然也兼有服务本国、本地的功效，而且要在立足本国、本地的"小世界"与"小世界本体"的体系性著述上多下功夫，为繁荣发展中国海洋领域的学术文化理论，为国民进军海洋的伟大战略和党政部门的科学决策提供切实的智力支持，在"海洋强国""海洋强省"的伟大实践中充分展示海洋社会学的应有作用。

这就必须切实地筹集好经费、组织好队伍和培养好人才，以国内现实的各种海洋问题为对象，在开展长期调查研究的基础上，不断地完善原有的一些文集性、著作性著述，挖掘现实中的热点、难点和重点问题，并力求写出更加到位、更加对口、更加直接、更有深度、更能代表国内或地方水准的"小世界"与"小世界本体"的海洋社会学体系性著述，以形成国内或地方海洋社会学领域百舸争流的生动局面。

---

① 叶佐英：《从精神文明学到海洋社会学的创建》，《文明与社会》2012 年第 4 期。

四 结论

如果将笔者前述关于"大社会"与"小社会"、"大社会学"与"小社会学"的第一点思考，以及"大世界"与"小世界"、"大世界本体"与"小世界本体"的第二点思考交叉起来看，可以得出下面几种结论。

（1）"大社会"与"大世界"交叉的同一，会形成海洋社会学的"大社会学"与"大世界本体"模式。广东推出的《海洋社会学》便是一例。还可以生出此类模式的其他例别，但至今未见，有待开发。

（2）"大社会"与"小世界"交叉的同一，会形成海洋社会学的"大社会学"与"小世界本体"模式。现有的一些海洋社会学文集性、著作性成果虽然以"小世界本体"出现，但不是用"大社会学"来考察，所以目前尚无实例，有待开发。

（3）"小社会"与"大世界"交叉的同一，会形成海洋社会学的"小社会学"与"大世界本体"模式。但从现有的研究著作看，虽有"小社会学"的考察，却无"大世界本体"的站位，目前也难找到实例，还有待开发。

（4）"小社会"与"小世界"交叉的同一，会形成"小社会学"与"小世界本体"模式。目前除广东推出的《海洋社会学》之外的其他几部文集或著述，比较明显地展示了这种模式。这一模式既可作深化探讨，也可将"小社会学"上升到"大社会学"，或从"小世界本体"上升到"大世界本体"。

总而言之，笔者认为，对"大小社会"与"大小社会学"，以及"大小世界"与"大小世界本体"这些相互关联的概念与相互关联的模式的交叉研究，是今后在逐步完善海洋社会学中应当高度重视的问题之一。重视这个问题，当会创制出不同模式的海洋社会学体系架构，或更适应世界共同的要求，或更适应某个国家的要求，或更适应某个地区的要求，或更适应某个领域的要求，或更适应某个部门的要求，从而呈现百花齐放、各显神通的大好势态。出于这一心意，不知深浅，写了这篇拙文以求教于同行方家，并寄厚望于有志于斯的中青年学者继往开来、潜心探索和执著前行。

论"海洋社会"及其在中国的探讨

黄建钢　王礼鹏[*]

摘要："海洋社会"既是一个新的概念，又是一个新的理念；既是一个设想，又是一个猜想，更是一个构想；它既是对"陆地社会"的反思，又是对"陆地社会"的超越；既是对"陆地社会"的发展，又是对"陆地社会"的回归。本文通过对"海洋社会学"及"海洋社会"的概念界定，提出了"人类社会就是海洋社会"的论点，并且回顾了人类"海洋社会"的发展历程，最后提出并构建了中国"海洋社会"的目标和路线。

关键词：海洋社会　陆地社会　海洋社会学　中国海洋社会

自 2011 年以来，中国周边海域一直不平静：先是"韩国抓扣中国渔船"[①]，接着是"韩国非法审判中国船长"[②]，"美、日、澳军演"[③]，"日本购买钓鱼岛"[④]，以及持续升温的"中菲黄岩岛对峙事件"[⑤]。但令人难以置信的却是"朝鲜扣留中国渔船"[⑥] 事件。这不得不引起中国人的思考与反省。这种严峻的现实迫使人们将目光投向海洋，唤起人们对海洋的关心与关注，从而构建一种新的思维及社会形态——"海洋社会"来解决我国的海洋问题。

现实是，21 世纪是海洋世纪。人类已经悄然步入了海洋时代。可是，人们对海洋的认识却还停留在"陆地社会"，把海洋看作农耕土地的延伸，

---

[*] 黄建钢，法学博士，浙江海洋学院公共管理教授；王礼鹏，浙江海洋学院硕士研究生。
① 《韩国抓扣中国渔船》，http://news.163.com/special/sailorskillpolicemen/。
② 《韩国非法审判中国船长》，http://world.kankanews.com/qita/2012 – 04 – 19/1115571.shtml。
③ 《美、日、澳今日军演》，http://news.qq.com/a/20120221/000558.htm。
④ 《日本购买钓鱼岛》，http://www.p5w.net/news/gjcj/201204/t4196477.htm。
⑤ 《中菲黄岩岛对峙事件》，http://news.sina.com.cn/z/hyddz/。
⑥ 《朝鲜扣留中国渔船》，http://news.sina.com.cn/z/chxklych/。

以典型的"大陆思维"来看待海洋，用"陆地领土"的概念看待海洋国土之争，等等。由此形成了一个旧有的"陆地社会"管理已经不能再适应现实的海洋新问题的态势，以至于在意识与存在之间产生了一种真空、落差、断裂与断层的局面。因此，构建一个与"海洋时代"相适应的"海洋社会"，便是当前解决海洋问题的迫切需要。

一　"海洋社会"是一个新型社会

人类自有社会意识以来就一直在陆地上生存与发展。但随着"陆地社会"的发展与航海技术的进步，人类又慢慢地、逐步走向了海洋。但是，人类早已习惯站在陆地看海洋，把海洋看作陆地的延伸，并以"陆地社会"的思维来观察、思考和分析海洋问题，以致人们在海洋上创造的历史常被忽视和扭曲，甚至被"陆地文化"所湮灭。因此，亟待构建一种新型的海洋学说——海洋社会学来指导我们认识、思考和管理与建设"海洋社会"。

（一）海洋社会学：研究以"海洋"为关系纽带的社会的学问

"海洋社会学"不仅是一种新型学说，也是一门新的学科，还是海洋社会哲学的一个分支。对此，不同的人有不同的认识。有专家认为，"海洋社会学"是"以人类一个特定历史时期特殊的地域社会——海洋世纪与海洋社会为研究对象，具体研究海洋与人类社会的互动关系，分析海洋开发对现代社会的影响，分析海洋开发所引发的人类社会一系列复杂的变化"。[①]其实，这一概念是从研究对象和内容的角度进行的界定。事实上，"海洋社会学应该是一项应用社会学研究，它是运用社会学的基本理论、概念、方法对人类海洋实践活动所形成的特定社会领域——海洋社会进行描述和分析的一门应用社会学，海洋社会学既要对海洋社会的特征、结构、变迁等做出描述与分析，更要对现实的、具体的与人类海洋实践活动有关的社会生活、社会现象、社会问题、社会政策等做出描述、分析、评价和提出对策或解决办法"。[②]同时，"海洋社会学"是对海洋问题、海洋关系以及海洋

---

① 杜碧兰：《21 世纪中国面临的海洋环境问题》，《海洋开发与管理》1999 年第 4 期。
② 崔凤：《海洋社会学：海洋问题的社会学应用研究》，http://www.cssn.cn/news/289055.htm。

开发与管理的社会学思考，即用社会学的思维来思考海洋问题，或者以社会学为研究视角，用社会学的研究方法来研究海洋问题。也可以认为，"海洋社会学" 是关于海洋社会良性运行与协调发展的条件和机制的综合的具体的社会科学。还可以这样解读，"海洋社会学" 是研究海洋与社会的关系，或者用社会学的定量分析来研究海洋开发及其行为，通过实证方法可以提高研究的客观性。

其实，"海洋社会学" 不是 "海洋 + 社会学"，也不是 "海洋 + 社会" 学，而是 "海洋社会" 学。"海洋社会学"，不仅是以 "海洋社会" 为研究对象，也是以 "海洋社会" 为核心内容，还是 "海洋社会" 的哲学与灵魂；不仅是研究 "海洋社会" 的学科，也是研究 "海洋社会" 的学说，还是研究 "海洋社会" 的学问；不仅研究 "海洋社会" "海洋经济" 和 "海洋文化" 等宏观层面的问题，也研究 "海洋社区" 和 "海洋组织" 等中观层面的问题，还研究 "渔村与渔民" 等微观层面的问题。其中，"海洋社会学" 还是一门科学，主要是通过科学思维和技术手段研究海洋关系、海洋贸易、海洋权益、海洋文化、海洋社区、海洋开发及管理、海洋立法、海洋战略、海洋安全，特别是海洋边界的界定等等。

（二）"海洋社会"：以 "海洋" 为核心与纽带的有机体

"海洋社会" 既是一个新的概念，又是一个新的理念，还是海洋社会学的一个核心概念。对此，已有学者进行了积极思考与探索。如杨国桢教授从海洋社会经济史的角度探讨，认为："海洋社会是指在直接或间接的各种海洋活动中，人与海洋之间、人与人之间形成的各种关系的组合，包括海洋社会群体、海洋区域社会、海洋国家等不同层次的社会组织及其结构系统；海洋社会群体聚结的地域，如临海港市、岛屿和传统活动的海域，组成海洋区域社会。"① 庞玉珍教授则从社会学的角度指出，"海洋社会是人类缘于海洋、依托海洋而形成的特殊群体，这一群体以其独特的涉海行为、生活方式形成了一个具有特殊结构的地域共同体"。② 崔凤教授认为，"海洋社会是人类基于开发、利用和保护海洋的实践活动所形成的区域性人与人

① 杨国桢：《论海洋人文社会科学的概念磨合》，《厦门大学学报（哲学社会科学版）》2001年第1期。
② 庞玉珍：《海洋社会学：海洋问题的社会学阐释》，《中国海洋大学学报》2004年第6期。

关系的总和。由于人类开发、利用和保护海洋的实践活动不同于其他的活动，因此，海洋社会具有自己的独特性，同时，海洋社会是人类整体社会的组成部分，它无法脱离人类整体社会而存在，在影响人类整体社会发展的同时必将受人类整体社会的影响"。①

人类社会就是"海洋社会"的本质。"海洋社会"既是对"陆地社会"的补充与发展，又是对"陆地社会"的回归与超越；是以海洋为纽带、以海洋为平台、以海洋为载体，通过海洋的"公共性"来实现人与人、地区与地区、国家与国家之间相互交往活动的关系总和，即一个以海洋为载体和纽带的社会。其中，"海洋社会"既是一个中观社会（中层社会），又是一个系统社会，主要包括人海关系、人海互动、陆海关系、海天关系、涉海生产和生活实践中的社会关系与社会互动。以这种关系和互动为基础形成包括经济结构、政治结构和思想文化结构在内的有机整体，就是海洋社会。其中，"陆海和谐""人海和谐""海天和谐"是人类社会及"海洋社会"永恒的追求。

（三）"海洋社会"：一种新的社会运行形态

"海洋社会"不仅是"海洋社会学"的核心理念，也是"陆地社会"的补充与发展，更是对海洋问题与海洋矛盾的现实反映和积极回应。事实上，"海洋社会"还是一个设想与构想，还处于提倡阶段，尚未成形。其中，"海洋社会"是一个整体概念，不仅是一个平面的整体，而且是一个立体的整体；不仅是一个横向的整体，而且是一个纵向的整体。具体来看，它又是存在于地缘、国家、文化、人类和层次等系列和系统的具体概念、形态和状态之中的，包括"地区海洋社会""区域海洋社会""国家海洋社会""全球海洋社会"等。"海洋社会"不仅是相对"陆地社会"而言的，也是对海洋经济与海洋文化等的反映与回应，还是对未来人类社会所作的战略思考。

（1）"海洋社会"是一个"全球性"社会

"海洋社会"是相对"陆地社会"而言的，也是对"陆地社会"的发展。"陆地社会"是一种"国家型"社会，是指由一定的领土也即国土面

---

① 崔凤：《海洋社会学：社会学应用研究的一项新探索》，《自然辩证法研究》2006 年第 7 期。

积、主权也即政治实体和人口也即国人所属的国籍而形成的社会关系, 强调地域性、民族性、主权性、管理性, 突出关系性、封闭性、拒斥性。而 "海洋社会" 是一个 "全球型社会", 这是一个以海洋为纽带和平台所形成的具有海洋性、开放性、多元性和包容性的新的社会形态。事实上, 陆地仅占人类所居住星球面积的 29%, 而海洋则占 71%, 而且是陆地面积的 2.5 倍。此外, 陆地是分割而居的, 而且更多的是因海洋才联系在一起的; 但海洋却是一体的, 是天然的相互联系的, 这种联系是不以人的意志为转移的, 也不因陆地的阻隔而断裂。海洋既是全球性的, 又是一体的。由此可知, 全球化就是海洋化。

(2) "海洋社会" 是一种 "公共性" 社会

当下社会是一种 "陆地社会", 也可以说是一种 "关系社会"①, 主要强调的是乡土性、封闭性和伦理性, 突出的是 "家庭性" 和 "血缘性"。它适应的是早期 "陆地社会" 以血脉和血缘或血统为基础而联系起来的社会群体、集体或者社会单位的状态, 其中家庭既是最基本又是最核心的社会细胞。所以, 血缘社会从本质上看就是一种 "伦理本位"② 的 "关系社会"。这在当下的农村体现和表现得尤为明显。费孝通先生的 "差序格局"③ 的概念和理念就是对这种 "关系社会" 的最好概括。而 "海洋社会" 是一种以海洋为纽带或以海洋为平台和载体而发生的关系, 不过人们发生关系的公共空间及公共平台是 "海洋" 而已, 或者说人们是因 "海洋" 而发生关系的, 也即

① "关系社会" 是费孝通先生在《乡土中国》中提出的, 他研究农村社会关系及其结构时, 提出了 "关系社会" "熟人社会" 和 "人情社会", 他认为 "社会就是关系"。参见费孝通著《乡土中国 生育制度》, 北京大学出版社, 2003, 第 11 页。也有学者提出 "中国是 '有关系无社会'" 的观点, 参见边燕杰《关系社会学: 理论与研究》, 社会科学文献出版社, 2011, 第 6 页。

② 梁漱溟先生认为, 所谓 "伦理本位" 是相对于西方的 "团体本位" 或 "个人本位" 而言的, 西方人要么强调团体高于个人, 要么强调个人高于群体, 中国人既缺乏团体观念也缺乏个人观念。中国人强调处于团体和个人之间的东西, 即伦理关系。伦理关系始于家庭但又不止于家庭。"伦即伦偶之意, 就是情谊, 人与人都在相关系中。" "即在相关系中而生活就发生情谊。" 伦理关系即情谊关系, 也即相互间的一种义务关系。参见梁漱溟《乡村建设理论》, 上海世纪出版社, 2006, 第 25 页。

③ 费孝通:《乡土中国》, 三联书店, 1985, 第 24 页。费孝通先生在该书中指出, "我们的格局不是一捆一捆扎清楚的柴, 而是好像一块石头丢在水面上所发生的一圈圈推出去的波纹。每个人都是他社会影响所推出去的圈子的核心。被圈子的波纹所推及的就发生联系。每个人在某一时间某一地点所动用的圈子是不一定相同的"。费孝通先生将这种社会关系模式, 称为 "差序格局"。

"海洋"是人类的一个"公共池塘"。由此看来，"社会"具有社会性和公共性，由血缘性转变为非血缘性和非伦理性，又由非血缘性变为自然性。因此说，"海洋社会"是一种"公共性社会"。

（3）"海洋社会"是对"海洋经济"发展的回应与反映

"陆地社会"的"社会"是一个"大社会"概念，是一个复杂的系统，不仅具有经济、政治、文化、社会及管理等横向子系统，也具有个体、群体、社会和公共等纵向子系统。"海洋社会"也是一个复杂的系统社会，具有海洋经济、海洋政治、海洋文化等子系统。近年来，人类大力发展海洋经济，但在开发海洋的过程中，一味追求经济利益最大化，忽视了海洋的社会性以及公共性和未来性，以至于海洋保护等工作严重滞后，出现了海洋污染、海洋生态破坏等严重威胁人类生存和发展的问题。更有甚者，一些个体为了追求本人、本部门、本地区或者本国的利益最大化，不惜违背已有的"海洋社会"的正常秩序，破坏当下稳定、和谐的正常运行的良好局面。海洋在人类的日常生活中发挥着关键作用，是可持续发展的有机组成部分。但是，人类活动使世界上的海洋环境受到严重威胁。过分开采、非法捕捞、破坏性的捕捞方式、海洋污染，特别是从陆地排放到海洋中的污染物以及外来物种的入侵，使包括珊瑚和重要渔业资源在内的海洋生态系统正遭受破坏。

"海洋社会"既是对海洋经济的回应，也是对海洋经济的呼应，更是对海洋问题和海洋矛盾的反映。卡尔·博兰尼提出，"社会转型"并不是社会适应市场经济扩张的被动调整，而是社会及其组织在市场经济扩张中通过"反向运动"（countermovement）对其进行控制和驾驭的过程。① "海洋社会"及其组织在海洋经济扩张中通过反向保护运动抵制对海洋经济的过度开发与破坏，实现海洋经济、海洋社会和海洋生态的和谐统一。

（四）"海洋社会"是人类进军太空的前奏

21 世纪是海洋世纪，也是"海洋社会"的时代，这意味着在 21 世纪人类必将加大对海洋开发利用的投入与力度，人类的海洋实践活动将成为主

---

① 冯钢：《何为"社会转型"？——站在卡尔·博兰尼的立场上思考》，http://www.aisixiang.com/data/46089.html。

要的活动方式之一；而"海洋社会"在 21 世纪的人类活动中具有多重角色，具体而言是不可或缺的三重角色。

（1）"海洋社会"是"陆地社会"的补充与完善

当下的"陆地社会"已经进入饱和状态，无论是人的生存空间，还是人类赖以生存的资源等都已接近开发殆尽的地步。为了人类的进一步生存和发展，人类将目光投向了具有巨大潜力、资源丰富并且具有巨大空间的海洋，这里有人类赖以存在的空间、资源和燃料等，更重要的是，海洋还是人类的未来和希望所在，可以减轻陆地的压力。

（2）"海洋社会"是"陆地社会"的回归

科学研究表明，人类起源于海洋，其后在陆地上完成了进化。但是，在生产力水平低下的时代，受认识能力和实践能力的限制，海洋对于人类而言是漫无边际、深不可测、台风肆虐而破坏力极强的所在，人类对海洋更多的是敬畏与恐惧，在这种情况下，人类开发利用海洋的实践活动十分有限。即便如此，人类在很早的时候业已知道海洋的部分好处，如渔盐之利和舟楫之便。此时思考、构建"海洋社会"就是对"陆地社会"的回归，也间接回答了"从何处来到何处去"这个哲学性问题。

（3）"海洋社会"是开发太空、进军宇宙的前奏

这主要基于以下两种事实：①当前由"陆地社会"直接进入太空的开发，受制于高昂的成本和有限的技术，而进军海洋是目前社会的不二选择。②海洋是人类进军太空与开发宇宙的跳板。截至目前，世界上大多数航天发射场及回收站都建在海洋附近或者在海洋上。另外，开发海洋也有一定的技术要求，在"海洋社会"的开发建设中，可以为进军太空储备一定的技术基础。

二 人类社会就是"海洋社会"

人类社会本身就是一个"海洋社会"，而不是我们印象中的"陆地社会"。人类诞生于海洋，之后一直在陆地上生存、繁衍、生产和生活。随着航海的发展和科技的进步，人类才逐步走向海洋。人虽然生活在陆地上，陆地却被海洋包围着，或者说陆地社会是被海洋包围着的社会，是海洋社会大系统中的一个小社会。20 世纪以前的社会是陆地社会，而 21 世纪及其

以后的社会就将是"海洋社会"，是因海洋而生，依海洋而生，为海洋而生的社会。

（一）"地球"应该为"水球"

过去我们把居住的星球统称为"地球"，这是"陆地中心说"的思维或者观点，也是"陆地社会"的典型表现。事实上，我们居住的星球应该被称为"水球"，因为该星球表面积的 71% 是被水域所覆盖，而陆地面积仅占该星球的 29%。只是人类长期生活在陆地上，习惯了站在陆地看陆地，站在陆地看海洋，站在陆地看星球。实际上，海洋与人类生活息息相关：人类赖以生存的水大多来自降雨，而降雨量往往与海洋有关；海洋性气候也几乎影响了全球气候，而气候往往与洋流有关，如厄尔尼诺现象；人类所食用的鱼大都生活在海洋里，而渔场的形成大都与洋流有关，是寒暖流的交汇处，如日本渔场是千岛寒流与日本暖流的交汇处。

（二）21 世纪是"海洋社会"的世纪

这是相对"陆地社会"而言的，也是相对 20 世纪而言的。众所周知，20 世纪及其以前，我们都生活在陆地上，以天为衣，以地为裳，人类的生存、繁殖、生产等都是依赖有限的陆地来完成；人类尽管也对海洋有所行动，但对海洋的依赖还不强。现实是，随着人口的激增和对人类赖以存在的资源的过度开发，陆地大有不能承受之重的态势，因而产生了一系列威胁人类生存、生活和生产的问题，如资源枯竭、生态破坏、旱涝灾害、粮食危机等，甚至爆发了为争夺生存空间、生活资料的战争，这种情况一直持续到 20 世纪末才有所改观。

人类进入 21 世纪，不得不为了生存、发展和出路而积极探索，因此，人类将目光投向了具有巨大潜力、尚未开发的海洋。海洋之所以会在人类社会发展进程中占有极其重要的地位，发挥着非常重要的作用，是由于海洋具有其他自然环境与资源所无法替代的优势。另外，海洋是资源宝库，其具有极其丰富的生物资源，其蕴藏的资源要比陆地丰富得多。海洋还是重要的全球通道。海洋不适合人类居住，但是在有了船舶、潜水器等运载工具之后，海水就成了一种交通介质。海洋把世界大多数国家和地区连接起来。

（三）"海洋社会"的发展经历了三个阶段

这是从历史的角度出发对人类社会发展的新思考。人类社会的发展大致经历了从沿海到内地又回到沿海和海中这样一个过程。人类文明的发展进程处处洋溢着海洋的气息，呈现着鲜明的海洋特征。"海洋社会"的发展一直遵循"区域化—全球化—区域化—全球化"的循环反复的路径，也是一个由河到海、由近到远、由陆到海的发展过程。

总体来说，"海洋社会"的发展大体上经历了以下三个阶段。

（1）"地中海海洋社会"阶段

这是人类海洋社会最早兴起的阶段，也是陆地文明第一次发展到海洋，实现了第一次陆海文明的合一。"海洋社会"之所以在此兴起，主要和地中海流域的两个古代文明有关，世界四大文明古国中有两个文明古国（古埃及和古巴比伦）就是在此海域形成的，文化是社会的核心和灵魂，无文化也就无社会。另外，在此海域形成了盛极一时的以古希腊、古罗马为代表的"地中海文明"和"地中海繁荣"，从而引发了欧洲的文艺复兴运动，这也是海洋文明形成的重要条件。后来，这些"海洋文明"使地中海沿岸地区最早产生了资本主义生产关系的萌芽。"人类的古代文明，首先发端于农业文明，因为农业算是过去的高技术产业，能够使人类获得剩余产品，用于交换，随之出现等级分化，产生贵族阶层从事精神文化的创造，因此世界上最古老的几大文明毫无例外全都靠农业起家。稍后在农业文明的周围，出现了一些以游牧和海洋为生的文明。他们与农业文明进行贸易交换、文化交流（主要是学习引进文明成果）或者发动对后者的入侵抢掠。"[1] 这里是西方近代文明的源头和源泉，也是西方近代国家、法律、市民社会的发源地，从这里走出了许多影响世界的大人物，以柏拉图、苏格拉底和亚里士多德等为代表。

（2）"北部大海洋社会"阶段

"北部大"是"北部大西洋"的简称，特指大西洋东岸的地中海海口和其西岸墨西哥湾以北的海域。[2] 这实际上是地中海文明的西移和哥伦布发现

---

[1] 《中国古代海洋文明的四次高峰》，http://blog.sina.com.cn/s/blog_5de2fc620100ioof.html。

[2] 黄建钢：《论第三级港口城市》，《浙江社会科学》2012年第3期。

新大陆所形成的一个新的海洋文明。资本主义萌芽于地中海，却成长、发展、成熟于"北部大海域"。这里是近代文明发展、发达的核心海域，它的形成与发展经历了"由南到北、从西到东"的过程。随着航海和造船技术的进步以及指南针的应用，欧洲冒险家开始了新大陆、新航线的探索，世界的主要商路从地中海转移到了大西洋，使大西洋沿岸地区成为新的商贸和经济中心。这给欧洲商业贸易带来了空前的繁荣，为欧洲工业革命的兴起创造了充分的条件，促进了资本主义生产关系的形成与发展，在人类历史上创造了"大西洋文明"和"大西洋繁荣"。在这个过程中，发生了"三次工业革命"①和"许多次战争"②，由此也形成了世界市场和以海洋为载体的全球性的"海洋社会"。"北部大海洋社会"得益于近代科技发展、政治进步和文化繁荣。

（3）"西北太海洋社会"阶段

"西北太"是"西北太平洋"的简称，不过这是从太平洋或海洋的角度命名的，是相对于陆地"东北亚"而言的，二者是"一个地区，两个名字"罢了。"西北太"特指白令海峡以西和台湾以北的广大海域，也即东经180度以西和北回归线（北纬23度26分）以北的海域。③ 这里的海洋社会起步晚于"北部大"地区，是"北部大"走向全球建设全球型海洋社会的重要步骤，也是"北部大"的补充和发展。当初，完成工业革命的英国采取"炮舰政策"把"北部大"的海洋文明带到了这片海域，就是通过两次鸦片战争完成的；接下来"美国也撬开了日本的国门"④，此时，"西北太"地区的"海洋社会"开始萌芽。但是，这一地区"海洋社会"的建设却起步于第二次世界大战期间，当时美国、苏联和英国等参加太平洋战争，美国战后驻军"西北太"，该地区才开始受到关注。

不过，"西北太"地区的"海洋社会"建设真正起步于第二次世界大战以后，而且是战争与经济并行推进的，大致经历了三个阶段。

---

① 1765 年至 1840 年，珍妮纺纱机的发明标志着第一次工业革命的开始；第二次工业革命始于 19 世纪 70 年代，主要标志是电力的广泛应用；第三次工业革命以原子能、电子计算机、空间技术和生物工程的发明和应用为主要标志。

② 此处主要指 1566—1567 年荷兰的尼德兰革命、1640—1688 年英国的光荣革命、1775 年美国独立战争、1789 年法国大革命、1861 年美国南北战争，以及两次世界大战。

③ 黄建钢：《论第三级港口城市》，《浙江社会科学》2012 年第 3 期。

④ 参见《1853 年，日本被美国撬开了国门》，http：//www.cnread.net/novel/210126.html。

第一阶段是日本的崛起。1868 年日本明治维新是"北部大"海洋文明在"西北太"地区生根、发芽和结果的主要标志，也是继 1840 年"鸦片战争"以来"海洋文明"首次在该地区发酵，还是该地区第一次主动地拥抱"海洋文明"、建设"海洋社会"。1894 年中日甲午战争标志着日本"海洋社会"建设逐渐走向成熟并取得一定成效。二战期间，日本横扫太平洋，出兵东亚、东南亚以及南亚等地区，是三大轴心国之一，也是三大战争策源地之一。二战结束后，日本开始步入真正的正常国家和海洋社会建设的新时期，特别是朝鲜战争和越南战争的爆发，极大地刺激、促进了日本的发展，加速了日本的崛起。1969 年，日本取得世界第二大经济体的地位，并且这种地位一直保持了 42 年。从 19 世纪 60 年代到 20 世纪 60 年代这整整一百年的时间，是日本建设海洋国家和海洋社会的时期，也是日本崛起的时期。

第二阶段是韩国、中国香港、中国台湾的崛起。20 世纪 60—80 年代，"亚洲四小龙"（韩国、中国台湾、中国香港和新加坡）开始崛起和腾飞。其中韩国、中国台湾和中国香港都在该地区。三个经济体都是借着世界大发展的东风，通过调整产业结构，发展高科技，走外向型的发展路线，用 20 年的时间走完了西方国家几百年的发展路程，不仅实现了工业化，也开始践行政治民主化，经济总量和人均经济总量都发展上去了。

第三阶段是中国大陆崛起。自 1978 年中国实行"改革开放"以来，经济发展迅速，经济成就显著，特别是 1992 年中国大陆确立了社会主义市场经济体制，发展更为迅速，开始崛起：2005 年，中国成为世界第四大经济体（前三位分别是美、日、德）；2007 年，中国超过德国成为世界第三大经济体；2010 年底，中国首次超过日本成为世界第二大经济体，仅次于美国。中国以改革开放 30 年的时间走完了西方发达国家几百年的发展路程，东方巨龙已经腾飞。

三 中国社会建设的方向："海洋社会"

提倡"海洋社会"容易，难的是如何构建一个"海洋社会"。构建"海洋社会"既是一个连续过程，又是一个复杂的系统工程。建设"海洋社会"，是一个由点到面、由近到远、由陆到海、先易后难、从地区走向全球的过程，需要建设配套设施，建立运行体制、机理、机制和组织等保障系统，处理与"陆地社会"的关系问题以及速度、力度和进度的问题。

（一）中国国民的"海洋意识"亟待加强

"海洋文化"① 以及"海洋文明"② 是"海洋社会"的核心和灵魂，也是"海洋社会"得以存在的前提和关键，无"海洋文化"，也就无"海洋社会"。因此，建设"海洋社会"，"海洋文化"必须先行先试。但现实是，国民的海洋意识及海洋认知仍然薄弱，海洋知识比较欠缺。据"国民海洋意识调查"显示，"知道我国管辖海域面积、海岸线总长及地球海洋面积的受访者分别为 10.7%、13%、16.7%；仅 17.1% 的受访者具有很强的海洋意识"。③

究其成因，主要归于以下四个方面：一是海洋基因在传统文化中的缺失，二是进取意识与探索精神的不足，三是宣传和引导有待加强，四是学校海洋教育有待提高。因此，提高国民的海洋意识，应从娃娃抓起，应从普及海洋知识做起，应从海洋文化的融入建设做起，而且学生群体应该是海洋文化建设及海洋知识普及的主体和客体，应该借助虚拟空间和新闻传媒等高科技手段。

（二）中国"海洋社会"是一个"整体社会"

中国是一个陆海兼备的国家，是一个拥有 300 万平方公里海洋国土的国家，不仅是亚洲海洋国家，也是太平洋海洋国家。中国拥有渤海、黄海、东海和南海等四大海域，因此，中国"海洋社会"是一个"整体社会"，主要包括"环渤海海洋社会""黄海海洋社会""东海海洋社会""台海海洋社会"和"南海海洋社会"等不可分割的五个部分。构建中国"海洋社会"需要"顶层设计""整体规划"和"分步推进"。

---

① 所谓"海洋文化"泛指一切人与海洋发生关系的行为。（参见《中国古代海洋文明的四次高峰》，http://blog.sina.com.cn/s/blog_5de2fc620100ioof.html.）

② "海洋文明"这个概念很早就被提出，常用于探讨国家、地区间不同的发展途径和文明差异，与"农耕文明"或"大陆文明"相对应。"海洋文明"是沿着海边生活的人们所产生的精神活动、物质活动、生产活动等的组合。（参见陈志强《"海洋文明"更应该被称为"濒海文明"》，http://www.022net.com/2010/4-30/507250402574896.html.）

③ 《国民海洋意识调查》，《中国海洋报》2012 年 6 月 8 日。

中国"海洋社会"是以中国"地理海洋"为基础、载体和平台而建立起来的不可分割的有机体、利益和命运共同体,"海洋社会"是一个事关利益相关方的具有共同性、公共性和关联性等特征的有机整体。因此,"海洋社会"的构建,需要各方放弃"差序思维",培育一个以"公共性、整体性、战略性、包容性和开放性"为主要内容的新型思维——"海洋思维",树立"共同参与、共同建设、共同管理、共同维护"的原则,共同建设共同的"海洋社会"。当然,在建设的过程中,存在分歧与差别是正常的,没有矛盾就没有发展。差别促进联系,联系扩大差别;差别越大,联系越紧;差别最大是相反,联系最紧是相同,既相反又相同就是相反相成即对称。其实,各方达成共识和认识交集的过程就是"海洋社会"建设的过程。

(三) 对外政策是建设"海洋社会"的保障

中国虽然是一个拥有四大海域的海洋大国,但是四大海域中仅渤海是中国内海,其他海域都是与别国共有,这就涉及外交层面和对外政策问题。比如,黄海海域涉及朝鲜半岛的朝鲜和韩国,东海海域事关日本和韩国,南海海域涉及菲律宾、文莱、印度尼西亚、马来西亚和越南等国。因此,构建相关海域的"海洋社会"就需要国家外交的努力,外交政策就是根本和保障。

其实,自新中国成立以来,我国对外政策几乎一直在致力于中国周边的"海洋社会"建设。具体包括以下三个方面。

第一,以12海里为领海线。新中国成立之初,我国外交奉行"和平共处五项原则"[①],致力于为我国建设创造良好的国际环境。为了创造稳定的周边环境,毛泽东主席于1958年金门炮战后宣布了12海里领海线,"以后的事实证明,提出这一领海线是适合于我国具体情况的。这一宽度既没有影响他国沿海的经济利益,也保护了我国近海的部分资源。而且这一宽度又是在我国军事力量有效控制之内的。当时我国海军力量较弱,但是海岸火炮的有效射程也在12海里(21公里)以上,岸炮火力能够确保给侵入这

---

① "和平共处五项原则"是周恩来总理于1953年提出的,并于1955年"万隆会议"得到完善与认同,其主要内容是"互相尊重主权和领土完整、互不侵犯、互不干涉内政、平等互利和和平共处"(参见"和平共处五项原则"–百度百科,http://baike.baidu.com/view/1915.htm)。

一水域内的外国舰船以有力打击"。① 这既为我国处理海洋国界问题争取了主动，也保护了我国的海洋利益，这是建设中国"海洋社会"的开端，也是初次尝试。

第二，搁置争议、共同开发。20 世纪 70 年代初，中国对外政策进行了调整，中国与西方的关系得到极大改善，以中美和解和中日建交为代表。不过由于美国撤出钓鱼岛，中日之间出现了"钓鱼岛主权"之争，全球华人开始了第一次"保钓"行动。鉴于中日双方无法找到双方都能接受的可行的解决方案，中国于 1979 年 6 月通过外交渠道正式向日方提出共同开发钓鱼岛附近资源的设想，首次公开表明了中方愿以"搁置争议，共同开发"② 的模式解决同周边邻国间领土和海洋权益争端的立场，并且获得了日本的认同与积极回应，这在一定程度上维护了东海近 40 年的和平。后来这一原则也应用于中国所有有争议的海域，维护了周边的和平与稳定。

第三，稳定周边，立足亚太。随着我国改革开放的推进，特别是加入世界贸易组织以来，我国更是加深了与世界的联系，特别是与周边的关系。我国的对外政策提出了"稳定周边，立足亚太，走向世界"的战略，坚持"睦邻、亲邻、富邻，以邻为伴，与邻为善"的方针，近年来又提出了"和谐东亚"的目标。2002 年中国与南海周边各国签署了《南海各方行为宣言》，维护了中国主权权益，保持了南海地区和平与稳定，增进了中国与东盟互信。2008 年中日双方经过三年的艰苦磋商，就东海问题达成原则共识（该共识有两点核心内容：一是双方在东海划界前的过渡期间，在不损害各自法律立场的情况下进行合作；二是双方在东海北部海域迈出共同开发的第一步）。这是中日双方决心使东海成为和平、合作、友好之海的具体体现，也是建设"海洋社会"的关键步骤。

总之，中国构建自己的"海洋社会"，离不开相关国家的认同与参与，更需要国家外交政策的保驾护航，国家对外政策是建设"海洋社会"的重要一环。

---

① 《1958 年金门炮战后毛泽东为何突宣布 12 海里领海线》，http：//news. ifeng. com/history/zhongguoxiandaishi/detail_ 2011_ 09/15/9201784_ 2. shtml。

② 参见"搁置争议 共同开发"，百度百科：http：//baike. baidu. com/view/6120779. htm。

(四)建设路径:整体规划,分步推进

在我国管辖的海洋国土中,几乎一半以上都存在领土争端的问题,比如黄海海域中国和韩国之间有个"苏岩礁"之争,东海海域中日之间"钓鱼岛之争"由来已久,近年来中国台湾与日本之间也开始了钓鱼岛争端,南海海域中菲之间近来就"黄岩岛"事件闹得尤为激烈,中越就"西沙"和"南沙"也存在争议,等等。

严峻的现实引发人们新的思考。旧有的管理不再适应新现实的需要,陆地思维无助于解决海洋争端,当下的社会运行机制不能满足新型社会的良性运行和协调发展的现实需要。因此,中国迫切需要新的思维来构建一个具有自己特色的新型社会运行范式——"海洋社会"。

(1)"环渤海海洋社会"

渤海是中国的内海。它三面环陆,处在辽宁、河北、山东、天津三省一市之间。辽东半岛南端老铁三角与山东半岛北岸蓬莱遥相对峙,像一双巨臂把渤海环抱起来,岸线所围的形态好似一个葫芦。渤海通过渤海海峡与黄海相通,有30多个岛屿,其中较大的有南长山岛、砣矶岛、钦岛和皇城岛等,总称庙岛群岛或庙岛列岛。其由北部辽东湾、西部渤海湾、南部莱州湾、中央浅海盆地和渤海海峡五部分组成。[①] 渤海海域含有中国两大工业基地:辽中南工业基地和京津塘工业基地。构建环渤海海洋社会,可以以"环渤海城市群"为核心,以"环渤海经济圈"为框架,以"环渤海市长联席会"为纽带,推动该地区经济社会的和谐发展与整体进步,加强区域间的协调与衔接,建立一个和谐、发展、合作、开放、绿色的环渤海地区的区域性的"海洋社会"。

(2)"黄海海域海洋社会"

黄海是太平洋西北部的一个边缘海,位于中国大陆与朝鲜半岛之间,北起辽东半岛的老铁山西角与山东半岛北岸的蓬莱头之间的连线,南至江苏启东角至韩国济州岛。它主要涉及中国的辽宁省、山东省、江苏省和朝鲜、韩国。由于存在两国三省的关系,在构建海洋社会中,沟通和协调比较复杂。这既在无形中增加了构建的难度,又正好说明了构建黄海海洋社

---

① 参见"渤海"百度百科:http://baike.baidu.com/view/45137.htm。

会的必要性。近期的中韩"苏岩礁"之争及中韩黄海划界之争，以及"朝鲜扣押中国渔民事件"等都说明了构建黄海海洋社会的紧迫性和现实必要性。构建黄海海域海洋社会大致可以分三步走：第一步是要协调好江苏、山东和辽宁的关系，最好是能组成一个"黄海委员会"，以集体的形式和韩国、朝鲜一道建设黄海海洋社会；第二步是要做到经济先行，中、韩、朝三国可以就构建黄海海洋社会进行协商，先要加强经济往来，经贸先行，并且要通过海洋加深关系，以经济发展促进政治合作；第三步是要对事关主权、领土和安全等问题，三方应该放弃各自传统的思维，以开放、多元、包容的海洋思维看待敏感问题，加强沟通与合作，坚持"搁置争议，共同开发"原则，共同努力，建设和平、合作、和谐的黄海海洋社会。

（3）"东海海洋社会"

东海是中国三大边缘海之一，是中国岛屿最多的海域；亦称东中国海，是指中国东部长江口外的大片海域。它南接台湾海峡，北临黄海，东临太平洋，以琉球群岛为界。这里的主要国家和地区分别是浙江（中国）、韩国、日本、钓鱼岛（中国）、台湾（中国）。中日"钓鱼岛之争"尤为激烈，近年来中日有关东海划界和油气田问题也频繁浮上水面。严峻的复杂形势迫切需要构建一个东海海洋社会，以化解分歧、解决矛盾、平息事端、维护和平稳定。该区域中包含的主要海洋国家和地区形成了一个接近规则的"五边形"状态，即"舟山—韩国—日本—钓鱼岛—台湾"。而舟山恰处于这个"五边形"的一角。这个"五边形"的战略地位就在于，它是东北亚通向太平洋从而走向世界的"咽喉要道"。[1] 通过这个"五边形"三国五地的努力和平衡，可以将东海打造成为一个"和平、合作、友好之海"[2]。在北京召开的第五次中日韩峰会提出了将建立"中日韩自由贸易区"[3]，这可以理解为建设东海海洋社会的一次努力和尝试，也是建设东海海洋社会的一个重要的步骤和组成部分。

---

① 新华网：《舟山群岛新区成为我国第四个国家级新区》，http://news.xinhuanet.com/2011 - 07/07/c_ 121636149_ 2. htm。

② 参见新华网评论：《让东海成为中日和平、合作、友好之海 》，http://news.xinhuanet.com/world/2008 - 06/18/content_ 8394637. htm。

③ 参见"东海"百度百科：http://baike.baidu.com/view/3745070. htm。

（4）"台海海洋社会"

台湾海峡是中国台湾岛与福建海岸之间的海峡，属东海海区，南通南海。南界为台湾岛南端猫鼻头与福建、广东两省海岸交界处（一说为鹅銮鼻与南澳岛南端）连线，北界为台湾岛北端富贵角与海坛岛北端痒角（一说为黄岐半岛北菱咀）连线。台湾海峡呈北东—南西走向，长约 370 公里，北窄南宽，北口宽约 200 公里，南口宽约 410 公里；最窄处在台湾岛白沙岬与福建海坛岛之间，约 130 公里；总面积约 8 万平方公里。[①]

这是一个"以台湾海峡"为载体的特殊社会，也是一个以"台湾海峡"为纽带但不是以此维持两岸关系的公共社会。台湾海峡作为两岸交往的地理平台，其意义不仅仅是心理上的，更是政治方面的，特别是近代。台湾海峡社会主要由福建省、台湾省和浙江三省组成，其中，台湾位于海峡东岸，福建地处海峡西岸，浙江居于海峡北部，故依次简称为"海东""海西"和"海北"。近代以来，台湾先后有三次与大陆分割开来，第一次是荷兰入侵，第二次是日本入侵，第三次是解放战争以来的两岸分隔局面。近年来，台湾问题一直困扰着海峡两岸的中国人，"金门炮战"持续三十年，冲突不断，"台独"势力异军突起以及外国势力的过度干预，台湾海峡一直不平静。其中，以 1996 年"台海危机"、1999 年"两国论"、2003 年"一边一国"和 2004 年"公投"为代表的危机是近年来危机的高潮。

事实上，两岸的中国人一直在为缓和关系而努力着，先是 1979 年停止炮击金门，然后是"叶九条"的提出，以及邓小平"一国两制"方针的提出，再是 1987 年台湾开放老兵探亲，"汪辜会谈"的进行，连战、宋楚瑜的登陆。特别是 2008 年国民党上台以来，两岸关系得到了极大改善，不仅实现了"三通"，而且恢复了"两会"会谈；不仅实现了陆生登陆，而且实现了陆客自由游。短短四年里，两岸"两会"签署了十六项协议，达成两个共识，两岸关系不仅和缓，而且稳定发展。2012 年马英九连任台湾地区领导人，更是为接下来的四年里两岸关系的发展注入了活力。

成绩是喜人的，但背后也暗藏着危机。两岸一直存在"定位"问题，但有一点是肯定的，即两岸的关系是一种特殊的关系，不是一种国与国的关系，两岸同属一国。但两岸一直无法开展正常的政治接触与谈判，更无

---

① 参见"台湾海峡"百度百科：http://baike.baidu.com/view/15923.htm。

法达成中程协议——和平协议。另外，"台独"势力一直很猖狂，外有敌对势力推波助澜。特别是 2012 年 5 月 20 号，马英九先生在就职演讲中抛出的"一国（一个中华民国），两个地区（台湾地区和大陆地区）"的主张，使得两岸关系的处理更加棘手。无论是大陆的"一国两制"，还是台湾的"一国两区"，都无法得到两岸双方的认同，这就迫切需要我们用新思维来打破两岸政治僵局，这就是要建设一个台湾海峡海洋社会，这是一个以海峡为平台，以中华民族文化为纽带，以经贸为桥梁所建立起的海峡两岸公共社会。所以，未来的台湾海峡海洋社会，既不属于中华人民共和国，也不属于中华民国，而是两岸人民共同所有和拥有。它由三部分有机组成，一是海东社会也即台湾社会，二是海西社会也即福建社会，三是海北社会也即浙江社会。其中，"海东"已经起飞，"海西"① 已经付诸实施，"海北"也已经提上台面。所以，台湾海峡海洋社会的建设正在进行，相信定会为打破两岸僵局，为实现统一找到一条切实可行的新路径和新方案。

（5）"南海海洋社会"

南海是亚洲三大边缘海之一，北接中国广东、广西，属中国海南省管辖。南缘曾母暗沙，为中国领土的最南端。东面和南面分别隔菲律宾群岛和大巽他群岛，与太平洋、印度洋为邻，西临中南半岛和马来半岛，为面积 3 500 000 平方公里（1 351 350 平方哩）的深海盆。② 其中，南海海洋社会就是以地理南海为平台、载体和纽带而建立的，主要包括中国香港特别行政区、广东省、广西、海南省和越南、菲律宾等。近期以来，该地区的海洋纠纷突出，中菲"黄岩岛对峙事件"、中越有关南沙群岛之争，以及西沙主权和北部湾划界问题等尤为突出。

南海是我们海洋国土面积最大的海域，约为我国陆地国土的 1/3，而且也是我国海域中纠纷最大的海域，约一半海域都处于纠纷和别国的实际控制之中。因此，南海海域海洋社会的建设困难重重。而且，南海问题的要害不在南海海域周边国家，而在南海之外的国家；但是解决南海问题的关键却是南海周边国家，构建南海海域海洋社会是一种积极的探索和富有成效的创新。

---

① 参见《国务院关于支持福建省加快建设海峡西岸经济区的若干意见》，http：//www. gov. cn/zwgk/2009 - 05/14/content_ 1314194. htm。

② 参见"南海"百度百科：http：//baike. baidu. com/view/15793. htm。

构建南海海洋社会，需要坚持"搁置争议、共同开发"的原则，遵守《南海各方行为宣言》①，坚持双方友好协商，通过谈判而不是付诸武力解决的办法。首先，要维护该地区的稳定，保护渔民的安全捕捞作业。其次，要加强该地区的经贸联系和区域合作，可以尝试成立以海南岛为枢纽的大南海自由贸易区；另外，可以合作保护南海海域的航行自由，开展反海盗行动，加强该地区的海洋生态文明建设。再次，该海域的国家和地区应积极沟通，密切联系，加强对话，增进政治互信，为和平解决南海问题创造条件，不能扩大、激化矛盾。最后，要坚持独立自主的原则。南海问题不是国际问题，反对非当事国介入和参与，应通过当事国双边谈判解决。

四　总结

"海洋社会"的提出和构建，既是创新的体现，又是对"社会"的发展和完善，更是对现实需要的积极反应和有效回应。其实，联合国《海洋法公约》的出台就标志着人类海洋社会构建的开始。这是一种建立在平等基础上的构建。而构建与中国有关的"海洋社会"，既是解决中国海洋问题和海洋矛盾的需要，又是21世纪中国建设"蓝色文明"的重要组成部分，还是对新世纪社会运行机制和范式探索的有效尝试，更是实现中华民族伟大复兴与崛起的需要。而近年来发生的海上和海岛的争执和冲突既是构建和完善"海洋社会"的前奏，也是必然和必须遇到的问题。但现实是，"海洋社会"目前还只是一个提议，尚未成为一个"全民意识"。因而，构建海洋社会，难的是如何建设，包括谁来建设、怎么建设和建设一个怎样的海洋社会等。这些都是值得人类去思考和进一步探索的。

---

① 参见"南海各方行为宣言"百度百科：http://baike.baidu.com/view/1780154.htm。

海洋文化与海洋民俗

中华海洋文化特质及其现代价值

张开城[*]

摘要： 中华海洋文化既具有世界海洋文化的一般特点，又具有不同于西方海洋文化发展模式的中华海洋文化传统。中华海洋文化的特质凸显中华文化"和"的理念和"自强不息，厚德载物"的价值取向，可归纳为六个方面："协和万邦"，"四海"一家；海纳百川，包容宽恕；海外海内，安分守己；以海比德，博大恢宏；亲海敬洋、人海和谐；刚毅无畏、开拓探索。

关键词： 海洋文化　海洋文化精神　民族精神

海洋是人类的摇篮，也是人类彰显自己智慧的舞台。人类依海而生、劈风斩浪，一步步从远古走来，留下了许多惊天地、泣鬼神的故事，创造了灿烂多彩的海洋文化。海洋文化具有交流性、商业性、自由性、拓展性等特征。体现这种特征的海洋文化精神是海洋文化的核心和灵魂。海洋文化精神是一种博大兼容精神、开放交流精神、刚毅无畏精神、开拓探索精神、平等自由精神。

中华海洋文化既具有世界海洋文化的一般特点，又具有不同于西方海洋文化发展模式的中华海洋文化传统。中华海洋文化的特质凸显中华文化"和"的理念和"自强不息，厚德载物"的价值取向，可归纳为六个方面："协和万邦"，"四海"一家；海纳百川，包容宽恕；海外海内，安分守己；以海比德，博大恢宏；亲海敬洋、人海和谐；刚毅无畏、开拓探索。

---

* 张开城，广东海洋大学海洋文化研究所所长、教授，广东省社会学学会副会长，广东省社会学学会海洋社会学专业委员会主任。

一 "协和万邦"，"四海"一家

"协和万邦"语出《尚书》。《尚书·尧典》篇谓："克明俊德，以亲九族。九族既睦，平章百姓。百姓昭明，协和万邦，黎民于变时雍。"这里是在赞颂远古帝尧的历史功绩：提倡"协和"精神，让天下万国的各族人民和睦相处。

"协和万邦"的整体和谐观是中国文化对人类文明做出的巨大贡献，具有永久性价值。现代英国著名的历史学家汤因比曾说："人类已经掌握了可以毁灭自己的高度技术文明手段，同时又处于极端对立的政治、意识形态的营垒，最重要的精神就是中国文明的精髓——和谐。""中国如果不能取代西方人类的主导，整个人类的前途是可悲的。"[①]

中国明代郑和率领当时世界上最强大的舰队七下西洋，给沿途各国带去中国的茶叶、丝绸、瓷器等，带回各国人民对中华民族的信任和友谊，没有掠夺一件物品，没有带回一个奴隶，更没有强迫别人签订任何不平等条约，圆满完成"和平之旅""友谊之旅"。郑和下西洋的目的是互通有无，而不是侵略掠夺，体现的就是"四海一家"的精神。

二 海纳百川，包容宽恕

海，《说文》释为："天池也，以纳百川者，从水每声。"中华民族文化融入海洋的元素，具有包容宽恕、含纳万物的气象和胸怀。《老子》第十五章谓"古之善为道者，微妙玄通，深不可识。…… 澹兮其若海"；第三十二章谓"道之在天下，犹川谷之于江海"。《金人铭》谓："江海虽左，长于百川，以其卑也；天道无亲，而能下人。戒之哉！"《庄子·秋水》篇有河伯望洋兴叹而自悟的故事。

中华文化是一种包容性很强的文化。中华文化对自然的理解是天地最大，它能包容万物，天地合而万物生、四时行。由此引申出做人的道理——人要像天那样刚健自强，像地那样厚重而包容万物。儒家主张"泰山不辞细壤，

---

① 姜广辉：《中国文化"协和万邦"思想的基本准则》，《光明日报》2000 年 10 月 10 日。

故能成其大，河海不择细流，故能就其深"。这种精神使中国文化具有巨大的包容性，对外来文化向来不排斥。可以说，中华文化因其吸纳百川、兼收并蓄而博大精深，川流不息。

中华文化在发展史上，先后融合了中亚游牧文化、波斯文化、印度佛教文化、阿拉伯文化、欧洲文化等，经历过两次中外文化大交汇：一次是汉唐时期，佛教的传入，促成了儒释道融合的中国传统文化的高峰形成，称之为"胡化""汉化"。另一次是明清以后，西方文化的侵入，强烈地冲击了中国数千年的传统，造成了近代中国与西方的矛盾，称为"夷化"。中国历史上的跨文化现象和不同文化的融合与交流状况表明，中国本土文化具有强大的生命力和凝聚力，它不易被外来文化吃掉和消灭，相反，由于拥有强大的包容性，外来文化最终反而被中国本土文化纳入自己的体系框架之内，逐渐被同化。①

唐代政府以一种有容乃大、兼容并蓄的胸襟对待外域和外来文化，7世纪以后的长安已发展成为国际性的大都会，不仅成为当时的政治、经济和文化中心，也是世界著名的都会和东西文化交流中心。据《唐六典》记载，和唐政府来往过的国家，曾经有300多个，最少时也有70多个；在长安城居住的，除了汉族人民以外，还有回纥人、龟兹人、吐蕃人、南诏人以及国外的日本人、新罗（朝鲜）人、波斯（伊朗）人和阿拉伯人等。②

鸦片战争以来，国人痛思贫弱之弊，尚新图变，于是有"开眼看世界"的呼吁，有魏源"师夷长技以制夷"的提倡和《海国图志》的编撰，有"洋务运动"，有新文化运动对"德先生"和"赛先生"的推崇。

三　海外海内，安分守己

有一个人们熟知的名词——"日不落帝国"，它是指照耀在一部分领土上的太阳落下而另一部分领土上的太阳仍然高挂的帝国，通常用来形容繁荣强盛、在全世界均有殖民地并掌握当时霸权的帝国。它来源于西班牙国王卡洛斯一世（神圣罗马帝国皇帝卡尔五世）的一段描述："在朕的领土

---

① 李卫、胡澎：《中印文化的包容性比较》，《文教资料》2006年第20期。
② 陶辉：《浅析唐代社会文化的包容性与女装风格的多样性》，《四川丝绸》2003年第4期。

上，太阳永不落下。"15 世纪，欧洲最早诞生的两个民族国家葡萄牙和西班牙，在国家力量支持下进行航海冒险，世界性大国就此诞生。葡萄牙和西班牙在相互竞争中瓜分世界，依靠新航线和殖民掠夺建立起势力遍布全球的殖民帝国，并在 16 世纪上半叶达到鼎盛时期，成为世界性海洋大国。西班牙被认为是第一个日不落帝国。西班牙帝国衰弱后，第二个获得"日不落帝国"称号的是大英帝国。美国成为世界第一大经济强国是在 19 世纪末叶。而今，美国依然称雄世界，既是世界大国，又是海洋强国。"日不落帝国"一词被应用于美国的势力范围，一个较早的例子就是 1897 年的一篇文章中的"自夸"："山姆大叔头上的太阳永不落下。"①

上述史料表明西方海洋文化具有侵略、掠夺、暴力和强权的性质。中华海洋文化的价值取向则使中国在海洋世界中扮演安分守己的角色。

中国人并非是自我封闭的，远足海外的例子在中华历史上不胜枚举。比较著名的有徐福和鉴真东渡、郑和下西洋等。平民百姓出海谋生而客居海外形成华侨群体。而今，中国人的脚步已经遍及全世界。而海外华人中最大的一个群体，就是东南亚华人。他们中的绝大部分，就是那些几百年前在南洋披荆斩棘的开拓者的后代。据不完全统计，印尼 2 亿人口中，约有 1000 万是华人。马来西亚 2500 万人口，华人约为 600 万。泰国 6500 万人口，华人约 2000 万，占了将近 1/3；新加坡 500 万人，华人约占 75%，是海外华人占所在国人口总数比例最高的一个国家。

值得注意的是，中国人远足海外后固守的是主客二分的角色定位，自认为是客居他乡，不能喧宾夺主，没有反客为主的欲望和行为，而是安分守己，自食其力。

中国发展海洋军力也只是着眼于防卫，而不是为了侵略掠夺。新中国成立后，中国始终坚持积极防御的国防策略，国家领导人先后多次向世界明确阐述中国海上防卫政策的性质。20 世纪 70 年代邓小平指出："我们的战略始终是防御，20 年后也是战略防御。就是将来现代化了，也还是战略防御。"②

---

① 百度百科"日不落帝国"，http://baike.baidu.com/view/352431.htm。
② 《邓小平关于新时期军队建设论述选编》，八一出版社，1993，第 43 页。

四 以海比德，博大恢宏

所谓比德，是指自然物（如山、水、松、竹等）的某些特点使人联想到人的道德属性，借为人的道德品格、情操的象征，因之赋予自然物以道德意义。于是自然美的欣赏中就包含了道德内容，自然美就升华为道德美、人格美。人通过自然物来进行价值观照、自我反思，使人格对象化、人格理想物化，使君子形象通过自然物表征出来，从而使抽象的道德范畴有了具象显现，由对理想人格的追求衍化为对特定自然物的赞赏，引为楷模。

辜鸿铭说："要懂得真正中国人和中国文明，那个人必须是深沉的，博大的和纯朴的。因为中国人性格和中国文明的三大特征正是深沉、博大和纯朴。"[1] 中国人以天地比德，形成"天行健，君子以自强不息；地势坤，君子以厚德载物"的民族精神。以海比德，以海之属性喻人之胸怀品性，形成博大恢宏、深沉宽厚的品格。

老子云："古之善为道者，微妙玄通，深不可识。……澹兮其若海；譬道之在天下，犹川谷之于江海；江海之所以能为百谷王者，以其善下之，故能为百谷王。"庄子也以望洋兴叹的故事，说明不要妄自尊大的道理。

广州任上，林则徐曾在自己的府衙写了一副对联："海纳百川有容乃大，壁立千仞无欲则刚。"这副对联形象生动，寓意深刻。可以说，中华民族的民族性格和中华文化的重要特征正是"博大兼容"。从"盛唐气象"到今天的"对外开放"，莫不体现博大兼容和开放交流的精神。

五 亲海敬洋、人海和谐

中华海洋文化讲求天人合一、人海和谐，因而，中华民族有着耕海养海、亲海敬洋、祭海谢洋的传统。

中国沿海各地的海神信仰和祭海习俗包含感恩海洋、热爱海洋的成分。

帝王祭海早在夏商周时期就开始了，多是象征性地对四海遥祭。《礼记·月令》云："天子命有司祈祀四海、大川、名源、渊泽、井泉"，周天

---

① 辜鸿铭：《中国人的精神》，海南出版社，1996。

子及鲁国等诸侯国已有祭祀山川海渎之事。

每年休渔期间，中国浙江岱山都会举行规模盛大的祭海谢洋庆典，渔民们从四面八方赶来，齐聚到岱衢洋畔的海坛，向大海诉说自己的拳拳之心。渔民抬着满满当当几大筐由花生、核桃等组成的五色果实和稻米、小麦等五谷，鱼贯走到祭台上，敬香祭祀象征大海的"东海龙王"。多名身着渔家特色服饰的演员在乐声中载歌载舞，抒发心中的感恩，祈祷丰收和平安。"春捞夏歇，秋捕冬忙。保护生态，善待海洋。自然规律，天行有常。应天顺时，乃吉乃昌。"《祭海谢洋文》道出了海岛人崭新的人与自然和谐的理念。"让大海休养生息，让鱼儿延续生命，让我们懂得感恩，表达对海的崇敬……"伴随着一阵悠扬的歌声，古老的祭乐嘡嘡响起，身着传统服装的渔民代表手持四面平安旗，在祭乐声中缓缓入场。一坛坛清醇的美酒缓缓倒入海中，渔民们跪朝大海，叩首揖拜，感恩大海。

六　刚毅无畏、开拓探索

大海变幻莫测，海上生存充满变数，踏浪而行是对生命的挑战。海上遭风暴遇礁石、船毁人亡、葬身鱼腹是常有之事，遭遇海盗抢劫也不可避免。而为了生计人们又必须铤而走险，这样无形中成就了海洋人的冒险拼搏精神。海洋人在长期与海浪和风险的搏斗中形成了刚毅无畏、强悍机智、知难而进的精神。中华先民中的东夷族、百越族依海而生，得鱼盐之利，享舟楫之便，从事渔业、盐业生产和贸易活动。即使在明清海禁时期，"海滨之民，唯利是视，走死地如鹜""冲风突浪，争利于海岛绝夷之墟"。明代后期海运开放后，航海人有一句口号："若要富，须往猫里务（菲律宾Burias 岛）。"[1] 世界船王包玉刚说过："涉足航运业对我是一种挑战，也是对我们进出口能力的扩展。虽然我父亲极力反对，说是危机四伏，但我坚持己见。"这正是大海"弄潮儿"本色。[2] 从徐福东渡，郑和下西洋到近代华人下南洋、闯世界形成令世人瞩目的华侨势力，从林则徐、魏源"开眼看世界""师夷长技以制夷"到今天中国对外开放的大手笔，无不体现着中

---

① 杨国桢：《海洋迷失：中国史的一个误区》，《东南学术》1999 年第 4 期。
② 张开城：《主体性、自由与海洋文化的价值观照》，《广东海洋大学学报》2011 年第 5 期。

华民族的开拓探索精神。

我们不赞成西方文化是海洋文化，中国文化是大陆文化的观点，更不能接受西方文化先进，中国文化落后的观点。西方文化有它的优点和长处，中华文化也有自己的优点和长处。中华海洋文化包含深厚的文化底蕴，比如我们中华民族优秀的民族精神。我们将中华民族精神概括成九个方面：自强不息的奋斗精神，威武不屈的顽强精神，学而不厌的求知精神，谦恭宽厚的诚和精神，兼容并蓄的博大精神，认同整体的献身精神，重义轻利的道义精神，强调"内省"的自律精神，实事求是的求实精神等，这些是非常值得骄傲、非常有生命力的东西。中华海洋文化既具有海洋文化开放交流、开拓探索、重商务实、自由平等的特点，又具有自身的特殊性质，如前所述的"协和万邦"，"四海"一家；海纳百川，包容宽恕；海外海内，安分守己；以海比德，博大恢宏；亲海敬洋、人海和谐；等等。这些都是中华民族留给人类的宝贵精神财富，需要我们继承、发扬和光大。中华文化，包括中华海洋文化源远流长、博大精深、独树一帜，是世界文化百花园中一朵常开不谢的美丽花朵，作为龙的传人、炎黄子孙，我们要有这样的文化自信，要弘扬中华民族的民族精神，发扬中华海洋文化精神，既振兴中华民族，又造福人类。

20世纪以来，西方文化遭遇了世纪性危机，两次世界大战，无数次的民族冲突，西方曾经引以为傲的殖民地纷纷独立，使西方文化的价值理念存在的合法性受到颠覆性挑战，特别是21世纪初在美国发生的"9·11"恐怖事件，使得西方社会科学原有的基本理念再次受到震撼而摇摇欲坠。世贸大厦的坍塌，也可以说是西方理性的坍塌！

西方文化有两个致命的缺陷：囿于一己和侵略扩张。海洋文化的博大和宽容，西方文化是不具备的。

回顾世界民族运动的历史轨迹——从民族独立到民族分裂、仇视和敌对，我们发现，塔利班的出现不是证实了亨廷顿，而是回应了西方文化的价值理念。

今天，理论家们面对的是整个世界而非局限于地方性的田野地点，今天的世界发生着巨变。这种巨变需要新的视角对其加以解释。或许，以前对全球化的理解都只是一种误读，今天，我们已经更为清醒地意识到，全球化是一种"对世界的关怀的内在化"，是觉醒了的"类关怀"，即如青年毛泽东所说的"人类一大我"，而非一般人理解的宛如帝国主义扩张的世界一体的西方化。

西方社会科学大谈世界性，不能不使我们联想到中国语汇里曾经频繁出现的"天下"的概念。这个"天下"的概念应该是包容全人类的。这个"天下"讲求的是"和而不同"，但最终又要达到"天下大同"。儒家对志士仁人的要求是"齐家、治国、平天下"。齐家治国虽各有不同，但对天下的关怀人人一致。到头来，儒家悟出来的一点道理就是：天下大同，四海一家。[①]

中国文化历史上就具有大陆文化与海洋文化、农业文化与商业文化、内敛文化与开放文化或曰长城文化与码头文化兼有兼容，互补互动的二元结构和发展机制。中国文化包括海洋文化体现的泱泱大国之风、谦谦君子之态、友好和平之德、兼容并包之体系，在当今全球性海洋竞争发展的世界格局中，会越来越充分显示出令世界大多数爱好和平、向往和谐的人民赞赏、折服的魅力。[②]

---

① 赵旭东：《世界性——四海一家天下大同》，《读书》2003 年第 12 期。
② 曲金良：《中国海洋文化模式的历史优势与当代抉择》，《中国海洋报》2008 年第 3 期。

海洋法治文化建设的路径选择*

盛清才**

摘要：建设海洋法治文化是"文化强省"的重要举措。为此，各地必须强化领导，认识到位，多措并举，强力推进。要坚持与时俱进，开拓创新，多形式演绎海洋法治文化建设活话剧；坚持"五结合""三强化""一融进"，积极探索海洋法治文化建设新路子；完善海洋立法，严格海洋执法，公正海洋司法，以行业创建促海洋法治文化建设；城乡动员，全民共建，众人给力海洋法治文化建设；繁荣海洋法治文化，重视海洋法治理论研究；创新考评，政绩挂钩，确保"两手抓"举措落到实处。

关键词：海洋法治文化　建设　路径

建设海洋法治文化是落实十七届六中全会精神的具体体现，也是广东"文化强省"的重要举措。各级党委、政府一定要以高度的政治责任心，积极探索，开拓创新，努力把海洋法治文化事业推向前进。

一　多措并举，强力推进海洋法治文化建设

（一）强化领导

首先，筑牢海洋法治文化建设的思想基础。领导思想重视是海洋法治文化建设得以顺利进行的前提。否则，各种措施就很难落实到位。反观过

　＊　本文系广东省海洋开发研究中心资助项目"广东海洋法治文化建设战略研究"（省海洋中心〔2008〕1号）研究成果的一部分。

＊＊　盛清才（1957—　　）男，河南西华人，广东海洋大学海洋经济与管理研究中心教授，硕士生导师。

去，文化建设之所以滞后，说到底还是领导认识不到位、重视不够。新形势下，各级领导，特别是沿海各市、县、乡领导，必须转变观念，重新认识海洋法治文化的地位和作用，真正做到认识到位、政策到位、措施到位。

其次，夯实海洋法治文化建设的组织基础。为加强对海洋法治文化建设工作的领导，建议成立省海洋法治文化建设委员会，市、县、乡成立领导小组，下设办公室，各级政府首长任组长，政府各职能部门为成员单位，具体负责海洋法治文化建设的规划、协调和组织实施。

（二）整合资源

各级海洋法治文化建设领导机构，有必要对辖区内人力、物力、财力、科研、设施等相关资源进行整合，挖掘各种潜力，优化资源配置，这是加强海洋法治文化建设的重要一环。

（三）搭建平台

笔者设想，由各级政府牵头，各级海洋法治文化建设领导机构组织，相关职能部门参与，携手构筑省、市、县、乡海洋法治文化传播平台。为此，城市社区及沿海各乡镇都要成立海洋文化中心，农渔村建海洋文化大院，该问题后面将专题探讨，此略。

（四）多措并举

（1）海洋法治启蒙。公众的海洋法治意识直接影响海洋法治进程。鉴于不容乐观的海洋法治现状，当务之急是在全社会进行海洋法治启蒙，通过启蒙教育，使公众摆脱海洋法治的蒙昧状态，使涉海人员牢固树立海洋法治理念，使全社会养成崇法、守法的习惯。这样，法治海洋才有望实现。

（2）营造氛围。一是充分发挥新闻媒体的作用，大力宣传国家的海洋法规、政策。二是建议各地在广场、机场、车站、码头、公园、剧院、高速路口、公交车身、市区各主要路段等公共场所和醒目位置设置大型海洋法治宣传牌，电子显示屏和宣传橱窗，张挂海洋法治宣传标语等，以营造浓厚的海洋法治文化氛围。三是建议有条件的沿海市、县建立海洋法治主题公园、展览馆等，并免费向公众开放。四是有条件的沿海各市要通过举办海洋法治文化节，营造氛围，制造声势。

（3）积极组织海洋法治下基层活动。一是围绕新渔村建设，相关部门要从各自实际出发，积极组织"三下村"活动，努力做到海洋法治文艺进渔村、海洋法治信息进渔村、海洋法治服务进渔村。在城镇，则利用居委会文化活动室等载体，广泛开展"海洋法治进社区"活动。二是利用各级党校，分期分批培训城乡基层海洋文化骨干，奠定海洋法治文化建设的组织基础。

二　与时俱进，创新海洋法治文化建设

欲将海洋法治文化建设引向深入，就必须在"新"字上做文章。

（一）创新海洋法治文化建设形式

（1）多形式演绎海洋法治文化建设活话剧。司法、宣传、涉海、文教、执法等各级各部门及工、青、妇组织，要因地制宜，在海洋法治文化建设领导小组的统领和协调下，积极探索海洋法治文化建设的新形式：既可组织巡回报告和专题讲座，又可尝试开展海洋法治论坛和海洋法治文化节活动。既可多形式筹建海洋法治广场和法治集市，又可组织海洋法治文艺下基层、海洋法治"进校园""进社区""进企业""进码头"等系列活动。既可通过海洋法治文艺晚会、书法展、摄影展及灯谜等活动吸引群众参与，又可通过编写海洋法治"三字经"、印送海洋法治年历等普及海洋法律知识。既可借节日搭台，海洋法治唱戏，使百姓在欢歌笑语中受到海洋法治的熏陶；又可通过严格执法、公正司法和以案说法教育群众，逐渐培养其海洋法治信仰，力促海洋法治文化建设向纵深发展。

（2）借民俗文化繁荣海洋法治文化。赋予民俗文化以海洋法治的内涵，借春节、端午节、中秋节等重要节庆传播海洋法治文化；借助妈祖节、休渔、放生节及其他民间海洋庆典，努力实现海洋法治文化与地域文化的结合，使广大群众在不经意间受到海洋法治文化的洗礼。

（二）创新海洋法治文化传播手段

各地在充分利用大众传媒的基础上，更要借助手机短信、卫星远程教育等现代手段，构建传播快捷、覆盖面广的海洋法治文化传播体系。尤其要重

视网络传播。省、市、县都要组建海洋法治网站，内设海洋法治宣传、依法治海花絮、海洋法治讲座以及答疑解难、海洋维权、学术交流等栏目；同时，《南方日报》《羊城晚报》及各市级报纸也要辟出海洋法治专版。这样，多种传媒相互配合，就可形成全方位、多层次、广覆盖的海洋法治文化传播网络。

（三）创新海洋普法

首先，创新海洋普法理念。海洋普法，重在培养公众的海洋法治信仰。过去不少地方一直把普法重点放在对现行法规的宣传上，百姓充其量只是简单地记住了一些零星的海洋法律知识。所以，必须转变普法理念，变单纯的普法宣传为海洋法治信仰的培育。

其次，创新海洋普法形式。利用城镇广场和农渔村集贸市场，定期不定期地举办海洋法治宣传活动，并形成一种制度长期坚持下去。

再次，以公众喜闻乐见的形式代替传统的说教式、灌输式普法方法。建议省委宣传部牵头，组织省海洋与渔业局、广电局、文化厅等相关单位，筹拍系列海洋法治文化专题片，并在广东卫视黄金时段播出；组织相关部门编印《涉海典型案例选编》和集法律知识、法治格言、漫画为一体的海洋法治宣传小册子，并免费向公众和涉海企业发放；利用各级有线电视网络，开办"海洋法治大讲堂"，以收事半功倍之效。

（四）创新海洋法治文化建设路径

具体可概括为"五结合""三强化""一融进"。

1. 坚持"五结合"的建设原则

（1）坚持海洋普法与"两创"相结合。即将海洋法治"进单位、进渔村、进社区、进学校、进企业"与创建"海洋法治示范单位"和"海洋法治示范村（社区）"结合起来，在构建基层长效机制上下功夫。

（2）坚持海洋法治文化建设与涉海法治实践相结合。即将海洋法治文化建设与海洋执法、司法和涉海法律救助结合起来，使民众在涉海实践中受到海洋法治的教育；妥善解决涉海热点、难点问题，以实际行动赢得农渔民群众对海洋法治文化建设的理解和支持。

（3）坚持阵地建设与载体建设相结合。要建立健全乡（街道）、村（居）两级法治学校，"法治书屋"，法治文化大院和法治服务室；启动城市

"法治文化广场"和农村"法治文化集市"创建活动；鼓励沿海市、县建造海洋法治主题公园、展馆等，并免费向公众开放。

（4）坚持主题活动、集中宣传与经常性宣传相结合。各地要通过涉海法律知识竞赛、海洋法治摄影展、"我为海洋献计策"等多种形式的主题活动，传播海洋法治理念，引导公众主动参与海洋法治文化建设。

（5）坚持海洋法治文化建设与涉海法律服务相结合。即通过为农渔民群众和涉海企业提供法律服务，帮其解决涉海生产、生活中的实际问题，实现海洋法治文化的育民、助民本质。湛江市海洋与渔业局于2008年3月12日就水产品质量安全问题在"行风热线"接受群众咨询和投诉，10月24日，又通过湛江电视台《公仆说法》栏目，现场普及水产品质量安全监管情况及食品安全相关法规，收到了良好的社会效果。

2. 探索"三强化"的建设路子

（1）贴近现实，强化海洋法治文化的吸引力。建议各市、县成立海洋法治讲师团，深入基层，以涉海企业和农渔民群众自点"菜单"的方式宣讲海洋法治；组织律师、法律援助中心下乡，服务群众，解难答疑。近年来，湛江市海洋与渔业局借助海洋宣传日、法制宣传日和龙舟节，以现场"咨询"、发放宣传材料、局领导答记者问等形式，大力宣传海域管理法律法规。由于贴近百姓，成效明显，这些活动激发了群众海洋法治文化建设的热情。

（2）借助平台，强化海洋法治文化的影响力。大众传媒对公众海洋法治意识的形成影响甚大。笔者非常赞同王诗成先生的观点，建立海洋电台和海洋电视台，并借助城乡广播电视网开辟海洋法治大讲堂；相关领导更要通过与网民的直接沟通，传递海洋法意识，引导舆论；利用公益广告的轰动效应，不断强化海洋法治文化的影响力。

（3）延伸阵地，强化海洋法治文化的渗透力。各级司法、宣传、涉海部门要与乡镇联手，积极开展送法"下乡""入户"和"进社区"活动；在城市广场和农村集贸市场设台接受咨询，开展法律服务；各级团组织亦要积极组织开展"海洋法治进万家"活动。

3. 坚持"一融进"的建设方针

即寓海洋法治文化建设于机关文化、校园文化、企业文化、社区文化等各种单位文化建设之中，通过二者的融合，最终实现单位文化建设与海洋法治文化建设的互动。

三 立足本职，以行业创建促海洋法治文化建设

（一）完善海洋立法，夯实"海洋强省"的法制基础

目前，广东省的海洋法制体系已初步形成，但在实践中仍存在一些问题。从总体上看，我国现行的海洋法条多是管理性规定，授权性规定不够。所以，提高海洋立法水平，首先要健全和完善海洋管理、海洋开发、海权维护和海洋生态环境保护等领域的地方性立法，并适当增加授权性规定；完善渔船管理规定，夯实海洋渔业的法治基础。要注意原则规定、定性规定向具体规定、定量规定的转化，以增强操作性。在立法方向上，一定要坚持立法为民，注意对各涉海主体合法权益的保护；强化民主立法，完善群众参与机制，使立法工作充分反映广大群众特别是渔民群众的愿望和要求；尤其要完善海洋执法与刑事司法的协调和衔接，明确涉海犯罪的立案标准、罪与非罪的界限和海洋执法与刑事司法的衔接程序，为依法治海提供科学的法制依据。

（二）严格海洋执法，提高"创建"水平

海洋执法对公众海洋法治信仰的形成有着直接的影响。所以，海洋执法部门行业创建的关键就是要真正树立"执法为民"的理念，层层签订"海洋执法责任书"，确保公开、公正、公平执法。一是强化海洋执法。要通过海洋与渔业执法，严查"三无""三乱"和各类渔业违法违规行为；加强水产品质量安全监管，抓好养殖用海专项整治，维护正常的海洋开发秩序。二是加大海监执法和查处违法案件的力度。要以查处海洋工程违法案件为重点，全面覆盖陆源污染、海洋倾废、海砂开采、自然保护区执法等领域，真正做到"逢案必立、立案必查、查案必结"。三是坚持以人为本，文明执法。在这一方面，湛江、深圳两市执法部门的探索取得了明显成效：为确保"一树一争一创一确保"[①] 目标的实现，湛江渔政支队积极开展渔业文明执法窗口创建活动，通过落实政务公开、服务承诺、限时办结、首问

---

① 即树一流文明执法形象，争一流工作业绩，创建文明单位，确保渔民群众满意。

责任等完善服务制度，大大提升了服务水平。深圳海监支队则主动邀请专家检查、指导工作，及时纠正执法过程中的不规范行为，有力地促进了依法行政、文明执法。

（三）以公正司法促海洋法治文化建设

公正是司法的灵魂。实践证明，一次不公正的涉海司法判决，会使数十次、上百次的海洋普法宣传的努力化为乌有。调研中我们深感，正是海洋执法、司法中的个别不公和腐败现象，引起了农渔民群众及其他涉海主体对海洋法治的误解和不信任。所以，海洋司法机关要设法将海洋法治文化建设落实到司法实践之中，不仅要鼓励司法人员下港口，到企业，蹲点农渔村，研究涉海司法案件的特点和规律，更要坚持依法办案，公正司法，以此促进海洋法治文化建设。

四 城乡动员，全民共建，积极开展海洋法治文化建设

（一）机关应成为海洋法治文化建设的排头兵

——各涉海部门要把海洋法治理念渗透到海洋决策、管理和监管的各个环节，多途径提升全体员工的海洋法治文化素质和依法治海的能力与自觉性。

——各级政法、宣传和涉海部门，要积极组织海洋法治宣讲团，深入社区、学校、农渔村、渔港码头、涉海企业进行巡回报告；多形式组织海洋法治宣传活动，引导社会各界自觉学法、用法；定期举办"海洋法治文化论坛"，提升海洋法治文化建设的层次。

——海洋执法、司法部门要结合各自工作的特点，打造全新的海洋执法文化和海洋司法文化，推动海洋法治文化建设向纵深发展。

——文化部门要积极组织"海洋法治文艺下基层"、海洋法治摄影展、海洋法治影视巡回演出等系列活动，寓教于乐，不断提高全民的海洋法治素养。

——教育部门要积极开展"海洋法治进校园"活动，组织专家学者在各级各类学校举办海洋法治学术报告会，经常性地对青少年学生进行海洋

法治教育。

（二）给力城镇社区海洋法治文化建设

城镇街道、社区应从各自的实际出发，寓海洋法治文化建设于群众工作、学习、生产、生活之中，以活动促建设，支持和引导群众性的海洋法治文化活动。在这一方面，辽宁东港市翠园社区的做法对我们颇有启发：通过文艺演出、有奖问答、谜语悬猜、漫画展等广场活动，给力社区海洋法治文化建设；同时借鉴天津塘沽区的做法，广泛开展海洋法治歌曲大家唱、海洋法治书籍大家读、海洋法治影视大家看、海洋法治新人新事大家评等多种形式的群众性活动，夯实海洋法治文化建设的群众基础。

（三）努力搞好农渔村海洋法治文化建设

1. 三级联动，构筑农渔村海洋法治文化载体

设施落后、阵地缺失是农渔村法治文化建设滞后的主要原因。因此，当务之急是健全和完善农渔村法治文化基础设施，通过县、乡、村三级联动，共同构筑海洋法治文化载体：县级重点抓好一批龙头；乡镇强化示范引导，重点建好法治文化站；村级着手建好法治文化活动室和法治文化大院，同时鼓励农村中小学图书馆、阅览室以适当方式向农渔民群众开放。

2. 独辟蹊径，抓紧抓实农渔民群众的学法用法工作

（1）依托乡镇党校和村民学校，重点抓好对农渔村"两委"班子的海洋法治培训，提高基层干部依法行政和依法治海的能力。

（2）多管齐下，大幅提升农渔民群众的海洋法律素质。一是利用农闲和传统节庆日，邀请志愿者、律师、大学生等集中为农渔民讲课，帮其解决涉海法律难题。二是借鉴江苏泗洪县青阳镇阮庄社区的做法，沿海农渔村建"涉海法律书屋"，开设"普法超市"，供群众借阅。三是在互联网上为海上养殖渔民开设网站，进行"网上"法治传播。四是借鉴山东文登的做法，为长期外出捕捞的渔民建立"海上图书室"：渔船出海前为其送上一个流动书箱，渔民捕捞之余学点法律知识，既调剂了业余生活，又学到了法律知识，可谓一举两得。

3. 融海洋法治文化建设于农渔村精神文明建设之中

"大法变小法，小法进农家。"司法、宣传、各涉海机关要和乡、村

"两委"联手，乘创建"海洋法治示范村（居）"的东风，在全省特别是沿海农渔村联合开展"学法用法先进村"评选活动；结合村规民约，开展"学法用法光荣户"评选活动；结合农渔村精神文明建设，开展"学法用法先进标兵"评选活动，推动海洋法治文化建设向纵深发展。

（四）高度重视涉海企业的海洋法治文化建设

企业文化是企业的灵魂。建设企业海洋法治文化，首先，涉海企业领导要认识到位，并采取切实措施，努力营造企业的海洋法治氛围；其次，要将海洋法治文化建设与企业日常管理、经营有机结合，建立健全各种规章制度；再次，应大力培育企业职工的海洋法治理念，通过多形式培训，使海洋法治理念深入人心，落实到各自岗位，从而转化为企业生产力。

此外，相关部门也要抓好涉海企业的海洋法治教育。建议各市、县海洋法治文化建设领导小组协调司法、涉海、工商、经贸等部门，定期对涉海企业经营管理人员进行海洋法治培训；借助典型案例，编写符合企业实际的教材，增强针对性。工商部门要利用每年营业执照验证这一机会，向涉海企业及个体工商户发放海洋法治宣传小册子，强化其依法经营的自觉性。

（五）强化校园海洋法治教育

青少年是祖国的未来和希望。所以，海洋法治教育必须从娃娃抓起。

1. 海洋法治进课堂

各级各类学校都要指定一名校领导具体分管海洋法治教育工作，努力做到教材、师资、课时、质量"四保证"，从小培养学生的海洋法治意识和法治信仰。

2. 积极营造校园海洋法治文化氛围

各校应通过具体措施，鼓励学生成立海洋法治学习小组和社团，办好海洋法治宣传栏，创作和教唱海洋法治歌曲，营造浓厚的校园海洋法治文化氛围。

3. 高校要自觉担当起传播和建设海洋法治文化的重任

首先，各高校要设立海洋法治文化建设指导委员会，确保海洋法治文化建设在校党委统一领导下深入、持久地开展下去。其次，充分发挥高校特别是涉海高校在海洋法治文化建设中的引领作用，依托其学科优势，通过举办校园海洋法治文化节、海洋法治辩论赛、模拟海事法庭等，把海洋法治文化建设融入课堂教学、社会实践和学生社团活动之中。最后，涉海高校要通过参与地方海洋立法、项目合作、送法下乡、义务咨询等，努力为地方海洋法治文化建设作出贡献。

五　努力繁荣海洋法治文化

（一）繁荣海洋法治文艺创作

要利用广东文艺创作的优势，力争出一批高质量的涉海法治小说、影视、动漫、绘画等文艺作品，编辑出版海洋法治题材书刊等，为公众提供更多的海洋法治精神食粮。

（二）充分发挥文艺在海洋法治文化建设中的作用

为引导和鼓励文艺团体下基层，各级文化部门要积极组织法治文艺大篷车到渔村、码头巡回演出；依托省、市、县文艺团体，组成"送法下乡"文艺宣传队，并形成制度，使百姓在潜移默化中受到海洋法治的熏陶和教育。2006 年，汕头市的法治文艺演出就深入社区、村居、企业，形成了具有地方特色的汕头法治文化，此举对各地应有所启发。

六　高度重视海洋法治文化理论研究

海洋法治文化建设极具前瞻性，所以，必须高度重视该领域的理论研究。

首先，健全组织。建议省、市及省内各高校、涉海科研院所等成立海洋法治文化研究所，条件成熟时，成立广东海洋法治文化研究会，以加强该领域的理论研究。

其次，通过体制创新，激发海洋法治文化研究活力，努力形成官、资、民相结合的海洋法治文化科研体制和产、学、研一体化的研究团队与运作机制。要充分发挥高校和科研院所的优势，为海洋法治文化研究提供技术依托和人才支撑；按照优势互补、利益共享原则，优化组合科研资源，鼓励和引导现有科研机构、高校、涉海企业建立形式多样、机制灵活的双边、多边协作机制；调动民间科研力量，邀请相关学术团体和市、县涉海管理人员参与，努力在全社会形成海洋法治文化研究的合力。

最后，积极开展海洋法治文化领域的理论研究。当前应主要加强对依法治海、海洋环境、公民海洋法治信仰培育、和谐海洋建设等领域的理论研究；尤其要加强对海洋法治文化基础理论的研究和海洋法治文化建设实践经验的总结，以满足"海洋强省"现实的需要。

七　以科学的考核机制保障海洋法治文化建设

各级政府要加强对海洋法治文化建设全过程和全方位的监督；各级组织人事部门更要把海洋法治文化建设与部门考评和干部考核结合起来，将其作为衡量一个地区、部门工作成效，领导干部政绩乃至提拔重用的重要指标和依据。这样才能真正实现"两手抓，两手硬"。

需要指出的是，由于各地各部门情况不同，海洋法治文化建设没有也不应当有现成、统一的模式。所以，要从实际出发，将海洋法治文化建设融入行风建设、文化创建和单位日常工作之中。唯此，才有海洋法治文化建设的扎实推进。

关于海洋文化与大陆文化比较的再认识[*]

宁　波^{**}

摘要： 海洋世纪的兴起，使海洋文化与大陆文化的比较成为热门话题。普遍观点认为海洋文化比较开放，大陆文化比较保守。海洋文化是以西方为代表的西方文化、蓝色文明，大陆文化是以中国为代表的东方文化、农耕文化和黄色文明。因此，关于海洋文化与大陆文化的比较，其核心是东西方文化孰优孰劣的问题。然而，保守还是开放，与大陆文化还是海洋文化没有必然关联。大陆文化构成人类文明的主体，其主旋律是开放而进取的。海洋文化在发展中也不乏保守、落后的内容。事实上，保守或开放的根源在于是否形成特权文化，而与是大陆文化还是海洋文化无关。当前发展海洋经济，不应将海洋文化与大陆文化在比较中对立，而应辩证地看待两者之间的关系，积极构建海洋文化与大陆文化协调发展的格局，实现互惠共赢，共同发展。

关键词： 海洋文化　大陆文化　保守　开放

21 世纪是海洋的世纪，海洋对人类社会发展的意义日益凸现。"从世界发展历史来看，世界上几乎任何一个强国的崛起，无论是西班牙、英国、法国、美国、日本、俄罗斯，都是依靠海洋，发展成为世界强国。"^① 海洋世纪的兴起，使海洋文化与大陆文化特征的比较成为一个热门话题。

---

* 本文已刊登于《海洋法律、社会与管理　第 4 卷》，社会科学文献出版社，2013。

** 宁波（1972—），山东宁阳人，博士，上海海洋大学海洋文化研究中心副主任、副研究员，经济管理学院硕士生导师，主要从事海洋文化经济、高等教育研究。

① 韩兴勇、郭飞：《发展海洋文化与培养国民海洋意识问题研究》，《太平洋学报》2007 年第 6 期。

一　大陆文化与海洋文化的含义

"大陆文化指'以在内陆（通常为大河流域）谋生为主导方式而孕育或发展而来的文化'，中国即典型的大陆文化主导型社会。海洋文化（或海上文明）是指'以涉海活动为主导的谋生方式而孕育和发展而来的文化'，如地中海地区即是海洋文化主导型社会。"① 对于大陆文化与海洋文化的特征比较，绝大多数观点认为：大陆文化具有稳定与保守的特征，海洋文化则代表进取和开放。

德国著名哲学家黑格尔曾在《历史哲学》中指出，西方文明之所以先进是得益于海洋文明；东方文明之所以落后是因为农耕文化。他认为中国属于平原流域。"平凡的土地、平凡的平原流域把人类束缚在土壤上，把他卷入无穷的依赖性里边，但是大海却挟着人类超越了那些思想和行动的有限的圈子……这种超越土地限制、渡过大海的活动，是亚细亚洲各国所没有的，就算他们有更多壮丽的政治建筑，就算他们自己也是以海为界——像中国便是一个例子。在他们看来，海只是陆地的中断，陆地的天限；他们和海不发生积极的关系。"② "大陆文化是一种农业文化，海洋文化是一种商业文化，两者代表人类文明的两个不同的发展阶段和发展水平。"③ 按照黑格尔的逻辑，中国的大陆文化是发端于平原流域的一种农业文化（基本等同于农耕文化、农牧文化），因此是保守和落后的。

"一般认为，中国属于农业文明，希腊属于海洋文明。相应于此，中西传统社会模式分别为农业社会和海洋社会。"④ 因此，由于中华文化被贴上大陆文化的标签，西方文化被贴上海洋文化的标签，大陆文化与海洋文化特征比较的本质其实是东西方文化孰优孰劣的问题。换句话说，海洋文化是以西方为代表的西方文化、蓝色文明，大陆文化是以中国为代表的东方文化、农耕文化和黄色文明。西方社会对海洋文化的推崇，其核心是以欧洲为中心，以西方文明为坐标表达其文化优越性，从而为其全球资本、文

① 庄国土：《中国海洋意识发展反思》，《厦门大学学报（哲学社会科学版）》2012年第1期。
② 黑格尔：《历史哲学》，王造时译，上海书店出版社，2006，第83－84页。
③ 王学渊：《海洋文化是一种先进文化》，《中国海洋报》2003年4月8日。
④ 曹树明：《比较哲学视野下的传统农业社会与海洋社会》，《社会科学论坛》2009年第1期。

化扩张提供理论依据。甚至，马克思都受此影响，把长城说成是"最反动和最保守"的象征①。由于黑格尔、马克思从未到过中国，因而他们的观点难免有失偏颇。

由此可见，关于海洋文化与大陆文化的特征比较，其背后暗含着东西方文化孰优孰劣的问题。所谓海洋文化已成为西方文化的代指，而大陆文化则成为东方文化的基本标签。

事实上，大陆文化不能简单地等同于保守，海洋文化也并非开放的同义语。一种文化稳定或进取、保守或开放与否，与是大陆文化还是海洋文化没有必然关系。就人类文明史而言，大陆文化尽管有保守的成分，但主流是进取、开放的；海洋文化在发展过程中尽管表现出开放、进取的特征，却也不乏稳定、保守的内容。因此，不能简单地贴上保守、开放的标签将两者对立起来，以孰优孰劣为出发点进行判断分析则更不足取。文化优劣论从本质上讲是违反如今被广泛接受的人本主义的。

二　大陆文化构成人类文明的主体内容

有文字记载的人类文明史乃至今后很长一段时间的人类文明史，可以说主要是一部无比生动、辉煌的大陆文化演进史。人类从混沌初开，创造象形文字，到今天遨游太空、深入海底，都始终以陆地为出发点和归宿。大陆文化不仅构成人类文明的主旋律，而且从中衍生并创造了海洋文化。这是由人类是陆生高级动物这一基本生物性所决定的。当 1994 年《联合国海洋法公约》生效后，人们习惯性地称领海和有管理与经济开发权限的专属经济区为"蓝色国土"。不称"海域"而称"国土"，正反映了大陆文化的深深烙印。因此，如果简单地将大陆文化定性为稳定、保守，显然与人类文明史不断发展进步的总体趋势不相符。

中国几千年来的大陆文化以农业文化为主，从中衍生出海洋文化。"黄河流域发展起来的中原文化是农耕文化（农业文化），农业文化是强势、主流，吸纳、融合游牧、海洋等弱势文化；游牧、海洋文化在局部地区是强势、主流，农业文化在局部地区被掺杂糅合成带有海洋文化的特质。农业

---

①　李毅嘉：《卡尔·马克思和西方文明优越论》，《东岳论丛》2005 年第 2 期。

文化、游牧文化和海洋文化共同组成中国文化这个大的系统，海洋文化自组成一个小的系统。"① 顾准认为，大陆文化通常产生专制政体。中国、古波斯、埃及、巴比伦和印度，以及西欧的高卢、塔尔苏斯、日耳曼等，都奉行这种政体。② 专制政体下一般会产生两种力量，一种是驯服，一种则是抗争，而抗争可以引入开放、进取与创新。这就是明清实施海禁以后民间海商活动依然悄然进行的根本原因。

不仅中国如此，就世界范围而言，海洋文化也从属于大陆文化。西方的文艺复兴和大航海时代，是在东方文化繁荣成果的刺激下而勃发的。著名的《马可·波罗游记》，激起欧洲人对东方世界的强烈向往，对以后开辟新航路产生了巨大影响。意大利著名航海家哥伦布航海探险的根本目的正是要寻找向往已久的"东方大陆"。他相信大地球形说，认为从欧洲西航可以抵达东方的印度和中国。在西班牙国王支持下，他先后四次出海远航，在帕里亚湾南岸首次登上美洲大陆（加勒比海的巴哈马群岛）。第一位完成环球航行的麦哲伦，其航海目的地也是大陆。他从西班牙起航，绕过南美洲，发现了麦哲伦海峡，然后横渡太平洋。麦哲伦在航行探险中不幸在菲律宾被杀。他的船队继续向西航行，最后回到西班牙，完成了第一次环球航行。因此，在西方探险家心里，海洋不过是一种媒介，其最终目的地仍是大陆。西方的所谓大航海时代，是以寻找"东方大陆"为出发点的，也是以发现新大陆为最高成就的。

由此可见，人类文明的主要依托和归宿是大陆，至少截至目前仍是大陆。人类所构建的各种辉煌灿烂的文明，基本上都是立足大陆而发展起来的。因此，人类文明史首先是一部浩浩荡荡、洋洋洒洒的大陆文化发展史。

三 大陆文化的主流是进取开放的

纵览人类文明史，其总体趋势无可辩驳是不断进取、开放的，是一部生动的社会、文化、经济发展史。作为人类文明史的主要内容，大陆文化的主旋律无疑也是进取、开放的。

---

① 李德元：《质疑主流：对中国传统海洋文化的反思》，《河南师范大学学报（哲学社会科学版）》2005 年第 5 期。

② 顾准：《顾准文集》，贵州人民出版社，1994，第 120 - 122 页。

　　古老的中华文化是农业文化、大陆文化，在五千年发展历程中谱写了一段辉煌、进取、开放的发展史。值得一提的是作为大陆文化典型代表的唐朝，其开放与包容举世公认。唐朝国都长安尽管是典型的内陆城市而非沿海城市，然而却是一个荟萃异域文化的国际文化中心，其开放程度远远超过罗马。张国刚指出："唐代是中国历史上的盛世之一，西方学者称之为中国历史上的黄金时代。唐代也是中国历史上最为开放的一个时代，被外国人称之为'天可汗的世界'。开放与兴盛，是唐代留给世人最为深刻的印象。"① "英国著名学者威尔斯说，当西方人的心灵为神学所缠迷而处于蒙昧黑暗之中时，中国人的思想却是开放的、兼收并蓄而好探求的。有唐一代，'盛唐气象'的恢弘、博大与开放，成为这一历史时期的象征。"② 宋朝延续了唐朝的开放与包容，文化、科学、教育等同样得到飞速发展。

　　唐朝（公元 618 - 907 年）的大气开放，与西方中世纪（约公元 476 年 ~ 公元 1453 年）的黑暗蒙昧形成鲜明反差。如果将海洋文化作为西方文化的同义词，那么在西方文化史上出现的"黑暗中世纪"又该如何解释？日本学者日下公人在《新文化产业论》中指出，中世纪的黑暗对今人而言是难以想象的。"欧洲历史中经常出现'黑暗时代'一词，而中世纪究竟黑暗到何种程度却鲜为人知……或许欧洲人认为黑暗时代是一种耻辱，所以很少在教科书中提及。"③ 中世纪长达一千年的黑暗时期，无疑也是黑格尔所谓先进的西方文明的重要组成部分。如此长时间跨度的保守与黑暗无论如何都难以与开放、包容相关联。

　　有趣的是海洋文化并非沿海人的专利。中国历史上第一位巡海皇帝秦始皇是土生土长的内地人，未曾浸染海洋文化，然而在他一生五次的巡游中居然有四次巡海。除公元前 220 年第一次巡游陇西外，公元前 219、前 218、前 215 和前 210 年的四次巡游均是巡海。生于长安的汉武帝刘彻也是地地道道的内地人，一生曾巡海七次。他派遣张骞出使西域，开辟了东起长安、西至地中海东岸的著名的"丝绸之路"，使中国首次成为世界大国，为后世隋、唐发展为世界中心奠定了基础，因而在西方史学界有"西罗马，东长安"之称。如果不以西方文化为中心，而是以人类历史发展为坐标，

---

①　张国刚：《唐代开放与兴盛的当代思考》，《河北学刊》2008 年第 3 期。

②　宁欣：《唐代对外开放与经济繁荣》，《河北学刊》2008 年第 3 期。

③　日下公人：《新文化产业论》，范作申译，东方出版社，1987，第 62 页。

这句话应该改成"东长安，西罗马"。不仅如此，汉武帝还先后开辟了三条海上航线：一是北起辽宁丹东、南至广西白仑河口的南北沿海航线；二是从山东沿岸经黄海通向朝鲜、日本的航线；三是著名的海上丝绸之路，即徐闻、合浦航线。如此开放的胸襟被黑格尔草率地定性为保守实难令人信服。

遗憾的是随着封建特权文化的产生与加强，秦皇汉武以后的中国皇帝再未巡海，中国文化取向渐渐走向保守，至晚清达到极致。

四　海洋文化不乏稳定保守的内容

海洋文化并非开放的代名词。海洋禁忌文化就不乏保守内容。比如，忌讳妇女横跨渔船和渔网，认为"女人跨船船会翻，女人跨网网要破"。胶东一带的渔民和航海者禁忌七男一女在同一条船上，据说因为八仙的性别是七男一女，他们曾为过海而大闹龙宫，因而海龙王忌讳一条船上有七男一女，一旦发现，会给予报复。[①] 连云港渔民"上船后第一次吃鱼，必须把生鱼先拿到船头祭龙王海神；做鱼不准去鳞，不准破肚，要整鱼下锅"。[②] 这些海洋禁忌文化是渔民受历史局限的产物，其中虽然有不少有利于渔业生产的积极因素，可以规范人们的渔业行为和海上活动，但不少禁忌陋习在今天看来无不有保守、落后之嫌，从而限制了渔业技术的创新与进步。

著名的郑和下西洋耗费巨资，气势恢宏，成果显著。然而，尽管其表面是开放的，而且也的确促进了国际文化交流，但其根本出发点却是巩固皇权和集权，具有典型的保守特征。郑和航海活动结束后，明朝实施海禁，所谓"开放"的结果反而引来变本加厉的禁锢（当然还有其他原因）。"开海与禁海的斗争反映了封建统治者加强中央集权、与民争利、缚民于土、防范倭寇，以及对商人阶层力量的壮大感到不安的思想。在郑和航海的声势浩大的景象之下，却是民间造船和航海业的凋敝，以及民间海洋活动的委顿，一反历来以民间航海为主的海洋活动格局，实际上是一种畸形的繁荣。郑和航海正是在双方的斗争中进行的，并且禁海派逐步占据了主动，

---

① 曲金良：《海洋文化概论》，青岛海洋大学出版社，1999，第 165 页。
② 曲金良：《海洋文化概论》，青岛海洋大学出版社，1999，第 53－54 页。

所以郑和航海更多反映了一种封建主义和集权思想的胜利。"① 可见，海洋文化当中由于利益取舍不同同样会出现严重的保守倾向。

类似例子不胜枚举。海洋文化不仅具有稳定、保守的内容，有时比大陆文化有过之而无不及。因此，海洋文化不能简单地与开放、包容画等号。而且，海洋文化的核心出发点是趋利，为了趋利可以不择手段，不惜掠夺他人财富、侵略其他国家、杀戮他国人民。因此，西方在缔造大航海时代的同时，也纵容了数量众多、臭名昭著的海盗。当印第安人用玉米和蜂蜜欢迎西方人踏上美洲大陆以后，却遭遇了西方人毫不留情的驱赶与屠杀。这其实不是某些学者所谓的敢于走出去就是"开放"，而是卑劣和野蛮，是与文明背道而驰的极为落后的内容。

五 保守的根源在特权文化

无论海洋文化，还是大陆文化，其实都不是保守的根源。保守的根源是由特权阶层所缔造的特权文化。中国 2000 多年的封建王朝由开放走向保守的根本原因，不是中华文化是大陆文化而非海洋文化，而是源于既得利益集团推崇、维护特权文化。一个社会一旦产生特权阶层就会产生既得利益；为维护既得利益，巩固特权，满足奢侈淫靡的物质享受，特权阶层势必会想方设法构建并不断强化特权文化，竭力构筑、完善一系列所谓祖传的"规章制度"。就在特权阶层不断巩固和加强特权文化的同时，整个社会系统开始日趋保守，并最终随着特权阶层膨胀到超出经济承载力而崩溃。这就是为何封建王朝在诞生之初一般都比较开明，可随着特权文化的日益强化，迅速走向保守与没落，汉、唐、宋、元、明、清等莫不如此。具有讽刺意味的是，为维护特权而形成的特权文化，最终会成为特权阶层的掘墓人。

因此，中国 2000 多年的封建社会发展史，从某种意义上说也是一部特权文化发展史。历朝历代特权阶层为维护特权而制定、实施、完善的所谓王朝律典，最终成为封建王朝走向保守、腐朽、没落乃至灭亡的催化剂。比如清王朝具有典型特权等级特征的八旗制度，培养、纵容了大批八旗纨

---

① 徐凌：《中国传统海洋文化哲思》，《中国民族》2005 年第 5 期。

绔子弟，不仅使清王朝日趋保守，而且严重阻碍了中国社会的进步与发展，并最终为清王朝的灭亡埋下了伏笔。再如英国作为历史上的海洋强国，曾创造出"日不落帝国"的历史神话，然而也正是在不断扩张的过程中日益强化了特权文化，王室甚至为谋取利益而不惜丧失原则与海盗合作，这最终使英国重新回归为一个岛国。

仔细探究保守的根源，可以发现保守与海洋文化、大陆文化没有必然关联，而是特权文化的产物。无论大陆文化还是海洋文化，只要其内部产生特权文化，就会使整个社会系统趋于保守。西方社会经过资本主义大发展之后形成了资本主义特权阶层，因此开始在诸多方面显露出越来越多的保守特征。

六　海洋文化与大陆文化应协同发展

"在我国数千年的历史发展进程中，中华民族不仅创造了灿烂的大陆文化，同时也创造了辉煌的海洋文化。"[①] 作为中华文化重要组成部分的大陆文化、海洋文化，彼此之间并无高下优劣之分。人为地对立大陆文化与海洋文化，冠之以保守或开放的标签，不仅无助于分析、理解文化产生和发展的规律，而且不利于大陆文化与海洋文化的共同发展。尤其是被认为具有海纳百川特征的海洋文化更应积极吸纳、包容其他文化，而非人为地去设置一些藩篱，以在人为设置的与大陆文化的对立中彰显自身优越性。凡先入为主地以为某种文化优越的观点，其背后无不显现着陈腐、保守与落后的思想。

"历史表明，一个临海国家如果只限于陆地发展，而忽视海洋的优势，就必然发展缓慢甚至导致衰退；只有注重开发利用海洋资源，实现陆地与海洋的一体化发展，才能繁荣和壮大国家经济。"[②] 大陆文化与海洋文化都具有开放、进取的内容，也具有保守、消极的成分。不加深入思考而草率地认为大陆文化保守、海洋文化开放，其实在不知不觉中已陷入欧洲中心主义的窠臼。对此，马丁·波纳尔（Martin Bernal）在其《黑色的雅典

---

① 孙志辉：《提高海洋意识　繁荣海洋文化》，《求是》2008 年第 5 期。
② 韩兴勇、郭飞：《发展海洋文化与培养国民海洋意识问题研究》，《太平洋学报》2007 年第 6 期。

娜——古典文明的亚非源泉》中已经明确指出"'言必称希腊'的西方文明发展史，实际上是十八世纪以来的欧洲学者，尤其是德国和法国的语文学家编出来的一个欧洲中心主义的故事"。① 因此，在当前海洋经济社会大发展的过程中，应有效整合大陆文化、海洋文化的积极元素，促进二者之间协调有序的发展，同时要采取措施避免特权文化的滋生与蔓延，从而保障大陆文化、海洋文化始终成为一个开放的文化系统。

目前，我国是一个海洋大国而非海洋强国。为顺利推进中国海洋发展战略，尽早把我国建设成为海洋强国，应该始终坚持"海陆统筹"或"海陆一体化"原则，妥善处理大陆文化与海洋文化的关系，积极构建二者之间协调发展、互惠互荣的格局。

---

① 刘禾：《黑色的雅典娜——最近关于西方文明起源的论争》，《读书》1992 年第 10 期。

刍议《庄子》海洋意象及其当代教育价值

季岸先*

摘要："意象"是中国文化的一个重要范畴，是众多诗论家、艺术家热衷探讨的课题，事实上，《庄子》对意象早有关注。《庄子》蕴含着渊深、博大、顺任、盈虚、隐逸等十分深刻的海洋意象，这些有助于培养青年学生独立之人格与自由之精神、抱朴之品格与守真之节操，有助于青年学生领会"淡泊以明志"与"宁静以致远"的人文情怀，有助于青年学生懂得欣赏天地之大美与宇宙之大化流行，具有独特的教育价值。

关键词：庄子　海洋意象　教育价值

庄子不仅是先秦道家学说的集大成者，而且是中国诗性文学的源头活水。庄子生于危机四伏的战国时代，正是在这样一个"道术将为天下裂"的时代，庄子提出了自己立身处世的学说与思想。我们试图运用解释学的观点，从意象理论的视角，发现《庄子》中蕴含的渊深、博大、顺任、盈虚、隐逸等十分深刻的海洋意象，其是中国古代海洋意象的典型代表。可以说，这些海洋意象的思想观点，对于我们当今时代的高等教育，尤其是涉海高校及科研院所的人文教育，具有十分重要的启示意义与教育价值。

一　立象尽意

众所周知，"意象"是中国文化传统中的一个重要范畴，是众多诗论家、艺术家热衷探讨的课题。但今人对意境（意象）的解释历来不一。意

---

* 季岸先（1977 年—　）男，湖南华容人，中国海洋大学高等教育研究与评估中心助理研究员，博士研究生，研究方向：海洋历史文化，海洋资源与权益综合管理。

境作为一个诗学范畴最早见于王昌龄的《诗格》。从意境在《诗格》中的最初含义来看，意境的宇宙本体意义非常明显。《诗格》中写道："诗有三境：一曰物境。欲为山水诗，则张泉石云峰之境，极丽绝秀者，神之于心，处身于境，视境于心，莹然掌中，然后用思，了然物象，故得形似。二曰情境。娱乐愁怨，皆张于意而处于身，然后驰思，深得其情。三曰意境。亦张之于意而思之于心，则得其真矣。"《诗格》所提到的"意境""意象"，实际上在《庄子》中早就有所关注。

在庄子思想中，"意"有《秋水》篇中的"意之所不能察致"之意，《天道》中的"意有所随"之意，《庚桑楚》的"容动色理气意六者，谬心也"之意，更有《外物》的"言者所以在意，得意而妄言"之"意"。可见，"意"是庄子思想的一个重要范畴。另外，"象"化的言语方式，为老子所开创，为庄子所发展。《庄子·天地》篇有这样一则寓言：黄帝游乎赤水之北，登乎昆仑之丘而南望，还归，遗其玄珠。使知索之而不得，使离朱索之而不得，使诟索之而不得也。乃使象罔，象罔得之。黄帝曰："异哉！象罔乃可以得之乎？"[1] 如果说"离朱""知""诟"意味着"有形有分有名"，"象罔"则意味着"无形无名无分"。"象罔"恍恍惚惚，混混沌沌，几同于大道。"象"不是一般的"小象""物象"，而是无形的"大象"。从这些特征来看，庄子的"象罔"实际上相通于老子的"大象"。

类似的，庄子"象罔"得道的故事说明了庄子之道虽不能以纯粹的感官来把握，不能以有形有分的名言概念来获得，但可以通过混沌无形、恍惚不定的"象罔"达致。可以说，庄子"象罔"不仅是解决道言悖论的手段，也是解决言意矛盾的方式，隐含着"立象尽意"的思想。人们即象求道，由象至境，但有形的具象本身还不就是道，不就是境。因此，人们通过象来达到道，但却不能过于执著于象。得意、得道的目的一旦达到，"言"与"象"就像"蹄"与"筌"那样可以置于一边，亦即庄子所谓"筌者所以在鱼，得鱼而忘筌；蹄者所以在兔，得兔而忘蹄；言者所以在意，得意而妄言"。[2] 可见，《庄子》对意象理论早就有所关注。

---

① 《庄子·天地》。
② 《庄子·外物》。

二　《庄子》海洋意象

值得关注的是，海洋、海外神灵已经进入《庄子》的文化视野。比如《庄子》载有："南海之帝为倏，北海之帝为忽，中央之帝为浑沌。"① 南海的天神叫倏，北海的天神叫忽，是《庄子》对海内神灵的零星记载。"藐姑射之山，有神人居焉，肌肤若冰雪，绰约若处子。不食五谷，吸风饮露，乘云气，御飞龙，而游乎四海之外。"② 基于对庄子意象思想的这样一种把握，我们试图以海洋意象为独特视角，进一步梳理《庄子》的海洋意象的基本意涵。

第一，鲲鹏意象。"北冥有鱼，其名为鲲。鲲之大，不知其几千里也。化而为鸟，其名为鹏。鹏之背，不知其几千里也；怒而飞，其翼若垂天之云。是鸟也，海运则将徙于南冥。南冥者，天池也。"③《庄子内篇注》："'北冥'，即北海，以旷远非世人所见之地，比喻玄冥大道。海中之鲲，比喻大道体中，养成大圣之胚胎，喻如大鲲，非北海之大不能养成也。"④ 鲲鹏意象意谓人文精神宛若鲲鹏神鸟，逍遥游乎无限，遍历层层生命境界，这是《庄子》主张从现实生活求得精神世界彻底解脱之人生哲学的全部精义所在，这一道家心灵激发了中国无数优美的诗艺作品，是创作灵感的源泉。

《庄子》记载："穷发之北有冥海者，天池也。有鱼焉，其广数千里，未有知其修者，其名为鲲。有鸟焉，其名为鹏，背若太山，翼若垂天之云，抟扶摇羊角而上者九万里，绝云气，负青天，然后图南，且适南冥也。"⑤ 鲲鹏变化，图度南海，必先"积厚"而后致用。"且夫水之积也不厚，则其负大舟也无力。覆杯水于坳堂之上，则芥为之舟；置杯焉则胶，水浅而舟大也。风之积也不厚，则其负大翼也无力。故九万里，则风斯在下矣，而

---

① 《庄子内篇　应帝王第七》，引自杨柳桥译注《庄子译注（上）》，上海古籍出版社，2007，第 90 页。
② 《庄子内篇　逍遥游第一》，引自杨柳桥译注《庄子译注（上）》，上海古籍出版社，2007，第 9 页。
③ 《庄子内篇　逍遥游第一》，引自陈鼓应注译《庄子今注今译（上）》，商务印书馆，2007，第 6 页。
④ 转引自陈鼓应注译《庄子今注今译（上）》，商务印书馆，2007，第 6 页。
⑤ 《庄子内篇　逍遥游第一》，引自陈鼓应注译《庄子今注今译（上）》，商务印书馆，2007，第 17 页。

后乃今培风；背负青天而莫之夭阏者，而后乃今将图南。"① 北海之水不厚，则不能厚养大鲲，等到鲲化为鹏，虽欲远举，尚需配风鼓送。这里有深蓄厚养而可致用、渊深广大而可涵养之意。"而后乃今培风"，隐喻欲成大事，以集才集气集势为要。明代释德清《庄子内篇注》："纵养成大体，若不变化，亦不能致大用；纵有大圣之作用，若不乘世道交兴之大运，亦不能应运出兴，以成广大光明之事业。是必深蓄厚养，待时而动，方尽大圣之体用。"②

第二，顺任意象。《庄子》载：肩吾曰："告我：'君人者，以己出经式义度，人孰敢不听而化诸！'"狂接舆曰："是欺德也。其于治天下也，犹涉海凿河而使蚊负山也。夫圣人之治也，治外乎？正而后行，确乎能其事者而已矣。"③ 统治阶级凭一己意志制定法度，迫使人民感化听从，这样治理天下，在庄子看来犹如涉海凿河，使蚊负山。圣贤治理天下，在于先正自身，而后任人各尽所能。涉海凿河的反讽暗含了一种顺任意象。《庄子》用心方式在于与物势变化相承接，神思直下透入，游走于物势，进而超出其变化之外、之上。物势之变，瞬息万化，心思当只求顺应，乘变化之势，而与之俱行。江海周流不滞，流动不止，变动不居，即为物势之变。涉海凿河，由己性而逆形势，凭一己之性而欲民众皆从，无异蚊虫负山。"涉海凿河"之教不外言人处世当虚心以乘物，乘物以游心，欲要化人，必先自正其身，而后随顺形势，任顺他人。

第三，盈虚意象。《秋水》这样写道：秋水时至，百川灌河，泾流之大，两涘渚崖之间，不辨牛马。于是焉河伯欣然自喜，以为天下之美为尽在己。顺流而东行，至于北海，东面而视，不见水端。于是焉河伯始旋其面目。望洋向若而叹曰："野语有之曰：'闻道百，以为莫己若者，'我之谓也。且夫我尝闻少仲尼之闻而轻伯夷之义者，始吾弗信；今我睹子之难穷也，吾非至于子之门，则殆矣，吾长见笑于大方之家。"《秋水》首先渲染了黄河在水旺的季节浩大的气势，使得对岸望去分不清牛马，这对黄河来

---

① 《庄子内篇　逍遥游第一》，引自陈鼓应注译《庄子今注今译（上）》，商务印书馆，2007，第 11 页。
② 转引自陈鼓应注译《庄子今注今译（上）》，商务印书馆，2007，第 6 页。
③ 《庄子内篇　应帝王第七》，引自陈鼓应注译《庄子今注今译（上）》，商务印书馆，2007，第 249 页。

说水量确实已经近于极限，由此使河伯产生自美之心。可是，顺流而下来到海边，发现黄河仅是两岸之间分不清牛马，大海则是根本望不到边际。当人们来到海边时，面对无边无际的大海会激发起一种崇高感，领悟到宇宙的无限广大；与此同时，又会感到个人的有限和渺小。"井蛙不可以语于海者，拘于虚也；夏虫不可以语于冰者，笃于时也；曲士不可以语于道者，束于教也。今尔出于崖涘，观于大海，乃知尔丑，尔将可以语大理矣。天下之水，莫大于海，万川归之，不知何时止而不盈；尾闾泄之，不知何时已而不虚；春秋不变，水旱不知。此其过江河之流，不可为量数。"① 这里，河伯的自以为多与海若的未尝自多形成了鲜明对比，海若描绘海洋"一虚一盈，不位乎其形"，其辽阔无际、任性盈虚，使人视野舒展，心胸开阔。"夫大壑之为物也，注焉而不满，酌焉而不竭；吾将游焉"。②

第四，博大意象。大海辽阔，北海若作为海神，它的胸怀更加宽广，眼界无比开阔。这就把对大海的礼赞提高到一个精神高度，更加推崇精神海洋的辽阔、浩淼和无边无际。《秋水》中还通过井底之蛙与东海之鳖交往的故事，以大海的浩淼来比喻庄子之言的玄妙。"夫千里之远，不足以举其大；千仞之高，不足以极其深。禹之时十年九潦，而水弗为加益；汤之时八年七旱，而崖不为加损。夫不为顷久推移，不以多少进退者，此亦东海之大乐也。"③ 这段对大海的描写和北海若所说的基本一致，其中运用许多数量词加以说明，使得大海的浩淼、永恒显得更加具体真实。《庄子》又说："且夫博之不必知，辩之不必慧，圣人以断之矣。若夫益之而不加益，损之而不加损者，圣人之所保也。渊渊乎其若海，巍巍乎其若山，终则复始也，运量万物而不匮。"④ 这里，庄子用海之渊深和山之高大以喻道。"故海不辞东流，大之至也；圣人并包天地，泽及天下，而不知其谁氏。"⑤

---

① 《庄子外篇　秋水第十七》，引自陈鼓应注译《庄子今注今译（上）》，商务印书馆，2007，第 477 页。
② 《庄子外篇　天地第十二》。
③ 《庄子外篇　秋水第十七》，引自陈鼓应注译《庄子今注今译（上）》，商务印书馆，2007，第 504 页。
④ 《庄子外篇　知北游第二十二》，引自陈鼓应注译《庄子今注今译（下）》，商务印书馆，2007，第 656 - 657 页。
⑤ 《庄子杂篇　徐无鬼第二十四》，引自陈鼓应注译《庄子今注今译（下）》，商务印书馆，2007，第 747 页。

第五，隐逸意象。《庄子》："夫虚静恬淡寂漠无为者，万物之本也。……以此退居而闲游，则江海山林之士服。"① 虚静、恬淡、寂漠、无为是万物之本原。以此道理隐居闲游，"涉于江而浮于海""虚己以游世"，江海山林之士便遵从。"就薮泽，处闲旷，钓鱼闲处，无为而已矣；此江海之士、避世之人，闲暇者之所好也。"② 隐逸山泽，栖身旷野，钓鱼闲居，无为自在而已；这是悠游江海、避离世事、闲暇幽隐之士喜好的。在庄子那里，江海是隐逸的一番天地，甚至是遁世的一片桃源。类似的还有：石户之农"以舜之德为未至也，于是夫负妻戴，携子入于海，终身不反也"。③ "身在江海之上，心居乎魏阙之下，奈何？"④ 至于"不刻意而高，无仁义而修，无功名而治，无江海而闲，不道引而寿，无不忘也，无不有也，澹然无极而众美从之"。⑤

三　当代教育价值

《庄子》在中华文化中占有极其重要的地位，从海洋意象的角度发掘出的思想与观点，同样是社会人生经验的浓缩，是人类真善美情感的结晶。在提倡人的全面发展的今天，对于青年学生，尤其是涉海高校及科研院所的理工科学生，《庄子》在促进其健康成长，塑造其美好的心灵及理想的人格，在提高其人文素养等方面，具有独特而显著的教育价值。

第一，独立之人格与自由之精神。鲲鹏意象大致可以启示我们，世俗之人囿于"小知"，视野狭窄，像蜩与鸠一样，讥笑大鹏展翅九万里，追求什么广大和自由，而以生活在榆枋间为最大快乐。《庄子·至乐》中提出："夫天下之所尊者，富贵寿善也；所乐者，身安厚味美服好色音声也；所下

---

① 《庄子外篇　天道第十三》，引自陈鼓应注译《庄子今注今译（上）》，商务印书馆，2007，第 393 页。
② 《庄子外篇　刻意第十五》，引自陈鼓应注译《庄子今注今译（上）》，商务印书馆，2007，第 456 页。
③ 《庄子杂篇　让王第二十八》，引自陈鼓应注译《庄子今注今译（下）》，商务印书馆，2007，第 855 页。
④ 《庄子杂篇　让王第二十八》，引自陈鼓应注译《庄子今注今译（下）》，商务印书馆，2007，第 876 页。
⑤ 《庄子外篇　刻意第十五》，引自陈鼓应注译《庄子今注今译（上）》，商务印书馆，2007，第 456 页。

者，贫贱夭恶也；所苦者，身不得安逸，口不得厚味，形不得美服，目不得好色，耳不得音声；若不得者，则大忧以惧。"庄子认为人们的欲望主要有"富贵寿善""厚味美服好色音声"，而人们不想要的是"贫贱夭恶"，努力避免的是"身不得安逸，口不得厚味，形不得美服，目不得好色，耳不得音声"。殊不知，"人为物役"，恰恰使人失去了独立的人格和自由的精神。

第二，抱朴之品格与守真之节操。顺任意象的实质在于顺其自然，契合人的自然天性，让人的自然天性自由发展，纵意所适，无所违逆。庄子把道、自然看得高于一切，认为万物，包括人都始于道，都依存于道。道的本性是自然，所以作为依存于道的人，其本性也应该是自然。"德"即"得"，自得其乐之得，得其所哉之得；"任"即率性任情，"任其性命之情"。庄子对"命""时"均抱有一种顺其自然的态度，因为只有顺应，才能保持精神的自由、自在和心灵的宁静与淡泊。人性自由而自在，人之性命之情就是虚静恬淡，就是不为物累，不为物役，即以"无待、无累、无患""道"之特性的"抱朴守真"作为价值取向，努力超越当时世俗的社会道德，通过主体的不懈努力，以实现道德上的升华，趋近"上善""至善"的道德境界。当然，合于自然并非教人过禽兽一样的生活，而是让人的心性合于大自然的精神，即大自然所体现出来的和谐的自然状态，不要以世俗人为的观念来干扰人的本真天性。

第三，天地之大美与宇宙之大化。博大意象启示我们，《庄子》中所崇尚的天地之"大美"就是天地自然运动本身，体现为博大、雄浑、壮阔的境界，具有壮美的特征。只有在自然界中，人们才能领悟大自然的无为原则，人们的心灵才能无所拘束，无所羁绊，精神得到彻底的解脱，达到一种自由与无限的境界。天地之大、自然之大、道之大成为心灵的最终归宿。庄子正是在这种对自由的探索与创造之中感受到了美。可以说，庄子对天地之"大美"的赞赏，促进了人们对自然界天然之美的感受与欣赏，形成了一种对朴素自然的美学风格的崇尚，为后世文艺创作提供了一种崇尚自然、反对雕饰的审美尺度。庄子对"大美"背后绝对、无限、永恒的心灵自由的追求，以及超利害、忘真幻、齐万物的人生态度和美学理想虽然很难实现，但在文艺创作和审美欣赏中，在对待和观赏自然中，庄子帮助建立了对人生、自然和艺术的真正的审美态度。这样说来，"天地大美"的审美观念，有助于青年学生扩展审美对象，开拓审美视野，观照美的真谛和本质。

第四，淡泊以明志与宁静以致远。隐逸意象的核心内容是讲究顺应天道、回归自然、揭示生命奥秘、发展个性自由、超然物外、清静无为。庄子主张"物物而不物于物"，亦即主宰外物而又不为外物所主宰，也就是超然物外。只有从庄子隐逸思想的本质中才会发觉，他深刻的思想在于既不弃绝理想向现实妥协，又不轻掷生命同现实违逆。人生理想和社会现实之间的矛盾，在庄子隐逸思想中有着深刻的统一。他向自然求生命之真，由"道"观照人类社会，把人世的挫折引向自然、从道家"道法自然"的精神信念中逐一化解，求得内心世界的平衡，并在内心深处依然缄守着人生理想的高洁志向。现实生活需要现实的力量，这是首要之维。但是，庄子对绝对自由（逍遥游）的追求大胆而热烈、执著而又飘逸，在物欲横流、人为物役的现实世界之外为人们寻找到了一个宁静的心灵港湾，这无疑为当今社会那些"熙熙皆为利来，攘攘都为利往""争名于朝，争利于市"的人们，开辟了一个比现实世界更为美好的精神世界，也给人们以物质之外的心灵满足，为人们提供了安闲、谧静、适意的情感关怀，为当代青年学生从现实力量的种种挤压与物欲的种种束缚中解放出来指明了方向。

基于人海关系认识的海洋教育论[*]

马 勇[**]

摘要： 以往对人海关系的考察过多强调了以生产力为主线的人海的经济联系，缺少对人海关系系统的认识与把握；当代人—海关系系统主要由人—海的自然关系与人—海的社会关系所组成，前者主要指人—海的生态关系，后者包含人—海的政治关系、经济关系、文化关系、伦理关系、军事关系、法律关系等。人—海关系的存在与和谐人—海关系建设的需要，使以人—海关系为研究对象的海洋自然科学与海洋人文社会科学得以产生和发展，因此，人—海关系系统与海洋自然学科群、海洋人文社会学科群之间具有一个实然的对应和应然的预设。本文在认识与把握人—海关系——海洋学科——海洋教育具有内在的一致性与统一性的前提下，揭示了人—海关系本体对海洋教育的决定与制约性，以及海洋学科群对海洋教育的规定性，从中概括出海洋教育的目的与任务、内容与类别、主体与客体、结构与体系；并进一步提炼并界定了海洋教育概念。

关键词： 人海关系 人—海关系系统 海洋学科 海洋教育

海洋教育的称谓已具有"约定俗成"的意味，散见于人们的口头言说，或者是多种有关海洋教育活动的总结与概括的文献中。事实上，海洋教育一词并无较为严谨的界定，那么，怎样更清晰地解析和认识海洋教育，笔者认为，这离不开对"人海关系"的全面考察，即需要从人海关系的视角切入并给以探析。

---

* 本文已刊登在《中国海洋大学学报（社科版）》2012 年第 6 期。

** 马勇（1965—）男，山东泗水人，中国海洋大学高教研究与评估中心、法政学院教授，主要研究教育理论、高等教育理论。

一　人海关系与人—海关系

把人海关系与人—海关系并列来谈是各有所指、有所区分的，前者是指既有的学界，特别是地理学界得出的有关"人海关系"的一般概说；后者系指被赋予和添加了更多人文社科内涵与个人认知的"人—海关系"，详述如下。

（一）人海关系的一般概说

对人海关系的认识基本遵循了地理学与环境学意义上的人地关系的认知理路，即都是以历史的方法来考察人地关系与人海关系。关于对人地关系的认识主要有四阶段的概说：第一阶段是采猎文明时期，与简陋的生产工具、低下的生产力水平相对应，人对自然是一种依附和顺应的关系，既显示了人与环境的混沌统一，又表现出人类对大自然力量的敬畏；第二阶段是农业文明时代，人口数量增加，生产工具更新，劳动生产率提高，活动范围增大，对自然环境的开发利用强度不断加大，人类改造地球自然环境的痕迹明显；第三阶段是进入工业文明以后到 20 世纪初，人口激增，科学技术突飞猛进，人类大规模地开发利用环境，创造了巨大的物质财富，同时也造成了多重、多方面的局部的环境问题，人地关系逐渐走向对立；第四阶段是进入 20 世纪以来，人地关系尖锐对立，处于一种征服与被征服的关系之中，全局性的或全球性的环境问题不断涌现，同时这一阶段也萌生了人地关系和谐的思想追求和谋求人—地可持续发展的人类行为规范。

人类对人海关系的认识也经历了四个阶段：一是 15 世纪以前人类从海洋中获取财富，海洋对人类仅提供"鱼盐之利与舟楫之便"①。二是 15 世纪至 20 世纪初期，海洋成为人类发现与侵占新大陆、建立殖民地的重要通道，也成为世界交通与贸易的重要航道，人类利用海洋争财夺利。三是第一次世界大战以后至 20 世纪 80 年代，海洋成为人类生存和发展的重要空间，人类对海洋的依赖性不断增强，伴随科技的迅猛发展，人类进一步加快了开发海洋、侵占资源的步伐。海洋开发在给人类带来更多财富的同时，海洋

---

① 崔艳凤、崔华：《海洋环境与人海关系》，《辽宁师专学报（自然科学版）》2004 年第 2 期。

环境与资源的破坏程度也与日俱增，人海关系趋于紧张。四是自 1992 年世界环境与发展大会召开至今，人类深刻地认识到，海洋是人类生命支持系统的重要组成部分，是可持续发展的宝贵财富，可持续发展理念下的人海关系是一种互利互惠、和谐共长的关系。

以上对人海关系的一般概述显示了其认识的主线和倾向性，即根据生产力发展的不同阶段，基于人类对海洋资源开发与索取的事实和历程，或基于海洋的经济价值，过多地强调了人类与海洋的经济联系或关系。而人—海的政治关系、文化关系、生态关系、伦理关系、军事关系等却被忽视了。

（二）对人—海关系系统的基本认识

我们认为，当代的人—海关系主要指人类与海洋的关系，具有多重性，它是一个关系系统①，包含了人—海之间的政治关系、经济关系、生态关系、文化关系、伦理关系、军事关系等。这些关系各自并立，又相互联系，共存于人—海关系系统中。需要指出的是，人—海生态关系主要指人海的自然关系，而人—海之间的政治关系、经济关系、文化关系、伦理关系、军事关系可以统称为人海的社会关系。摘其要之分述如下。

1. 人—海的生态关系

海洋自身是一个巨大的生态系统，是由海洋中生物群落及其环境相互作用而构成的自然系统，包含许多不同等级的次级生态系统。假如没有人类的作用，没有人类对海洋的损害与破坏，海洋生态系统的生态系会得到很好的自维持。这里就客观地存在一个人类与海洋的生态联系：一方面人类对海洋生态系统有维护或保护作用，即在开发、利用海洋的同时，自觉地维护海洋的生态性；另一方面，海洋生态系统对人类有服务的功能与价值。海洋生态系统服务的对象是人类，从服务内容上看，海洋为人类提供了"食品生产、原料供给、提供基因资源等供给服务；气体调节、气候调节、废弃物处理、生物控制、干扰调节等调节服务……以及初级生产、营

---

① 徐惠民、丁德文认为，人海关系系统包括四个子系统：人与人关系子系统、人与社会关系子系统、人与海关系子系统和海与海关系子系统（《人海关系调控技术体系构建初探》，《海洋开发与管理》2009 年第 2 期）。我们认为，从一般意义上探讨人类与海洋关系，这是一种泛化的分析。

养元素循环、物种多样性维持、提供生境等支持服务"①。

目前，人们对海洋的认识还很有限，很多海洋现象、海洋自然奥秘有待海洋科学家们不懈地探索与研究，实现和维持良好的人—海之生态关系也有待海洋自然学科的不断发展和海洋自然科学整体水平的不断提升。

2. 人—海的政治关系

人—海的政治关系主要指人类针对海洋的各种政治活动及其关联，或者是以海洋为对象的人类各种政治活动与联系，集中体现了人类的海洋政治活动及联系。人类是以国家为载体生存于地球之上的，而国家是一定范围内的人群所形成的共同体形式，国家行政管理当局是国家的象征和机构，在一定的领土内拥有外部和内部的主权。然而，人类赖以生存与发展的地球，其表面积的 71% 为海洋，因而，海洋国土的主权划分与权益之得，成为濒海国家海洋政治活动的重要内容。按照海洋政治的分析框架，海洋政治包括海洋权力、海洋权利与海洋利益三要素，是一个国家或地区利用海洋领域的政治权力，保障本国海洋政治权利，实现本国在海洋方面的政治利益②。因此，人类针对海洋进行有政治利益的活动与追求，或者说，海洋对于人类有政治意义与价值。

3. 人—海的文化关系

人类行为作用于海洋必然留下和形成各种物质的、精神的、思想的、制度的"印迹"与"符号"，即文化的印记。同时，海洋也影响、制约和改变着人类的行为方式、物质生产方式、精神生活与思想状态，并在人类文化中打下烙印。因此，人海互动中有文化的连接与关系，集中表现为海洋文化的形成与积淀。"海洋文化的本质，就是人类与海洋的互动关系及其产物。"③ 海洋观念、海洋信仰、海洋民俗、海洋文物、海洋人文景观等都是人海互动的产物，是人海发生文化联系的结晶，属于海洋文化的范畴。

4. 人—海的伦理关系

人海互动与协调发展需要建立有效的约束机制，既包括人类针对涉海行为的约束，又包含海洋对人类行为的"警示性"约束。

一般而言，人类的自我约束可以分为通过法律等外部强力对自己的行

① 王其翔、唐学玺：《海洋生态系统服务的内涵与分类》，《海洋环境科学》2010 年第 1 期。
② 巩建华：《海洋政治分析框架及中国海洋政治战略变迁》，《新东方》2011 年第 6 期。
③ 曲金良：《海洋文化概论》，中国海洋大学出版社，1999。

为进行约束的外部约束，以及通过伦理规范使社会规则内化为行为体的自觉行为的内部约束两大类①。前者为法律底线约束，后者是道德规范约束。同样，人类针对涉海行为的约束就有海洋法的约束和海洋伦理的约束。环境伦理两大派系"人类中心主义"与"自然中心主义"之争，使人们逐渐具有一种对全球生态环境的保护和敬畏的意识与心态。将环境伦理推及海洋伦理，人类针对涉海行为的伦理约束中同样涵盖了要把海洋纳入人类道德关怀的范围之内，将海洋作为生命体加以保护和尊重的意识与行为。

环境伦理突出强调了自然界存在的内在价值和权利，修正了人类为唯一价值与权利主体的地位，确立了自然权利的应有地位，从而使自然环境赢得应该受人尊重的资格。海洋作为自然环境的一部分，也应有按自身生态规律存在并受人尊重的资格与权利，但海洋权利还有另一重表现，即海洋对人类涉海行为的反作用，一是对人类涉海合理行为的"平静"接纳，二是对人类不合理、过度的海洋开发、生产与消费的排斥性"警示"与"报复"，这种报复可视为海洋对人类在道德意义上的"劝诫"。

5. 人—海的军事关系

人类对生存与发展空间的争夺和对资源的开发明显转向海洋，世界各国特别是濒海邻国之间围绕着海洋国土划界、海洋资源开发、海上通道控制等海洋权益的争夺，由来已久，并呈愈演愈烈之势。人类"海权"之争的背后是海上通道占有、对外贸易拓展、海外市场扩展、海洋产业发展等利益的驱使，而浮在争斗表层的是各临海国家海洋军事力量的显示。因此，人类面向海洋、各临海国家以争夺与保护海洋权益为目的的海洋军事力量一经建立，人类与海洋的军事联系便形成。

反向来看，海洋是濒海国家国防的重要空间，是国防的屏障与门户，进一步讲，海洋一方面为各国海军提供了航行与施展力量的舞台，另一方面也为各濒海国家提供了更广阔的国防纵深和战略纵深。

除了以上关系之外，人海之间还应存在管理关系、法律关系等，此处不再展开赘述。

---

① 王刚、吕建华：《论海洋伦理及其内涵》，《湖北社会科学》2007 年第 7 期。

二　人—海关系所覆盖与指向的学科系统论

人—海的多重关系的厘定既为人海互动与和谐海洋建设提供了行动的依据与方向，又为人类进一步认识海洋、多学科地研究海洋，特别是突破传统的海洋科学的分类，构建大海洋学科体系提供了新视域与基本路线。

（一）人—海之生态关系所指向的学科领域

建立和谐的人—海之生态关系需要人类不断探索与研究海洋的自然奥秘，这赋予人类不断提升海洋自然科学整体水平的任务。由此，人—海之生态关系所对应的学科几乎覆盖整个海洋自然学科群，既包括"研究海洋的自然现象、变化规律及其与大气圈、岩石圈、生物圈的相互作用以及开发、利用、保护海洋有关的知识体系"的海洋科学所含的各类学科，如体现海洋物理过程、化学过程、地质过程和生物过程的物理海洋学、海洋物理学、海洋化学、海洋地质学和海洋生物学等分支学科；又包含海洋科学与其他相关自然科学相交叉的学科，如研究人类活动引起的海洋环境的变化、人类对海洋造成的影响和如何保护海洋环境的海洋环境科学等。

（二）人—海之经济关系所指向的学科领域

人—海之经济联系是在经济价值取向、经济利益至上的时代人类关注海洋的主要领域，而研究人—海之经济关系的学科或者人—海之经济关系所指向的学科领域主要就是海洋经济学科。一般认为，海洋经济学"是运用经济学、可持续发展理论和海洋科学理论来研究海洋经济活动中的经济规律的学科"，那么，研究人类在"海洋经济活动中的经济规律"也即研究人海的经济关系规律。海洋经济学是一个由海洋资源学、海洋产业学等学科组成的学科群。

（三）人—海之政治关系所指向的学科领域

各濒海国家围绕海洋权力、海洋权利与海洋利益的争取与维护，显示出人—海之政治关系的本质。研究人—海之政治关系的学科或者说人—海之政治关系所指向的学科主要包括海洋政治学、海洋战略学、海洋政策学与海洋法学等。

（四）人—海之文化关系所指向的学科领域

人海互动产生并凝炼而成了人类的海洋文化，毫无疑问，研究人—海之文化关系的学科首先当属海洋文化学，其次应包含海洋文化人类学、海洋文艺学、海洋美学、海洋考古学与海洋民俗学等，这是因为体现人海之文化互动结晶的海洋文化应被诠释为"海洋人文类型"，海洋文化学整体上应是一门人文学科。

（五）人—海之伦理关系所指向的学科领域

如上文所指出，人—海的伦理关系初步揭示出人类以海洋为对象的活动并非人类的恣意妄为，而是受道德规范约束的，这种约束包含两个方面：一是人类对自身的道德约束，也包含人类对海洋作为一个生态系与生命体应享有的自然权利的尊重；二是海洋对人类行为的道德"劝诫"。由此看来，人—海之伦理关系所指向的学科，或者研究人—海之伦理关系的学科，主要是以环境伦理学、生态伦理学为基础建立起来的海洋伦理学，也应包括海洋哲学等。

（六）人—海军事关系所指向的学科领域

长期以来，人类不断地把军事力量投放到海洋，从而依托海洋来争得和维护"海权"，一个基本的客观事实是，人类对海洋环境的认识直接影响海上军事活动的范围、规模与成败，于是，海洋成为人类"海权"之争的通道、场所与舞台。反向来看，海洋自古以来对人类就具有军事性，那么，这种人—海军事关系所指向的学科应是海洋军事学与军事海洋学，同时也应涉及海军战略战术学、海军装备学等。

此外，人海之间存在的管理关系、法律关系所指向的学科，或者研究人—海管理关系与法律关系的学科主要有海洋管理学与海洋法学。海洋管理学包括海洋行政管理学、海洋资源管理学、海洋环境管理学、海洋工程管理学等；海洋法学包含海洋经济法学、国际海洋法学等。

综上所述，人海关系所对应、指向的学科或者以人海关系为研究对象的学科是一个学科系统，既包含了海洋自然科学子系统，又包括海洋人文社会科学子系统，也有海洋哲学的成分渗入其中。尽管海洋哲学与人文社会科学的许多其他学科还处于萌发与培育阶段，但这丝毫不影响我们把人—海多重关系与海洋自然科学、海洋人文社科作出应然的对应与联结。

三 基于人—海关系与海洋学科认识的海洋教育论

笔者认为，之所以有海洋教育活动的产生与兴起，是因为有人—海关系与海洋学科的存在，最为根本的原因还在于人—海和谐关系建立的需要。说海洋学科存在是海洋教育产生的另一致因，是考虑到学科的本义和职能。任何学科既是科学研究的平台，又是人才培养的阵地；海洋学科也同样如此，它承担着海洋人才培养的职责。由此观之，人—海关系、海洋学科与海洋教育之间具有内在的、一致的关联，其中人—海关系是基础和本体，海洋学科与海洋教育由此派生而来。因此，人—海关系在某种程度上对海洋教育具有决定与制约意义，海洋学科对海洋教育具有规定意义。

（一）人—海关系对海洋教育的多重制约

人—海关系制约着海洋教育的目的与任务、主体与客体、内容与类型、结构与体系。

1. 人—海关系制约海洋教育的目的与任务

在人海互动中，人—海关系和谐的唯一使动者是人，且必须是具备一定海洋素养的人，而人的海洋素养的获得与不断提升要靠教育。再者，海洋教育的对象是人，是人—海关系中的"人"，因此，海洋教育从一产生便是以提升人的海洋素养为目的和己任的。当然，人的海洋素养是一个综合概念，它包含海洋意识（观念）、海洋知识（文化）素养、海洋道德素养、海洋学科专业素养等。

2. 人—海关系制约海洋教育的主体与客体

笼统地讲，人—海关系中的"人"，除了作为人海互动的使动者之外，还既是海洋教育的主体，又是海洋教育的客体。说其为主体，是因为教育者来自人—海关系中的"人"，如是政府驱动的海洋教育，其主体即是行政人员；如是社会媒介进行的海洋教育，其主体即是媒体人；如是学校推行的海洋教育，其主体便是教师；等等。说其为客体，是因为受教育者也是来自人—海关系中的"人"，整体上看，海洋教育的受体可分为两类人，一类是社会公众，另一类为在校学生。

3. 人—海关系制约海洋教育的内容与类型

人—海的多重关系赋予了海洋教育丰富多样的教育内容。人—海的生态关系为海洋教育提供充足的海洋自然科学知识；人—海的经济关系、政治关系、文化关系、伦理关系、军事关系、管理关系等则为海洋教育提供海洋哲学与人文社会科学知识。把丰富多样的海洋教育内容进一步划类，可区分和细分海洋教育的多种类型，如海洋意识（海洋观）教育、海洋文化（知识）教育、海洋可持续发展教育、海洋环境与保护教育、海洋伦理教育、海洋权益与维护教育、海洋学科专业教育等。

4. 人—海关系制约海洋教育的结构与体系

沿着人—海关系之中的"人"是海洋教育主、客体的逻辑推断，充分考虑海洋教育施教者与受教者来自"人群"的不同和活动地点的分野，可把海洋教育区分为学校海洋教育与社会海洋教育，故形成学校海洋教育与社会海洋教育的二元结构。前者是由教师主体对在校学生主导和实施的海洋教育，主要指大、中、小学开展的海洋教育。中、小学属于基础教育，开展海洋教育主要以渗透式手段为主，即采用把海洋知识（文化）教育、海洋意识与海洋观教育渗透于基础课程与活动课程中的方法。大学开展的海洋教育主要有面向全体大学生的海洋通识教育和面向海洋专业学生的海洋学科专业教育。后者则是由社会多元主体针对社会公众组织的教育活动。社会多元主体具有多方面的所指，主要有政府、企业、媒体、非政府组织、社会团体等。

根据教育的任务与其所属的教育类别，海洋教育可分为海洋普通教育、海洋职业教育与海洋成人教育。海洋普通教育即为上述的大、中、小学开展的海洋教育；海洋职业教育主要指各种中等和高等海洋职业学校开展的教育；海洋成人教育是指在学校对在职人员进行的各种海洋知识与业务培训等。

以上两种分类形成的海洋教育结构都可视为海洋教育的横向结构。从纵向上看，如按受教育者的年龄特征和受教阶段来划分，可形成由海洋初等教育、中等教育与高等教育构成的海洋教育的纵向结构。海洋初等教育专指在小学教育中渗透的海洋教育；海洋中等教育包含在中学渗透的海洋教育和中等海洋职业教育；海洋高等教育包括普通高校与高职高专的海洋学科专业教育。

（二）海洋学科规定并预设了海洋学科专业教育的框架与体系

海洋学科与生俱来的人才培养的职能具有对海洋教育的基本规定性，这表现在对海洋学科专业教育的具体限定与其框架、体系的搭建与预设上。

1. 海洋自然科学的发展支撑起强有力的海洋自然学科专业教育

海洋自然科学与技术发展历史较长，经与其他学科的不断交叉、融合，形成的海洋自然学科等较为成熟，在此基础上建立的海洋自然学科高素质人才培养体系较为完整。如物理海洋学、海洋化学、海洋生物学、海洋地质学、海洋生态学、环境海洋学等体现海洋自然属性与特点的学科专业教育已趋于稳定和成熟。

2. 海洋人文社会科学的培育与建设影响海洋人文社会学科专业教育的发展

相对于海洋自然科学的发展而言，海洋人文社会科学大都处于建设，甚至是培育与起步阶段，相应的海洋人文社会学科专业教育的发展就较为缓慢。因此，无论从建立和谐的人海关系的角度看，还是立足于海洋强国的战略，均应加快发展海洋人文社会科学，培养高素质的海洋人文社会学科专业人才。根据人—海关系指向与覆盖的海洋人文社会科学的范围，应着力建设与发展海洋社会学、海洋政治学、海洋经济学、海洋文化学、海洋伦理学、海洋管理学、海洋法学等学科，培养以上各类学科专业的高素质人才。

（三）何谓海洋教育

循着人—海关系系统——海洋学科群——海洋教育的认知理路，笔者给出海洋教育的基本定义。海洋教育有广义与狭义之分，所谓广义海洋教育是指，凡是增进人的海洋文化知识，增强人的海洋意识，影响人的海洋道德，改良人的海洋行为的活动都是海洋教育，这一定义覆盖各种各类海洋教育。狭义海洋教育即学校海洋教育，是指由学校教育者有目的、有计划、有组织地对受教育者施以有关海洋自然特性与社会价值认识、海洋专业能力以及由人的海洋知识（意识）、海洋道德与人的海洋行为等要素构成的海洋素养的培养活动。

海洋群体与渔村社会

海洋渔村社会的形成过程探讨

——以上海现代海洋渔村社会形成过程为例*

韩兴勇**

摘要：按照社会学的原理，渔民是构成海洋社会的主体人群，因为和其他从事涉海产业的群体相比较，渔民不仅在人海关系、人海互动、涉海生产中发生人际关系和人际互动；而且更主要的是在这个关系中还形成家庭婚姻关系，这是其他涉海产业或者涉海群体所没有的社会关系和属性，也正因为有这样的关系和属性，才产生了丰富的海洋民俗文化，以及充满智慧的海洋思想。另一方面，渔业这个古老的产业，由于其流动性很强，直到现代仍然有部分渔民过着漂泊流离的生活，过着"远离社会"的孤独生活。他们的生活是否有变化，是否真正地融入社会？本文通过对上海的海洋渔村的形成历史的实证研究，探讨海洋社会的形成过程。

关键词：海洋社会　渔村　形成　历史

一　海洋社会的属性探讨

关于海洋社会，按照社会组成的关系，广东海洋大学张开诚提出，"海洋社会是人类社会的重要组成部分，是基于海洋、海岸带、岛礁形成的区域性人群共同体。海洋社会是一个复杂的系统，其中包括人海关系、人海互动、涉海生产和生活实践中的人际关系和人际互动。以这种关系和互动为基础形成包括经济结构、政治结构和思想文化结构在内的有机整体。这个有机整体就是海洋社会"。在我国很长的渔业历史中，很多地区的渔民都

---

* 本文根据《上海现代渔村社会经济发展史研究》（上海市科学普及出版社，2006）而作。本文中论述的事例是根据渔村调查整理而成，并以此作为分析及研究的基础。

** 韩兴勇，上海海洋大学海洋文化研究中心教授。

是以船为家，到处漂泊，他们分散捕捞，个体行动，没有组织，而形成自己独立的社会村落已经是进入现代以后的事情了。上海的一些海洋渔村形成也比较晚。直到 20 世纪 70 年代，上海以海洋渔业为生的渔民才从"连家渔船"上岸定居，才相对固定了自己的群体，有了组织，有了自己的渔业群体，和其他群体发生关系。因此，从社会学的定义上讲，渔民定居以后形成固定的居所，有自己的组织和群体，形成包括经济结构、政治结构和思想文化结构在内的有机整体，才可以说有了真正社会意义的村落，这些渔民从此才以一个社会群体的身份出现。

作为社会的组织形态之一，村落也应有其政治活动的领域，也就是它们寻求领导并参与影响其行为的决策的领域。在村落政治领域内，各种要求和矛盾可以在内部得到解决，维护社会利益的行动被采纳和肯定。在农村社会中，社会还对农民的日常行为进行各种约束，提出各种要求，而这些通常是由地主和农民政治组织共同实施的。另一方面，作为一个现代社会组织或者村落，它应该有自己与整个大社会联系的利益代表，承担与社会沟通的职能。在农村社会组织（村落）还没有成立时，渔业合作社虽然已经在生产上有一定的规模，渔民也在一定程度上合作生产，但是这种合作还是比较松散的，由于合作社对生产资料的支配还未完成，所以其作为一个行政村落组织还是不完整的。

在我国农村，作为社会组织最基层的单位——生产队或渔业村队，最直接和农民或渔民建立联系，它直接担负着管理和组织所属人员进行生产和生活的职能，同时它又代表政府执行国家制定的各种政策。因此作为一个社会基层组织，它具有双重的功能，既要代表国家的利益，执行维护国家利益的政策；又要代表群众的利益，直接领导和管理群众的各项生产以及生活，特别是维护人民群众最直接的经济利益，这是生产队或渔村最日常的任务。从这方面来说，渔村社会也必须具备这样的基础。

二　海洋社会的组成与构架

在渔业经济不断发展的同时，上海沿海的渔民生活也在逐渐发生变化，从分散的捕捞经营逐步走向合作经营，从以船为家到处漂泊过渡到集中生活，从而到陆上定居，形成固定生活场所，再通过建立行政管理机构，并逐渐完善最终形成自己的社会组织——现代渔村。这个过程对于渔民来讲，是非常缓慢的，但对于现代渔民来讲，经过几十年，就有了真正意义上的属于自己的固定社会组织形态，它的形成和发展还是很快的。虽然我们说700多年前上海就是个小渔村，但它并不是真正意义上的渔村，它没有渔业特有的行政管理机构，也没有渔民的固定住所及相对安定的生活，它只不过是渔民在此捕捞谋生的地方。从社会学的角度来看，一个没有行政管理，也不能有效地代表一处群居人口利益的地方，虽有人长期在此生活，也不能说是一个社会的基本组织形态——村落，加上渔民生产生活的流动性，在管理上和政府的行政似乎没有联系，正是这种没有固定社会属地的流动生活，使上海沿海地区的渔民在很长的历史时期中未能形成自己的村落。因此现代意义的渔民村落是在 20 世纪 60 年代渔民陆上定居后才逐步形成的。

渔民在合作化的道路上，经历了渔协、初级合作社、高级合作社，最后是人民（渔民）公社的过程。人民公社化以后，渔民自己的社会组织形态——渔村（队）便固定下来，并日益完善。和农村的社会主义集体所有制改造一样，渔村（队）的社会主义集体所有制也是共产党领导的党政合一的管理形态。

作为共产党的基层组织，党支部在渔村的社会组织中担负着最主要的组织领导工作。在渔村（队）的社会组织系统中，很多渔村（队）村长或队长由党支部书记兼任，或者由党支部副书记担任，这样党在基层社会组织中处于绝对的领导地位。具体的分工是：党支部直接管理共青团、民兵、妇委会等的政治生活；村长或队长负责管理村（队）的生产、财务、分配等。渔村（队）生产的组织形态为，在村（队）下面设若干的生产小队、生产小组、船老大。由于渔业生产的特殊性，在渔业生产中船老大所掌握的权力很大，在他的下面又有船伙计等。渔业生产因其流动性及以船为单位作业和作业范围的广阔等特点，在通信、渔业捕捞技术还不发达时，船老大就是渔业生产最直接的管理者。

尽管在渔村的社会组织中有明确的分工，但党政合一的组织管理形态始终覆盖整个社会领域。无论是经济建设，还是个人的日常生活，都在这个管理范围内，比如个人结婚也需组织的证明书。从当时的情况看，由于我国此前长期处于社会管理混乱、动荡不安的时期，高度的集中管理，是有利于社会生产恢复和发展的。特别是对于渔民来说，在集体化以前，他们一直是社会中最为松散、生活最不安定的群体。把他们集中起来，组成一个社会基础单位——渔村（队），符合他们的利益，因为在几千年的社会发展中，像他们那样四处漂泊，以船为家的群体已经不多了，渔民有自己固定的社会组织，是他们得到社会认同的开始，也是改变命运的开始。

三　上海现代海洋渔村社会形成的实证

上海的海洋渔村在社会组织形态，以及生产经营形式上，以海洋渔业捕捞为主。全体渔民和其家族生活在同一村落，整个村落以渔业为主要生产经营方式，行政管理也主要由渔民代表参与、以渔业生产管理为核心，主要劳动力都是以渔业生产为主业，采用以自然捕捞为主的生产方式。这是上海地区真正的渔村，如宝山区（原为宝山县）长兴乡的海星渔业村和崇明县陈家镇奚渔村渔业大队。此外还存在另一种组织形态，即以渔业大队为生产经营形式的渔民集体单位。它有固定的渔业生产基地，生产和行政管理也以渔业为主，工作的渔民主要为男性，其家属则不一定从事渔业工作，而是以农业生产为主。渔民分散居住，渔业大队的基地仅提供行政管理服务和渔业生产资料等，行政管理人员往往是渔民中的代表。

这些渔村即使在上海渔业已逐渐衰落的状况下，仍保持着以渔业为主的生产经营方式，因而从这些渔村的发展过程中，我们可以看到上海现代渔村社会经济发展的历史和现状。

陈家镇奚渔村是上海市目前最大的海洋渔村，地处崇明岛的东南部，紧靠长江入海口南水道的东部。村边有一条通向长江的河，这里可以停泊很多渔船，称作奚家港，是渔船靠岸、避风的理想港湾。民国时期，经常有来自各地的渔民在这里停靠、生活。新中国成立后，在这里生产和生活的渔民更加集中。1953 年随着合作化运动在全国的展开，奚渔村也建立了初级合作社，参加的渔民有几十人，到 1955 年成立高级社时，已有几十条小木船加入。渔民一般为苏南地区的渔民和本地农民中经营渔业的人员，他们所拥有的捕捞工具也十分简单，主要是以人力为动力的小木船，经营形式仍采用一家一船的方式。由于船很小，俗称"小木船，一扁担三尺长"，因此渔民捕捞生产的作业范围仅限于长江口，他们的日常生活也是在船上进行，在陆地没有住所，过着漂泊流离的生活。1957—1958 年，人民公社运动在全国开展以后，一家一户经营的渔民也被正式组织起来。

1958—1960 年是上海地区建立渔村（当时为渔业人民公社和水产大队）行政组织的时期，也是有组织地开展渔民陆上定居的时期。虽然在我国的社会主义改造过程中，国家的意愿非常强烈，往往借助行政命令，但从提高生产力，恢复发展经济，提高渔民的生活水平和社会地位的角度而言，这种改造十分符合广大渔民的切身利益。因而，在渔业生产合作社到渔村行政组织的建立（人民公社）过程中，广大渔民都十分自愿地参加集体经营生产的组织。

20 世纪 60 年代初，奚渔村组建了机帆船队，最多时有 100 多条机帆船，但当时的机帆船动力不足，生产作业还是以在长江上捕捞为主，但也逐渐开始到近海参与捕捞。此时的渔民还是以船上生活为主。到 60 年代后期 70 年代初，国家为进一步发展渔业生产和改善渔民的生活，拨了一部分土地给渔民建房定居；同时，随着渔民集体资金积累的增加，渔民自己也向所在地购买了一些土地使用权，建房并建立渔业基地。但是国家拨给的土地和渔民购买土地使用权的地块往往不适合农业种植，因此整个奚渔村被分散在五个定居点上，形成五个自然村落，临近周边是主要从事农业种植的农业村。

20 世纪 70 年代后期，为进一步发展海洋渔业生产，奚渔村逐步发展出能适应到近海或深海从事渔业捕捞的机动渔船，这种机械动力的渔船已放弃了风帆作为渔船的动力，功率也增至 150 马力。到 20 世纪 80 年代中期，奚渔村已主要以机械动力渔船为主捕捞，除一部分仍在长江上进行生产捕捞的小渔船外，大部分捕捞生产都在近海或深海进行，生产捕捞作业已经以海洋为主要对象，经济收入也以海洋渔业收入为主。

在集体经营初期生产力低下，开展集体经营有利于资金积累，迅速提高生产力，改善分散经营力量单薄的局面。但后来因"大锅饭"，发展一度缓慢，经营效益不理想。20 世纪 90 年代经营体制由集体经营转向个人经营，奚渔村进入生产发展最快的时期。在奚渔村的捕捞生产史上，出现了一对年捕捞量达一万担（一担 = 50 公斤）的渔船，被渔民称为"万担船"，该船老大也被称作"万担老大"。

1997 年随着经营体制的转变，奚渔村将集体所有的渔船卖给渔民，实行个人生产经营制，发挥了渔民资金积累和生产的积极性，渔船数量增长很快，到现在为止，包括渔民从外地购回的渔船已有 108 条机械动力渔船，总吨位达 8037 吨，总功率为 22300 马力，全部以近海或深海为作业范围。

奚渔村现有村民 1200 多人（2011 年），大多数村民仍以从事海洋渔业生产为主要经济收入，是上海地区现存的为数不多的渔村中规模较大的一个。

渔民由于长期处于独立、散乱的生活、经营环境中，一旦集中组织起来，就必须有一套完整的管理制度，来约束和规范渔民的生活与生产。除了国家为管理渔业生产在社会主义改造中制定出的许多法规条例外，渔村（队）本身也有自己的生产管理制度，从一些渔村（队）制定的规章制度来看，上海地区的渔村（队）自身管理已经比较规范了。

四　渔村社会建立后的变化

社会制度的变革对生产结构的变化起着决定作用，但生产结构不仅要适应社会制度的要求，还要受到其他方面的制约。在同一社会制度下的各个不同的时期，生产结构会随着社会体制的变化而变化。

20 世纪 50 年代后期，我国农村合作经济以及人民公社在全国范围内推行，在社会政治制度的要求下，农民几乎完全成为人民公社集体中的一员。虽然渔民因其生产活动的特殊性要比普通农民在参加集体合作经济上更为不便，如流动性及水域产权不明等，但为适应社会制度的要求，渔民还是和广大农民一样，走上了集体合作的道路。而且，上海地区的渔民在走上集体合作的道路以后，比农民得到了更多的实惠，从漂泊的生活转向陆上定居，发展较自然捕捞更有安全保障的养殖渔业，在生产上趋向集中，经济收入也变得稳定，这些变化使渔民的社会政治地位得到了前所未有的提高。

在传统渔业中，渔民一直以散乱、零小的生产方式为主，生活漂泊不定。在加入合作社之前，上海地区的渔民大都是以这样的形式生活，在生产经营上，他们也只同渔行发生经济上的关系，渔业则以自然捕捞为主，由于作业的分散、流动，他们处于一种无组织无政府的状态。而农民则不一样，无论是自耕农还是无土地而耕种他人土地的农民，都是以固定的土地为生产对象，至少在一季或一轮耕作中较为固定，因为收获的期待会将农民局限在一个较固定的地方。对渔民而言，水域的产权不属于私人，尤其在以自然捕捞为主的时代，哪里有鱼捕，哪里即可以作为生存的地方。独立分散经营的渔民因生产的流动性和危险性以及长期得不到教育，几乎处于无政府状态，他们与国家、社会的联系仅仅是通过渔行或一些水产品市场进行。在仅能够艰难维持生活的情况下，要通过自身的资本积累来提高渔业生产技术和投资建造更大规模的生产捕捞工具对于广大渔民来说是不可能的。在抵御自然灾害时，独立经营的渔民比农民还要无助，他们更希望组织起来，共同抵御风险。所以当国家为恢复经济，发展合作社时，广大渔民会主动地参与。

受长期封建压迫及生产方式影响，农民一直处于社会底层。作为大农业中的一个组成部分的渔业，同样如此，而且传统渔业较之传统农业的经营方式更为简陋粗放，渔民较之农民的社会地位更为低下，他们几乎和流民一样，没有固定的住所，而且往往是失去土地后成为渔民的，这从上海地区的渔民大都是外籍人口以及直至20世纪60年代后期才定居下来可以看出。也正因为如此，渔民的互助合作，使渔民在生产结构的改变中成为社会人群，成为较固定地生活于一个地域的群体。从此渔民的生活有了新的变化，有了自己特定的社会组织，即村落。所以，渔业集体化，是我国渔业社会经济史上一个巨大而深远的变革，对改变渔民长期以来贫穷落后的局面有着革命性的作用，从渔民后来的社会地位及生活状况的改善来看，这完全符合中国渔民的根本利益。

在渔民还是以水上生活为主的时代，渔民通婚经常发生在渔民的子女之间。由于渔业的流动性和当时低下的生产力水平，渔民在农村集镇的消费能力低下，社会人际交往也被限制在自己的范围之内。陆上定居后，渔民开始固定地生活在一个地域里，随着渔业生产的发展，经济收入多起来时，渔民和周围农村的交流自然而然地多了起来。尤其在改革开放以后，农村和渔村都实行了承包责任制，生产积极性的高涨使农村经济收入较以前大幅增加，经济收入的增加，使人们有更大的消费能力，因而农民也更频繁地出现在社会公共场所。

中国的农民对生活的追求是很实际的，他们不会因为传统的偏见而固执地死抱住一个观点。比如对待和渔民通婚的事情，从前渔民是社会最底层的人，农民不会将自己的女儿嫁给渔民的儿子。但当渔民的社会地位、经济收入发生变化以后，农民也会改变态度。在其他方面也是如此，为追求更大的经济利益或更高的生活水平，农民甚至愿意背井离乡去追求新的生活，这说明中国的农民在追求经济利益时相当务实，从历史上看，只要对农民有利的社会政策一出，农民马上会热烈响应，并奋不顾身地投入就是最好的证明。

社会对渔民偏见的改变，是基于渔民经济地位的提高。经济地位是人们划分阶层的依据，人们对地位低下、生活困苦的阶层除了同情以外，还会有许多偏见。在中国传统经济生活中，"打铁、撑船、磨豆腐"三种工作，被认为是最苦最累的活计，以此为生的人被认为是最穷最低下的人，其中的"撑船"即包括捕鱼的渔民。渔民在陆上定居以前，生活在船上，漂流在水上，风雨交加，有了上顿没有下顿的经济状况，以及脱离社会，缺乏教育，文化知识落后的情况，让人们既同情又轻视，连渔民都对自己的前途感到茫然。

渔村建立后，这种状况发生了巨大的变化。首先渔民从分散的生活变为集体组织生活，从处于半无政府状态改变成有严密的组织、有基本的行政管理，这是渔民社会的一大进步。陆上定居使渔民不再到处漂泊，从而产生了社会地域的概念和社会责任感，而集体经济的发展也使渔民的经济地位迅速提高。

生活的稳定，经济收入的增加，以及教育的普及，使渔民拥有了和普通百姓同样的社会环境。所以，渔民能够成为有真正社会组织意义的村民，对改变渔民的社会地位以及消除社会对其的轻视，或者说偏见，都是非常有意义的。

五　结论

现代社会中，虽然大部分人已经处在新社会的生活中，但是按照社会学的观点，仍然有一部分渔民没有进入到社会中去，直到这部分渔民到陆上定居，有组织和制度，建立起自己的社会规则来管理自己以后，才是融入社会生活的开始，从此在社会地位、社会交往、经济收入、教育等方面都得到历史性的发展。可以说，在社会发展历史上，能够将处于低下地位的游民纳入社会，渔村的形成是一个巨大的进步。

海洋渔民群体分层现状及特点

——对山东省长岛县北长山乡和砣矶镇的调查

崔　凤* 　张双双

摘要：本文基于笔者于 2011 年 7—8 月在山东省长岛县北长山乡和砣矶镇 10 个渔村的问卷调查数据，在对海洋渔民职业状况进行统计分析的基础上，以家庭年收入为标准，将海洋渔民群体划分为五个阶层，即上上层、中上层、中层、中下层和下下层，并进一步揭示了不同海洋渔民群体阶层所具有的特征；同时，通过将海洋渔民群体分层与内陆农民分层进行对比，总结出海洋渔民群体分层的特点。

关键词：海洋渔民群体　社会分层

改革开放以来，随着海洋渔民群体职业的不断分化，其群体内部出现了明显的分层。国内社会分层研究成果丰富，其中不乏大量关于农民分层、农村社会分层的研究，但明确以海洋渔民群体为对象的研究并不多见。虽然在广义上，海洋渔民属于农民，然而海洋渔民的生活、生产环境相较于内陆农民有其特殊性，因此，有必要对海洋渔民群体的分层进行单独研究。本文基于笔者于 2011 年 7—8 月在山东省长岛县北长山乡和砣矶镇 10 个渔村的问卷调查数据，在对海洋渔民职业状况进行统计分析的基础上，以家庭年收入为标准，将海洋渔民群体划分为五个阶层，即上上层、中上层、中层、中下层和下下层，并进一步揭示了不同海洋渔民群体阶层所具有的特征；同时，通过将海洋渔民群体分层与内陆农民分层进行比较，总结出海洋渔民群体分层的特点。

---

* 崔凤（1967—）男，吉林乾安人，教授，博士（后），主要研究方向为海洋社会学、环境社会学、社会保障。

一　问题的提出

在我国人口构成中，渔民是重要的组成部分，但同时渔民也是一个复杂的概念，学术界对此概念的研究并不多，有从职业角度定义，有从身份角度描述，还有从法律角度研究。然而，如果仅从这些定义出发来对海洋渔民群体的分层进行研究，就难以对改革过程中出现的渔民群体职业、经济上的变化进行准确的描述，不便于对其分层进行研究。

本文所指的海洋渔民主要是指居住在渔村、从事与海洋相关的生产活动的人员。具体来说，本文研究的海洋渔民主要包括传统海洋渔民和现代海洋渔民。传统海洋渔民是指世代居住在沿海渔村，从事海洋捕捞、海水养殖等较为传统的海洋相关产业的人员，可以称他们为海洋渔村的"土著居民"。现代海洋渔民是指掌握新的生产技术或拓展渔业生产领域的海洋相关从业人员。现代海洋渔民主要包括两类：一类是原有的海洋渔村的渔民，以新的生产技术从事传统的海洋捕捞、海水养殖等工作；或在改革和市场化的进程中经营休闲渔业，从事海洋运输、海产品加工销售等工作。另一类是流入的渔民，主要包括从外地到渔村的打工者，他们的流动具有季节性、周期性、地域性等特点。在调查中，一些海水养殖业发展较快较好的渔村中，如北城村、店子村等，外地打工者已成为本村主要的劳动力。

学术界对农民分化、分层的研究已经有较为丰富的研究成果。20 世纪80 年代后期到 90 年代，关于农民职业分化的研究渐成规模，这些研究主要侧重于农民职业分化的现状、特点及其影响因素等方面；此后，随着研究的深入以及社会的发展变迁，对农民分化的研究在大量实证研究的基础上日益拓展，逐渐出现了关于农民收入分化的研究以及关于农民职业分化与收入分化的综合分析；在"三农"问题备受关注的今天，仍有许多学者积极研究农民分层，并且越来越具体、深入。陆学艺等按照农民所从事的职业类型、使用生产资料的方式和对所使用生产资料的权利这三个因素的组合，将农民划分为八个阶层。[①] 陈会英、周衍平将农民划分为十个阶层。[②]

---

① 陆学艺：《重新认识农民问题——十年来中国农民的变化》，《社会学研究》1989 年第 6 期。
② 陈会英、周衍平：《中国农民职业分化论》，《农业科技管理》1996 年第 8 期。

还有许多学者从不同的角度将农民划分为不同的阶层。在经验研究方面，中共中央政策研究室和农业部的农村固定观察点办公室通过分布在全国 29个省（区、市）的 312 个固定观察村点，对农民职业分化的现状进行了一次专题调查，将农民的职业划分为十种类型。[①] 戚斌对陆良县农民的职业分化进行了调查与研究，按照农民的就业情况，根据其不同的经济收入状况，将其划分为七大类型。[②] 范会芳将家庭作为分层的基本单位，对河南省宜阳县沙村进行了分层研究，认为根据家庭人均收入可以将沙村家庭分为三个阶层等级，即富裕阶层、中间阶层、贫困阶层。[③] 牟少岩以青岛地区为例，研究了农民职业分化的影响因素。[④] 吴庆国以安徽省霍邱县花园村为例，结合花园村农民职业分化现状，从政策、经济、教育和村民互动四个角度，分析了影响农民职业分化的因素。[⑤] 陈盛千以江西寻乌县为例，分析了农民职业分化的现状，并用预期收入差距和机会成本解释了农民职业分化的原因。[⑥] 郭亚梅等对吉林省农民职业和收入分化现状进行了分析。[⑦] 郭玉云、袁冰以乌鲁木齐县 X 村为例，研究了新疆农村职业分化的现状及问题，并提出相关对策。[⑧]

明确以海洋渔民群体分层为内容的研究，数量有限。崔旺来、李百齐认为，市场经济条件下，承包型家庭经营分化为家庭渔场、产业工人或其他行业的劳动者、私营企业主、工资劳动者、股份合作公司；分化的水平与渔民的商品经济意识、非渔劳动技巧、科技文化水平密切相关，同时与渔户的渔业资源占有、政策资源占有程度，区域经济发展的软环境，外部

① 农村固定观察点办公室：《对农民职业分化的调查》，《中国农村经济》1994 年第 3 期。
② 戚斌：《对陆良县农民职业分化的调查与研究》，《云南学术探索》1995 年第 4 期。
③ 范会芳：《转型期农村社会分层研究的新视角——以家庭为分层单位》，华中师范大学，2002。
④ 牟少岩：《农民职业分化的影响因素研究——以青岛地区为例》，山东农业大学，2008。
⑤ 吴庆国：《农民职业分化与流动的因素分析——以安徽省霍邱县花园村为例》，《内蒙古农业大学学报（社会科学版）》2008 年第 4 期。
⑥ 陈盛千：《农民职业分化的调查与研究——以江西寻乌为例》，《江西农业学报》2009 年第 6 期。
⑦ 郭亚梅、徐晓红、杨双：《吉林省农民职业和收入分化现状分析》，《安徽农学通报》2009 年第 15 期。
⑧ 郭玉云、袁冰：《新疆农村职业分化的现状、问题及对策——以乌鲁木齐县 X 村为例》，《新疆社会科学》2010 年第 2 期。

资本的输入能力相关；家庭结构的不同导致较大的收入差异。① 崔凤、杨海燕认为，海洋环境变迁影响了我国渔民的分化，在渔民转产转业的过程中，区域内渔民的分化纵向上主要表现为职位分化及收入水平的分化；横向上主要表现为渔民就业的职业或产业类别的分化，包括继续从事近海捕捞采集的渔民，从事近海养殖业的渔民，从事远洋捕捞的渔民，从事水产加工、销售的渔民，从事休闲渔业的渔民，从事海洋运输的渔民以及离海上岸及失海失涂的渔民。② 唐国建基于一个海洋渔村的实地调查，认为公司改制将生产资料私有化，彻底改变了整个村庄的社会分化并不明显的状况，渔村中出现了个体养殖承包户/大型捕捞船船主、养殖队长/大型捕捞船船长、普通养殖工人/大型捕捞船船员/下小海渔民、退休渔民/其他有薪水者、无固定收入或没收入的村民的分化；同时，国家农业补贴政策的实施使得社会分化加剧。③

陆学艺曾指出："目前中国的农民实际上已经分化为若干个利益不同、愿望不同的阶层，而且正在进一步的分化之中。"④"农民的阶层分化，就是指农民由原来的单一农业劳动者群体，转变成为各种具有不同利益要求和地位特征的阶层类型。"⑤ 海洋渔民群体分层是在界定海洋渔民的基础上进行的更为细致的分层，正如戴维·格伦斯基等人提出的后涂尔干主义阶级分析模式，用"小阶级"概念取代传统的"大阶级"概念，以细分的职业群体分类取代原来的阶级分类。⑥ 从社会宏观角度来看，海洋渔民群体是一个阶层。然而，无论是理论分析还是实地调查结果都显示，随着改革的不断深入和市场化的推进，海洋渔民群体内部在职业多样化的基础上，经济收入差异明显，群体内部出现了分层，并且每个阶层都能够总结出各自较为突出的特点。因此，随着经济的发展和各项政策的出台实施，渔民群体

① 崔旺来、李百齐：《当代中国渔民分化、调整与重构的变奏》，《中国水运》2008 年第 5 期。
② 崔凤、杨海燕：《海洋环境变迁与渔民群体分化》，载徐祥民主编《海洋法律、社会与管理》，海洋出版社，2009，第 323 - 336 页。
③ 唐国建：《渔村改革与海洋渔民的社会分化——基于牛庄的实地调查》，《科学·经济·社会》2010 年第 1 期。
④ 陆学艺：《当代中国农村与当代中国农民》，知识出版社，1991。
⑤ 蔡翥：《从关系到关系资源——对丁村、胡村社会阶层分化的实地调查》，《学术探索》2005 年第 1 期。
⑥ 参见李春玲、吕鹏《社会分层理论》，中国社会科学出版社，2008。

在职业、收入等方面到底发生了怎样的变化？在社会分层意义上有何新的特征？对这些问题进行研究，对建设社会主义新农村、新渔村，开发利用海洋资源等都具有一定的意义。

二 调查的基本情况

本文以海洋渔民群体为研究对象，选择山东省烟台市长岛县为一级抽样单元。长岛县是山东省唯一的海岛县，其地理位置比较特殊，整个县由多个岛屿组成，所辖的乡镇也分布在不同的海岛上，这一方面使得长岛县各个乡镇在一定程度上相较于沿海的渔村与大陆的联系更少，具有一定的独立性；另一方面使不同乡镇之间也存在一定的差异，从而使调查更加具有多样性和代表性。在此基础上，本研究按照地理位置、经济发展水平、经济结构、人口数量等情况，选取北长山乡、砣矶镇为二级抽样单元。在北长山乡，选取北长山岛上的北城村、花沟村、嵩前村以及店子村四个村庄进行抽样调查；在砣矶镇，选取砣矶岛上的大口中村、大口西村、大口北村、东山村、后口村、磨石嘴村六个村庄进行抽样调查。

本研究主要采用问卷法和访谈法进行资料搜集，并根据搜集到的资料的类型，采取了定量和定性的分析方法。首先，笔者在查阅相关文献资料后设计了调查问卷，并在前期试调查的基础上对问卷设计进行了修改完善。其次，对村委干部、普通渔民的访谈，对调查问卷所获的资料形成补充，有利于进一步深化此次调查。最后，对回收的调查问卷进行合格检查，将数据录入 Spss18.0 软件中，并运用 Excel 及 Spss18.0 等软件进行统计分析。

本次调查从 2011 年 7 月 23 日开始，到 8 月 6 日结束，历时半个月，在山东省烟台市长岛县北长山乡和砣矶镇的 10 个村庄共发放问卷 200 份，回收有效问卷 194 份，有效率 97%。根据每个村庄的人口数及调查地区的总人数情况，每个村庄所填写的有效问卷数如下：北长山乡的北城村 25 份，花沟村 5 份，嵩前村 20 份，店子村 23 份，共计 73 份；砣矶镇的大口西村 20 份，大口中村 20 份，大口北村 15 份，东山村 16 份，后口村 29 份，磨石嘴村 21 份，共 121 份；两乡镇总计 194 份。调查样本的基本情况如表 1 所示。

表 1 调查样本基本情况统计

项目	项目类别	人数	比例（%）
性别	男	120	61.9
	女	74	38.1
年龄	20 - 44 岁	70	36.1
	45 - 59 岁	93	47.9
	60 - 74 岁	31	16.0
受教育程度	未上学	2	1.0
	小学	47	24.2
	初中	99	51.0
	高中或中专	36	18.6
	大专	4	2.1
	本科	6	3.1
婚姻状况	未婚	9	4.6
	已婚	180	92.8
	丧偶	5	2.6
政治面貌	群众	162	83.5
	共青团员	5	2.6
	中共党员	27	13.9

注：数据来源于笔者关于海洋渔民群体分层及其影响因素调查问卷。

性别构成上，本次调查男性 120 人，占总数的 61.9%；女性 74 人，占总数的 38.1%；比例约为 1.62:1。这主要是因为，在对一些渔户进行问卷调查时，夫妻共同劳动的情况比较多，而此时往往由丈夫接受访问，妻子在一旁做补充。被调查者的年龄最大 74 岁，最小 20 岁，平均约 47 岁。从年龄段来看，20 - 44 岁的有 70 人，约占调查总数的 36.1%；45 - 59 岁的有 93 人，约占总数的 47.9%；60 - 74 岁的有 31 人，约占总数的 16.0%。被调查者的受教育程度最高为本科，最低为未上学，平均受教育程度介于初中和高中或中专之间，但较趋向于初中。受教育程度在初中及以下的占 76.2%。被调查者的婚姻状况相对简单，已婚者 180 人，占总数的 92.8%。而政治面貌为群众的有 162 人，占总数的 83.5%；中共党员 27 人，占总数的 13.9%。

三 海洋渔民群体职业状况统计

传统意义上的海洋渔民，每个人从事的都是相同或相似的工作，可以说从事的是相同的职业，他们就如马克思所说的是"一个口袋里的马铃薯"。但随着改革的深入和市场化进程的推进，海洋渔民群体的工作内容逐渐发生变化，有的仍从事海洋捕捞工作，有的承包海域开始养殖、育保苗，还有的从事其他与海洋相关的产业，如海洋运输、休闲渔业、海产品加工销售等。笔者认为，海洋渔民群体的职业分化既是海洋渔民群体分化的一部分，又是其经济产生差异，群体内部出现分层的基础。

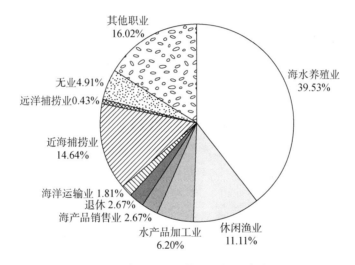

图1 海洋渔民群体职业状况统计

说明：数据来源于笔者关于海洋渔民群体分层及其影响因素调查问卷。

对海洋渔民从事职业的调查统计如图1所示，传统意义上的近海捕捞业从事人员比例仍占约14.64%，但已经不是从事人数最多的职业。随着近年来长岛县对海水养殖业的大力支持，这一职业已成为被调查者中从事人数最多的，约占39.53%。休闲渔业的从业者也因旅游资源的开发而不断增加，已占到被调查者的约11.11%。相当一部分被调查者之前从事过其他工作，如现在从事海水养殖业的渔民之前大多从事近海捕捞业，还有的渔民曾外出打工。就统计数据来看，有92人之前从事过其他工作，约占总数的47.4%。其中，35人次因为环境资源状况的改变而变换工作；28人次因为经济利益的驱动而变换工作；17 人次因为个人观念的转变而变换工作；3 人次因为政策的调整而变换工作；1 人次因接受了相关的职业培训而变换工作；还有 31 人次因其他原因变换工作，主要包括年龄原因、健康原因等。通过这一调查结果可以发现，渔民工作的变化并非仅由单一因素引起，而是多方面因素综合作用的结果。

海洋渔民群体的职业分化是其经济分化、分层的基础。因而，考察不同职业的渔民群体的收入状况，能够帮助我们更好地认识职业分化基础上渔民群体的经济分化状况，以便于进一步研究渔民群体的分层。由于渔民兼业者日益增多，问卷在关于渔民群体目前职业的调查中为不定项选择，部分渔民从事两个或两个以上的职业。为了增强可比性，我们对仅从事一项职业的渔民进行分析，包括仅从事近海捕捞业者、仅从事海水养殖业者、仅从事水产品加工业者、仅从事休闲渔业者以及目前无业者。

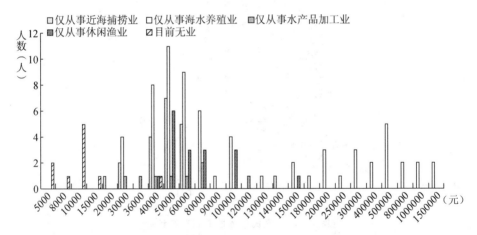

图 2 不同职业渔民群体家庭年收入统计

说明：数据来源于笔者关于海洋渔民群体分层及其影响因素调查问卷。

由图 2 不同职业渔民家庭年收入统计可见，分布比较明显的是目前无业者和仅从事海水养殖业者。目前无业者家庭年收入绝大部分是被调查者中最低的；而仅从事海水养殖业者家庭年收入分布范围较广，从最低收入到最高收入都有分布，并且包括全部家庭年收入在 20 万元以上的渔民群体。仅从事近海捕捞业、水产品加工业和休闲渔业者家庭年收入分布状况较为相似，三者既没有处于最低收入者，也很少有收入最高者。其细微的差别在于，三者相比较，仅从事近海捕捞业的渔民家庭年收入最低，仅从事水产品加工业的渔民居中，而仅从事休闲渔业者最高。这一分析，更加清晰地表明不同职业的渔民群体在收入方面存在较为明显的差异，而处于相似收入水平的渔民群体也在职业上存在相似之处。

四　以家庭年收入为标准的海洋渔民群体各阶层及其特点

要研究海洋渔民群体的分层，首先应该确定分层的标准和维度。在社会分层的研究中，存在多种维度或分层标准。戴维·格伦斯基、哈罗德·克尔博和罗伯特·罗斯曼等人归纳出了重要的资源种类，包括：经济资源，如拥有土地、农场、工厂、企业等；政治资源，如拥有家庭权威、工作场所权威、政党和社会权威等；文化资源，如拥有高学历和具有高消费行为、良好的举止等；社会资源，如拥有高层的社会网络关系和社会关系等；声望资源，如拥有良好的声誉和名望等；公民资源，如享有财产权、契约权、公民权、选举权、各种公民福利等；人力资源，如拥有专业技术、专门技能、学历文凭、资格证书等。① 国内学者李强在归纳国内外相关研究的基础上，也提出了社会分层的十种标准，即生产资料资源、财产或收入资源、市场资源、职业或就业资源、政治权力资源、文化资源、社会关系资源、主观声望资源、公民权利资源和人力资源。②

综合国内外学者提出的主要分层标准，结合实际调查中渔民群体的具体状况，笔者认为在选择渔民群体分层标准时，首先应考虑到渔民群体的同质性，即这一群体在宏观社会的分层结构中本身就具有基本相同的阶层地位，因而渔民群体在公民资源、声望资源方面基本是相同的；其次，就调查来看，渔民群体的文化资源、人力资源、政治资源和社会关系资源之间并无显著差异。而随着改革的深入和市场化的推进，渔民群体分化较为明显的是其经济资源，也就是李强教授所提出的生产资料资源、财产或收入资源、市场资源、职业或就业资源。渔民群体中，有的人拥有渔船从事海洋捕捞，有的人承包海域从事海水养殖、育苗，还有的经营渔家乐等各种休闲渔业，不同的职业所获得的收入差异明显。因而本文在考虑其他资

---

① 李春玲、吕鹏：《社会分层理论》，中国社会科学出版社，2008。
② 李强：《社会分层十讲》，社会科学文献出版社，2008。

源影响的基础上，主要以经济资源为标准对渔民群体进行分层研究。而经济资源是比较笼统抽象的概念，无论是对经济资源的占有还是使用，都是通过影响渔民的收入进而影响其所在阶层。同时，渔民所从事的各种生产活动往往具有家庭经营的特点，笔者认为，更准确地反映渔民经济状况的指标并非其个人收入，而是其家庭收入。所以，本文选择通过家庭年收入这一指标，对渔民群体进行阶层划分。

对收入数据进行调查总是会遇到一定的困难，笔者在调查中，也遇到了被调查者种种模糊不清的回答甚至回避等。有些数据通过追问可以获得，但往往数据的准确性不能保证。笔者发现，渔民对于"您个人或家庭的年收入是多少"这类问题比较敏感，但是对于"您养殖了多少笼扇贝"或"您的养殖规模有多大"这样的问题比较容易给出较为准确的答案。因此，在收入的相关调查中，笔者大多数是对养殖规模进行提问，结合渔民自己提供的相关成本收益，计算得到渔民的家庭年收入之后，再询问渔民进行确认。对问卷进行统计分析，所获得的数据如下：渔民家庭年收入最低为3000 元，这类渔民包括一些年纪较大且独自生活的老人、无业的残疾人等；最高为 1500000 元；平均为 149850.52 元。被调查者家庭年收入分布范围较广，从 3000 元到 1500000 元，最高收入是最低收入的 500 倍；调查中位于收入两端的人数都不是很多，大部分被访者的年收入处于中间状态，但总体来看，家庭年收入在 100000 元以下的渔民人数更多，分布更加集中。

综合对职业和收入的分析，对渔民群体家庭年收入进行最优离散化，本文尝试把海洋渔民群体划分为下下层、中下层、中层、中上层和上上层五层，所得结果如表 2 所示：3000 元（包含）到 14000 元（不包含）为下下层，有 11 人；14000 元（包含）到 36000 元（不包含）为中下层，有 20人；36000 元（包含）到 120000 元（不包含）为中层，有 113 人；120000元（包含）到 600000 元为中上层，共 39 人；600000 元及以上为上上层，共 11 人。

表 2　以家庭年收入为标准的渔民群体分层

分组	分界点		不同阶层的个案数					
	较低	较高	下下层	中下层	中层	中上层	上上层	总计
1	a	14000.00	11	0	0	0	0	11

分组	分界点		不同阶层的个案数					
	较低	较高	下下层	中下层	中层	中上层	上上层	总计
2	14000.00	36000.00	0	20	0	0	0	20
3	36000.00	120000.00	0	0	113	0	0	113
4	120000.00	600000.00	0	0	0	39	0	39
5	600000.00	a	0	0	0	0	11	11
总计			11	20	113	39	11	194

每一组包含较低点，不包含较高点

a. 没有边界

注：数据来源于笔者关于海洋渔民群体分层及其影响因素调查问卷。

下下层：这是海洋渔民群体的最底层，他们的年收入在 14000 元以下，在被调查者中有 11 人，约占调查总数的 5.7%。这类群体主要包括渔村中绝大部分的老年人、残疾人、部分无业者等既无劳动能力也无生产资料的渔民。

中下层：这一分层的海洋渔民家庭年收入在 14000 元至 36000 元之间，在调查中有 20 人，约占调查总数的 10.3%。这类群体主要包括失海无业渔民、失海为其他养殖户或水产品加工业者打工的渔民，以及外来的雇工等有一定劳动能力但无生产资料者。

中层：这一分层的海洋渔民家庭年收入在 36000 元至 120000 元之间，在调查中有 113 人，约占调查总数的 58.2%；主要包括捕捞渔民、规模较小的养殖户、水产品加工业主和渔家乐经营者，他们有一定的劳动能力和生产资料。

中上层：这一分层的海洋渔民家庭年收入在 120000 元至 600000 元之间，调查中有 39 人，约占调查总数的 20.1%；主要包括经营规模较大的养殖户和渔家乐，涉足其他经营者，他们拥有较多的生产资料，并可以通过资金等获得充足的劳动力。

上上层：这一分层的海洋渔民家庭年收入在 600000 元以上，调查中有 11 人，约占调查总数的 5.7%；主要包括少数经营规模很大的养殖场主，他们基本上已经不再直接从事生产劳动，多以经营管理为主，资金充足，生产资料多，往往也兼营其他产业。

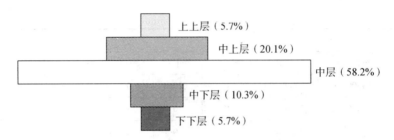

图 3　海洋渔民群体分层结构示意图

说明：数据来源于笔者关于海洋渔民群体分层及其影响因素调查问卷。

　　基于以上数据，我们可以粗略地描绘出海洋渔民群体分层结构示意图，如图 3 所示。从中我们可以总结出海洋渔民群体分层的一些基本状况：在海洋渔民群体的分层中，处于下下层和上上层的都是少部分，中间阶层的占大部分。这一结果与访谈获得的资料所反映的情况基本相同。在北城村对副村长的访问中，笔者提出让他结合自己的工作经验，说一下村中渔民的分层状况，副村长给出的答案是分三层，上层、中层和下层，而且上层和下层都是少数，大部分人的经济状况差不多，可以理解为都处于中层。这与社会分层理论中提出的"橄榄形"或"纺锤形"社会结构很像，中间大、两头小，是一种比较稳定的社会结构。

　　在以上所划分的阶层中，不同的阶层有着各自怎样的特点呢？通过对海洋渔民群体各变量的统计分析和比较可知，不同阶层的渔民群体在年龄、受教育程度、社会关系状况、职业变动情况、家庭劳动力状况、阅读书刊及收看《新闻联播》之间的差异可以比较清晰地反映出来，如表 3 所示。

表 3　各阶层主要变量统计

分　层		年龄	受教育程度	社会关系状况	家庭劳动力人口数	文化生活状况	对外界信息的关注程度
下下层	均值	65.09	1.91	1.91	0.18	1.00	3.45
	个案数	11	11	11	11	11	11
	标准差	7.449	0.539	0.302	0.405	0	1.128
中下层	均值	54.55	2.65	1.85	1.10	1.50	3.65
	个案数	20	20	20	20	20	20
	标准差	9.622	0.988	0.366	0.912	0.889	1.040

分 层		年龄	受教育程度	社会关系状况	家庭劳动力人口数	文化生活状况	对外界信息的关注程度
中层	均值	45.90	3.14	1.87	2.11	2.05	3.85
	个案数	113	113	113	113	113	113
	标准差	9.777	0.854	0.341	0.760	1.231	0.826
中上层	均值	44.97	3.18	1.69	2.62	2.31	3.77
	个案数	39	39	39	39	39	39
	标准差	11.717	0.885	0.468	1.016	1.217	0.842
上上层	均值	41.91	3.64	1.45	3.00	2.64	3.82
	个案数	11	11	11	11	11	11
	标准差	10.144	0.674	0.522	1.000	1.120	0.874
总体	均值	47.47	3.06	1.81	2.05	2.02	3.79
	个案数	194	194	194	194	194	194
	标准差	11.277	0.912	0.394	1.045	1.200	0.871

注：数据来源于笔者关于海洋渔民群体分层及其影响因素调查问卷。

在年龄上，下下层的年龄均值为65.09，中下层的年龄均值为54.55，中层的年龄均值为45.90，中上层的年龄均值为44.97，上上层的年龄均值为41.91。比较发现，在调查对象中，越是较年轻的渔民群体，在分层中越是处在较高的阶层，从中不难看出老年渔民群体在分层中的劣势地位，这与老年渔民群体的身体状况、健康程度以及渔村主要的工作内容等有很大的关系。

在受教育程度上，下下层渔民群体的受教育程度均值为1.91，介于未上学和小学之间，倾向于小学程度；中下层渔民群体的受教育程度均值为2.65，介于小学和初中之间；中层和中上层渔民群体的受教育程度均值分别为3.14和3.18，均超过初中程度；上上层渔民群体的受教育程度均值为3.64，介于初中和高中之间，较为趋向于高中程度。比较发现，虽然海岛渔民群体受教育程度普遍不是很高，但较高阶层的受教育程度明显高于较低阶层，在文化资源上占有一定的优势。

在社会关系方面，我们将之简化为考察渔民是否有亲戚朋友在党政机关或村两委任职，通过均值比较可以发现，上上层渔民群体的1.45和中上层渔民群体的 1.69 明显小于下下层、中下层和中层渔民群体的 1.91、1.85 和 1.87，而均值越小，就越倾向于有亲戚朋友在党政机关或村两委任职。可见，渔民群体较高阶层虽然自身未必会掌握更多的政治资源，但是通过其社会关系，可以获得政治资源上的优势。

在家庭劳动力人数上，下下层明显处于劣势，平均不足 1 人；中下层平均 1.10 人，中层平均 2.11 人，中上层平均 2.62 人，上上层平均 3 人。在渔村的各项工作中，大部分是需要较多劳动力的，如近海捕捞、海水养殖、水产品加工、海洋运输等，这也就决定了拥有劳动力较多的家庭能够在资源的分配中占有优势，从而处于较高的阶层。

在考察海洋渔民的业余文化生活时，我们着重考察其阅读书刊报纸的情况和收看《新闻联播》的状况，因为这能够在一定程度上反映出海洋渔民对社会的关注程度。分析发现，下下层渔民无论是在阅读书刊报纸方面还是在收看《新闻联播》方面，均值都大大低于其他阶层，其中阅读书刊报纸的情况为"基本不阅读"；而中层以上的各阶层虽说阅读的情况也并非"经常"，但总体趋势是由"偶尔阅读"趋向于"一般"。在《新闻联播》的收看方面，各阶层的状况都明显好于书刊报纸的阅读情况，连下下层的渔民也是处于"一般"和"经常收看"之间，虽然其均值仍是五个阶层中最低的，为 3.45；中层渔民均值最高，为 3.85；其次为上上层，为 3.82；再次是中上层和中下层，分别为 3.77 和 3.65。

综合以上分析，我们可以归纳总结出海洋渔民群体的不同阶层的特点。

第一，海洋渔民群体的下下层总体上年龄较大，受教育程度最低，社会关系简单，家庭劳动力少，基本不阅读书刊报纸，获取信息的主要途径是电视新闻，文化资源、社会关系资源等非常贫乏，在经济资源的分配中处于劣势。

第二，海洋渔民群体的中下层平均年龄小于下下层但高于总体均值，没有年龄优势；受教育程度较低，社会关系较简单，家庭劳动力较少，很少阅读书刊报纸，较关注《新闻联播》，占有的文化资源和社会关系资源等较少，在经济资源的分配中没有优势。

第三，海洋渔民群体的中层占渔民群体的绝大部分，他们的年龄均值已经小于总体均值，有一定的年龄优势；受教育程度较前两个阶层已经有较大提高，社会关系开始变得复杂，家庭劳动力人口数处于总体平均水平，阅读书刊报纸的时间也比较少，是所有阶层中最关注《新闻联播》的。他们占有的文化资源、社会关系资源等均处于整个海洋渔民群体的平均水平，不算丰富，但也不贫乏，在经济资源的分配中优势不明显但也没有劣势。

第四，海洋渔民群体的中上层年龄均值更小，在年龄上有更加明显的优势；受教育程度在中层的基础上也有所提高，社会关系状况较为复杂，家庭劳动力人口数高于平均水平，阅读书刊报纸的状况在中层的基础上也有所改善，而在对《新闻联播》的关注上较中层有所下降。这一阶层的渔民在占有文化资源、社会关系资源等方面，已经超出了渔民群体的中等水平，在经济资源的分配中具有较大的优势。

第五，海洋渔民群体的上上层在年龄上最年轻，最具有优势；受教育程度也是所有分层中最高的。他们的社会关系状况最复杂，家庭劳动力人口数最多，书刊报纸的阅读状况是最好的，对《新闻联播》也较为关注。他们在文化资源、社会关系资源等方面的占有水平是最高的，在经济资源的分配中也具有最大的优势。总体来看，他们是海洋渔民群体中间的活跃者，也是其中的佼佼者。

五 海洋渔民群体分层的特点

海洋渔民的生活环境、生产活动的内容等与内陆农民有很大的差异，因此笔者认为，通过对海洋渔民群体分层与内陆农民分层的比较，可以更加清晰地认识到海洋渔民群体分层的特点。

已有的关于农民分层的研究，大部分是以职业为标准进行的划分，与本文中对海洋渔民群体阶层的划分没有可比性。笔者能够搜集到的文献中，有四处是按照农民的收入状况对农民分层进行的研究。其一是范会芳（2002）以家庭为单位、家庭年人均收入为分层标准对河南省宜阳县沙村进行的分层研究，其将农民划分成富裕家庭阶层、中间阶层和贫困户阶层；[①] 其二是马夫（2007）根据 F. W. 佩什提出的五等分方法，结合固原市农村的实际发展水平，将抽样的农户按照"去年的家庭总收入"分为 5 个不同贫富水平的家庭，即最贫困家庭、次贫困家庭、中等家庭、次富裕家庭、最富裕家

---

① 范会芳：《转型时期农村社会分层研究的新视角——以家庭为分层单位》，华中师范大学，2002。

庭；① 其三是郭亚梅、徐晓红、杨双（2009）研究的吉林省农民的收入分层，他们按照家庭总收入将农民划分为下层、中下层、中层、中上层和上层；② 其四是陈会广、单丁洁（2010）通过对苏鲁辽津四省市的实地调查，总结了不同地区纯农户、兼业户及非农户的农民平均年收入。③ 这些研究对不同地区农民的收入分层进行了一定的研究，为本文提供了可比的对象。

为了更好地与海洋渔民群体分层进行比较研究，笔者认为在选取内陆农民分层研究时应该把握以下三个条件：一是关于农民分层的研究应该以家庭户为单位，且以家庭年收入为分层标准；二是该农村位于内陆省份，以尽可能减少海洋的影响；三是与本文所划分的阶层结构尽可能相同或相似，以增强可比性。以这些条件审视有关农民分层的研究，郭亚梅、徐晓红、杨双（2009）对吉林省农民收入分层的研究最具有可比性。

表 4 海洋渔民群体分层与内陆农民分层的比较

群体阶层	长岛县海洋渔民		吉林省农民	
	划分标准	比例	划分标准	比例
上上层	600000 元及以上	5.7%	30000 元以上	2%
中上层	120000 - 600000 元	20.1%	20000 - 30000 元	4.5%
中层	36000 - 120000 元	58.2%	10000 - 20000 元	15%
中下层	14000 - 36000 元	10.3%	5000 - 10000 元	44.5%
下下层	14000 元以下	5.7%	5000 元及以下	32%

注：数据来源于郭亚梅、徐晓红、杨双《吉林省农民职业和收入分化现状分析》，《安徽农学通报》2009 年第 15 期，以及笔者关于海洋渔民群体分层及其影响因素调查问卷。

如表 4 所示，通过与内陆农民群体分层的比较，海洋渔民群体分层表现出以下三个特点：首先，海洋渔民群体分层较内陆农民群体分层更趋"成熟"。吉林省农民绝大部分处于下下层和中下层，分别占 32% 和 44.5%，明显多于处于中上层和上上层的农民；同时，处于中层的农民仅占 15%，远

① 马夫：《固原市农村社会分层的现状、特征及其对贫富分化的影响》，《宁夏社会科学》2007 年第 2 期。

② 郭亚梅、徐晓红、杨双：《吉林省农民职业和收入分化现状分析》，《安徽农学通报》2009 年第 15 期。

③ 陈会广、单丁洁：《农民职业分化、收入分化与农村土地制度选择——来自苏鲁辽津四省市的实地调查》，《经济学家》2010 年第 4 期。

没有形成较大规模的中间阶层，阶层结构呈现"金字塔形"。而处于中层的海洋渔民群体占总数的 58.2%，超过一半；且处于下下层和上上层的渔民比例都比较小，呈现"橄榄形"的阶层结构，相比农民群体的阶层结构更加理想，阶层分化更加"成熟"。其次，海洋渔民群体较内陆农民群体的分层标准更高。吉林省农民分别以家庭总收入 5000 元、10000 元、20000 元、30000 元作为划分不同阶层的分界点；而海洋渔民群体则以 14000 元、36000 元、120000 元以及 600000 元作为分界点，明显高于农民的分层标准。最后，海洋渔民群体比内陆农民群体的阶层差异更明显。吉林省上上层农民的家庭年收入至少是下下层农民家庭年收入的 6 倍，而上上层海洋渔民群体的家庭年收入至少是下下层农民家庭年收入的约 43 倍，可见海洋渔民群体阶层之间的经济差异更大、更明显。

六　结论与讨论

随着改革的深入和市场化的推进，海洋渔民的职业发生了较大的变化，由单纯从事海洋捕捞、海水养殖转向从事多种职业，如近海捕捞、海水养殖、水产品加工销售、休闲渔业等，并且有一定程度的兼业化。渔民群体的职业变化是在个人观念、经济利益、环境资源状况、年龄、健康等因素的综合作用下发生的。同时，从事不同职业的渔民，获得收入的能力和机会是不同的，因而渔民群体职业的分化为其内部的分层奠定了基础。

由于渔民群体在文化资源、组织资源、声望资源等方面仍然具有一定的同质性，而在改革发展的过程中其经济状况已经发生了明显的分化，因此我们可以以家庭年收入为标准，研究渔民群体内部的分层情况。依据家庭年收入的标准，海洋渔民群体可以划分为下下层、中下层、中层、中上层、上上层五个阶层，且各阶层在年龄、受教育程度、社会关系状况、职业变动情况以及家庭劳动力状况等方面都具有较为明显的特征。

在对调查资料的分析之外，进一步的对比分析也表明，海洋渔民群体分层与内陆农民群体分层相比，有其特殊性，这种特殊性与海洋渔民面临海洋这一资源条件有密切的关系。这一方面说明在社会分层、农民分层研究日益深入的今天，我们单独对海洋渔民群体分层进行研究有着较为现实的意义，另一方面也侧面证明了海洋社会学研究的必要性。

当前我国渔民家庭收入结构特点及问题初探

——基于与农村居民和城镇居民的比较分析[*]

同春芬　黄　艺[**]

摘要： 随着海洋水域污染的加剧，柴油等渔业生产资料价格的攀升，我国渔民的收入虽然呈现逐渐增长的趋势，但在总体上徘徊不前，其增长速度低于农村居民，与城镇居民相比差距逐渐拉大，且表现出收入来源单一，经营性收入尤其是渔业经营性收入过高，转移性收入中的保障性收入过少等结构性问题。这些问题的存在，导致渔民生活风险系数增大，社会保障缺失，生活水平和社会地位呈现下降趋势，社会排斥日益显现，渔民成为新的弱势群体。尽快改善渔民家庭收入结构，提高渔民社会保障性收入，在保证渔民基本生活的基础上提高收入水平是当前一项紧迫的任务。

关键词： 渔民　家庭收入结构　收入差距　边缘化

近年来，"三农"问题作为社会热点问题一直受到学术界和社会舆论的关注。作为农业重要组成部分的渔业，同样存在着与"三农"问题对应的"三渔"问题，即渔民、渔村和渔业问题。其中，渔民问题是三者之中的核心和根本，因为无论是渔村还是渔业，其基本构成单位都是渔民个体、渔民家庭以及渔民团体。渔民群体作为农民群体中的一部分，虽然与农民有一定的相似之处，但是在生产环境、生产方式、劳动资源、劳动工具等方面却存在着很大的差别，由此而导致二者的收入在结构和变化上都有所不

---

[*] 本文为国家社会科学基金项目"我国海洋渔业转型的运行机制研究"（10BGL080）阶段性成果。

[**] 同春芬（1963—）女，陕西渭南人，中国海洋大学法政学院教授，博士，主要从事农村社会学、海洋渔业政策研究；黄艺（1988—）女，辽宁锦州人，中国海洋大学法政学院社会学专业2011级硕士研究生，研究方向：农村社会学。

同。因此，渔民问题较之于农民问题有其特殊性。在与城镇居民和农村居民收入情况对比的前提下，分析渔民家庭收入的构成和变化的特点，有助于进一步掌握渔民的生产生活状况，发现这一群体面临的机遇和挑战，同时也有助于更加细化渔村和渔业问题，从微观的角度来研究"三渔"问题的本质。

一 近十年渔民收入增长状况与农村居民和城镇居民收入增长状况的比较

截至 2010 年，我国共有渔业乡 1703 个，渔业村 9177 个，渔业户 5237296户，渔业人口 20810260 人，渔业从业人员 13992142 人。[①] 这些渔民的生产生活状况直接反映了渔村和渔业的发展状况。从广义的视角来看渔民问题包括很多方面，主要有：渔业劳动力总量过剩、转移困难；渔民收入增长缓慢，负担过重；渔民的经济利益和平等权利得不到有效维护；渔民失海、失业问题日益突出。[②] 其中，渔民的收入情况是最直接、最直观地反映渔民群体生活状况的一项考察指标。渔民作为一个特殊的群体，其收入在构成和变化上与城镇居民和农村居民有着很大的差别，并有其自身的特点。

从 2000 年到 2010 年，这 11 年来渔民人均纯收入是呈逐渐上升的趋势的。从 2000 年的 4725 元逐步上升到 2010 年的 8962.81 元。[③] 在与农村居民和城镇居民的比较中笔者发现，渔民收入整体高于农民，但低于城镇居民，且与城镇居民收入的差距逐年增长。数据显示，全国渔民家庭人均纯收入总体上高于农村居民人均纯收入，但远低于城镇居民可支配收入，且沿海渔民的收入高于全国渔民的平均水平（见图 1）。2000 年，城镇居民人均可支配收入为 6280 元，渔民人均纯收入为 4725 元，二者相差 1555 元。而到了 2010 年，城镇居民人均纯收入达到了 19109 元，而渔民人均纯收入仅为8962.81 元，二者差距为 10146.19 元。这 11 年来，城镇居民的收入增幅达

[①] 农业部渔业局监制：《中国渔业统计年鉴》（2011 年卷），中国农业出版社，2011。

[②] 韩立民、任广艳、秦宏：《"三渔"问题的基本内涵及其特殊性》，《农业经济问题》2007年第 6 期。

[③] 本文所用数据均来源于中国农业出版社 2000－2011 年出版的《中国渔业统计年鉴》和国家统计局网站公开发布的《中国统计年鉴》数据库中的相关数据。

到 204% ，而渔民收入的增幅仅为 89.7% ，即使是收入相对较高的沿海地区，其增幅也仅为 114% 。相对于呈加速增长趋势的城镇居民人均可支配收入来说，渔民人均纯收入的增长幅度越来越趋缓和，也就是说渔民整体的生活水平和城市居民的差距正在逐渐加大。

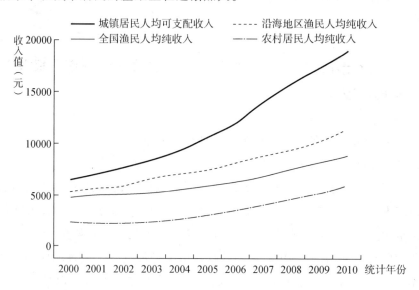

图 1　2000—2010 年渔民与城镇居民、农村居民收入增长状况①

造成渔民和城镇居民收入差距不断加大的原因可以从两个方面来分析。从经济发展的角度来看，"城市经济体制改革全面推开，大大推动了城市经济的发展，城镇居民收入增加很快，超过了渔民收入增长速度。企业自主权的扩大、分配上的逐渐自主使价格提高、放开所产生的利益很快转化为个人收入的快速增加"。② 而渔业产业结构的调整和产业发展的速度远不如城市经济的发展速度。"我国渔业在资源和市场的开发上仍带有一定的盲目

---

① 本文全部图表根据中国农业出版社 2000 - 2011 年出版的《中国渔业统计年鉴》中"渔民人均纯收入"以及"渔民家庭收支情况调查"等统计指标数据和国家统计局网站公开发布的《中国统计年鉴》数据库中的相关指标数据整理绘制。特殊说明：2000 - 2008 年的《中国渔业统计年鉴》中的数据均为当年的统计数据，2010、2011 年的《中国渔业统计年鉴》以正式出版年份为标序，但其中数据分别为 2009、2010 年的统计数据。图表中涉及沿海渔民的相关数据均为《中国渔业统计年鉴》中各指标对应的沿海各省的数据所取得的平均值。抽取省市包括天津、河北、辽宁、上海、江苏、浙江、福建、山东、广东、广西、海南。

② 程慧荣：《中国渔民收入问题研究》，中国海洋大学硕士论文，2005，第 13 页。

性，不同程度地出现了区域性和结构性的产品过剩、价格下跌等问题。产业结构调整的启动和保障机制尚不健全，渔业产业化水平还比较低，进程缓慢；水产品缺乏国际竞争力。"[1] 从环境的角度来看，城市经济发展多依靠第二、第三产业，而这些产业对环境的依赖程度并不是很高。而渔业几乎完全是第三产业，而且对环境的依赖程度很高。我国渔业的支柱是海洋渔业，而近年来沿海地区污染排放过量和水产品捕捞养殖的过度，都对沿海生态和环境造成了很大的影响。加之中韩、中日、中越三个渔业协定的签署生效，使沿海地区的渔场范围进一步缩小，这些都对渔民的收入造成了巨大的影响。

二　当前渔民收入结构与城镇居民和农村居民收入结构的比较

渔民的收入不仅在总量变化上与城镇居民和农村居民有所差异，在收入结构方面也有很大的不同。这里从 2008—2010 年《中国渔业统计年鉴》中"渔民家庭收支情况调查"的数据入手，对渔民家庭收入的结构进行具体的分析，进而得出渔民收入结构有别于城镇居民和农村居民的特点。

渔民家庭全年总收入是指调查期内被调查对象从各种来源渠道得到的收入总和。按收入的性质划分为家庭经营收入、工资性收入、财产性收入和转移性收入。经营性收入，指渔民以家庭为生产经营单位进行生产筹划和管理而获得的收入；包括出售水产品的收入和家庭其他经营收入。工资性收入指渔民家庭成员受雇于单位或个人，靠出卖劳动而获得的收入；包括渔业行业收入和其他行业收入。财产性收入，指金融资产或有形非生产性资产的所有者向其他机构单位提供资金或将有形非生产性资产供其支配，作为回报而从中获得的收入；包括息金收入、租金收入、土地或水面转包收入、土地征用补偿和其他财产性收入。转移性收入，指渔民家庭或成员无须付出而获得的货物、服务、资金或资产所有权等，不包括无偿提供的用于固定资本形成的资金；一般情况下，指渔民家庭在二次分配中的所有收入，包括家庭非常住人口寄回或带回、亲友赠送所得收入，救抚金，生产补贴和其他转移性收入。其他收入，即除了以上收入以外的其他来源的

---

① 韩立民、任广艳、秦宏：《"三渔"问题的基本内涵及其特殊性》，《农业经济问题》2007年第6期。

收入。[①] 城镇居民和农村居民收入的构成部分也基本与渔民收入的构成部分相同，因此相互之间可以进行对应比较。比较三年的统计数据可以发现，渔民的收入结构各部分的比例与城镇居民和农村居民的收入结构各部分的比例有很多的不同之处。

1. 渔民收入结构特点

渔民收入结构的主要特点是经营性收入比例很高且有下降趋势，其他收入比例较低，其中工资性收入有上升趋势（见图 2）。渔民家庭各项收入当中，经营性收入的比例最高，三年依次为 91.04%、87.97%、88.36%，总体比较稳定，基本呈波动下降的趋势。其次是工资性收入，2008 年为 4% 左

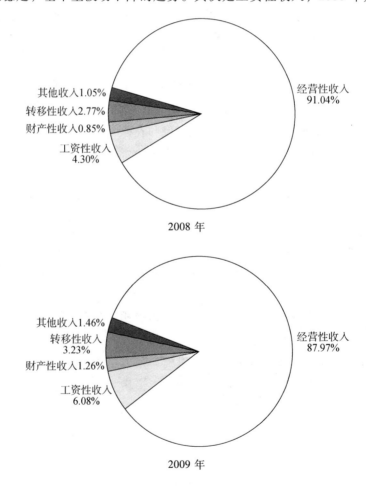

其他收入1.05%
转移性收入2.77%
财产性收入0.85%
工资性收入 4.30%
经营性收入 91.04%

2008 年

其他收入1.46%
转移性收入 3.23%
财产性收入1.26%
工资性收入 6.08%
经营性收入 87.97%

2009 年

① 农业部渔业局监制：《2011 中国渔业统计年鉴》，中国农业出版社，2011，第 129 页。

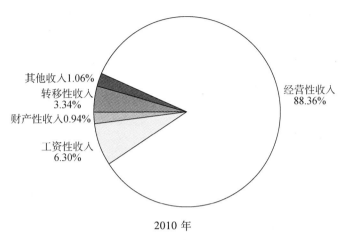

2010 年

图 2　渔民家庭收入结构

右，2009、2010 年上升到 6% 左右，基本呈波动上升的趋势。第三位是转移性收入，基本在 3% 左右。最后是财产性收入和其他收入，两者基本占到总收入的 1% 左右。总体来看，渔民的收入结构中经营性收入占到了非常高的比例，在收入结构中的地位非常重要。

再进一步分析渔民收入结构中的经营性收入部分（见表 1），其中包括两个部分，一是经营渔业，即出售水产品的收入，二是其他经营性收入。其中，经营渔业收入占全部家庭经营性收入的比例很高，基本都在 92% 左右。进而可见，经营渔业的收入占渔民家庭总收入的比例也很高。因此，可以推断，目前渔民家庭的收入主要来源于经营渔业。

表 1　渔民经营性收入结构

单位：元,%

年　份	家庭经营性收入	经营渔业（出售水产品）收入	比　例
2008	172519. 37	159293. 56	92. 3
2009	173851. 53	158546. 47	91. 2
2010	166074. 07	152678. 76	91. 9

值得进一步分析的是渔民收入结构中的转移性收入部分（见图 3），其包括五个部分：①家庭非常住人口寄回或带回；②亲友赠送；③救济金、救灾

款、抚恤金；④生产补贴；⑤其他转移性收入。其中，所占比例最高的是生产补贴，三年依次为 73.02%、67.44%、67.06%，呈现逐年下降的趋势。其次是家庭非常住人口寄回或带回，依次为 15.35%、18.65%、20.90%，呈现逐年上升趋势。第三位是其他转移性收入。第四位是救济金、救灾款、抚恤金，依次为 5.72%、3.17%、1.76%，呈现逐年下降的趋势。最后是亲友赠送所得收入。

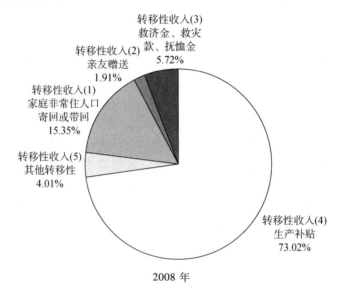

2008 年

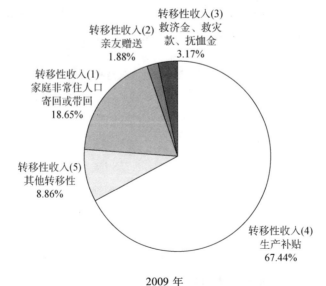

2009 年

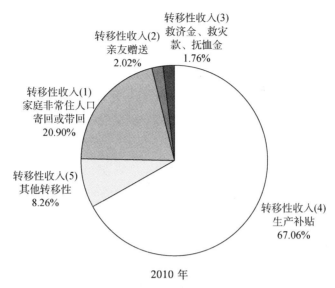

图 3　渔民转移性收入结构

2. 农村居民收入结构特点

农村居民收入结构的主要特点是经营性收入比例最高且呈现下降趋势，工资性收入比例仅次于经营性收入且逐年上升（见图 4）。农村居民收入当中，占最大比例的同样是家庭经营收入，这一点与渔民家庭是相同的。但是，其经营性收入的比例并没有渔民家庭经营性收入比例那么高，三年依次为 64.20%、61.89%、60.81%，都未超过 65%，而渔民家庭中经营性收入比例均超过 85%。同时，农民家庭的经营性收入的比例也在逐年下降，而

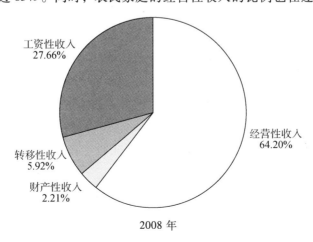

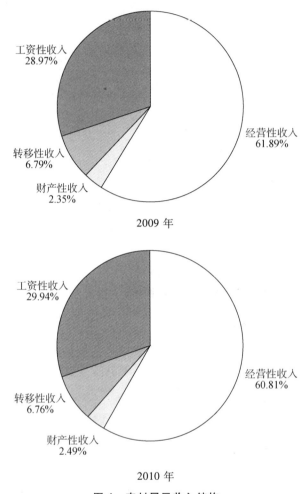

图 4 农村居民收入结构

且是稳步下降，并没有波动的现象。其次是工资性收入，三年依次为
27.66%、28.97%、29.94%，这一比例远超过渔民家庭工资性收入的比例，
而且也呈现逐年稳步上升的趋势。第三位的是转移性收入，依次为 5.92%、
6.79%、6.76%，这一比例也高于渔民家庭，几乎是渔民家庭的 3 倍，而且
也处于上升的趋势。最后是财产性收入，基本在 2.5% 左右。

3. 城镇居民收入结构特点

城镇居民收入结构的主要特点是，工薪收入最高，其次是转移性收入，
且各项收入的比例都比较稳定。城镇居民收入中，比例最高的是工薪收入，
三年依次为 66.20%、65.66%、65.17%，远高于农村居民和渔民家庭，这

是与农村居民和渔民最大的不同之处；而且比例比较稳定，基本都维持在65%左右。其次是转移性收入，依次为 23.02%、23.94%、24.21%，这一比例变化也不大，基本都维持在 24% 左右。这也是与农村居民和渔民差距较大的一项收入，因为农村居民和渔民的转移性收入都在 10% 以内。第三位的就是经营性收入，依次为 8.52%、8.11%、8.15%，这一类型收入比例也不同于农村居民和渔民家庭。这里值得注意的是，与农村居民和渔民家庭相比，城镇居民收入各部分的比例在三年内变化都不大，可见其收入结构是比较稳定的。

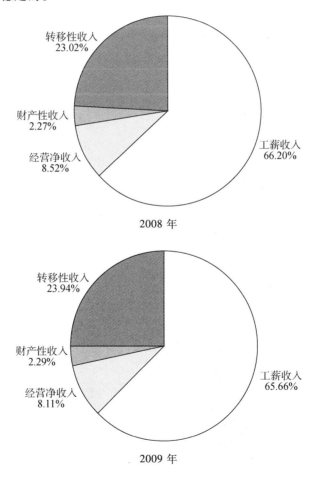

2008 年

2009 年

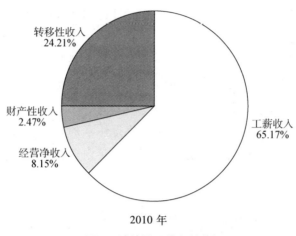

2010 年

图 5　城镇居民收入结构

三　渔民收入的结构性问题及其影响

1. 收入来源单一，收入结构严重不合理

渔民收入结构的不合理性主要体现在经营性收入的比例过高，其他来源收入比例过少。从 2008、2009、2010 三年的统计数据来看（见图 2），经营性收入占全年总收入的比例都在 85% 以上，占了渔民全部收入的很大一部分。而在渔民家庭的经营性收入中，渔业经营收入所占的比例更高（见表 1），三年都达到 90% 以上，由此可推知，渔业收入在渔民总收入中的比例也较高，与农村居民收入相比，存在一定差异性。虽然在农村居民收入结构中，家庭经营性收入所占的比例也最高（见图 4），但是都未超过 65%。这一比例和渔民相差了 20 多个百分点。而与城镇居民的收入结构对比则差别更为明显（见图 5）。城镇居民收入中，比例最高的是工薪收入，其次是转移性收入，经营性收入排在第三，仅占总收入的 8.5% 左右，远远低于渔民收入中这一比例。由此可见，对于渔民群体来说，家庭经营收入，尤其是经营渔业部分的收入是最主要的经济来源，而其他来源的收入很少。

渔民收入结构的这一特点，一方面反映了渔民生产和渔业产品的市场化程度很高。因为渔民的生产成果与农民有很大的不同，渔民收获的是捕捞或养殖的水产品，大部分是需要新鲜上市的，所以，渔民的生产产品用于自我消费和储藏的部分很少，基本上都是产出后就进入市场买卖。而农民收获的是农作物，大部分是粮食，粮食是可以储藏的，这样就不会在收获之后马上进入市场。而且粮食收购有国家政策的保障，有专门的国家机构来收购，农民面临的风险比较小。而渔民的水产品则完全依赖于水产品市场，市场是不稳定的，因此渔民面临的风险比较高。另一方面也反映了渔民的收入来源和渠道非常单一。在这种单一的收入来源情况下，一旦家庭渔业经营遭遇自然灾害、市场萎缩、政策调整等不利因素，造成渔业经营亏损，渔民收入就会急剧减少，将会直接导致部分渔民家庭陷入贫困。因此，高风险加上单一渠道的收入来源会导致渔民家庭处于一种相对不稳定的状态，一旦受到外界环境急剧变化的影响，渔民家庭生活可能会陷入危机。例如近年来逐步实施的沿海渔民转产转业政策，使大部分渔民退出渔业行业。这样必然会导致其经营渔业部分的收入比例减少。在这种情况下，如果还要保证其收入的增长，就必须提高其他部分的收入的比例，否则渔民的生活将会面临困境。

2. 收入的稳定性相对较低，风险较大

在渔民收入结构中的各项非经营性收入中，工资性收入的比例是相对较高的，而且呈现逐年上升的趋势（见图2）。在这一点上，渔民的变化是和农民相似的，农村居民的工资性收入比例也在缓慢地提升（见图4）。但值得注意的是，两者虽然变化趋势相似，其比例却相差很大。农村居民的工资性收入比例都超过了25%，2010年已达到29.94%，这几乎是渔民的5倍。而城镇居民的收入当中比例最大的就是工薪收入，而且比例相对稳定，基本在65%左右。由此可以看出渔民生活相比于城镇居民和农村居民具有风险性更高的特点。因为比较而言，工资性收入比经营性收入有更好的稳定性，一般在一定时期内不会有太大的变化。而经营性收入易受到环境、市场、政策等方面的影响，风险会比较大。渔民收入中工资性收入所占的比例过小，其对总收入的影响就很小，所以，渔民收入的稳定性和城镇居民和农村居民相比要低很多，进而其生活的风险性就更高。

3. 社会保障收入严重缺失

收入结构中的转移性收入也是反映生活状况的重要指标，它尤其体现了国家在社会保障、福利救助方面的投资力度和效果。渔民的转移性收入具有不同于其他群体的特点，主要体现在两个方面。

一方面，渔民转移性收入占总收入的比例较之于城镇居民和农村居来说都非常低（见图 2、4、5）。渔民的转移性收入比例仅为 3.3% 左右，而农村居民的转移性收入比例为 6.7% 左右，城镇居民的转移性收入比例更高，仅次于工薪收入，达到总收入的 20%。可见，渔民群体所获得的二次分配的收入比例非常小，经济快速发展的成果并没有惠及渔民群体。

另一方面，渔民转移性收入中生产补贴所占的比例过大，社会保障性收入比例过少。进一步分析渔民转移性收入的内部结构会发现（见图 3），生产补贴的比例最高，达到 70% 左右，而救济金、抚恤金、救灾款的比例最低，三年来分别为 5.72%、3.17% 和 1.76%，不仅比例小，而且呈现逐年减少的趋势。这种转移性收入中所体现的"生产过高、福利过低"的特点存在着很大的弊端。"生产过高"的弊端在于，渔业生产补贴在渔民的非经营性收入中虽然是最重要的一项收入，但是从本质上来看是不利于渔业的长远发展的，可能会造成很多的负面影响，例如，提高捕捞能力，对渔业资源造成潜在的威胁；对鱼类种群和鱼品国际贸易造成影响；造成渔业贸易扭曲等等。① 另外，从某种程度上来说，部分渔业补贴是不利于渔民的转产转业的，因为部分渔民会因为求得渔业补贴而放弃转产，甚至会有外部的人员为了获得补贴而进入渔业。渔业生产补贴过高也会使我国在国际条约中处于不利地位。"福利过低"的弊端则在于，属于保障性救济金、抚恤金等方面的保障性、福利性的补贴比例过少，渔民的基本生活得不到应有的保障。渔业生产相对于农业生产和其他产业来说，危险系数更大、技术性更强、退休年龄更早，对于渔业伤残人员和退休人员的生活保障投入应该高于其他群体。而从现有的情况来看，保障性的收入占总收入的比例是非常小的，说明很多渔民不是靠福利或救助来获得基本的生活保障，依然还是依靠家庭经营来维持基本生活。可是一旦发生意外事件，渔民的生活保障堪忧。

4. 与城镇居民收入差距继续扩大

从近十年的数据来看，渔民收入虽然呈现逐年上升的趋势，但是其与城镇居民收入的差距正在逐步扩大。这样就使渔民群体在经济方面的地位逐渐下降。而经济地位是考察某一群体在社会中所处位置的重要指标之一。如果这种收入的差距继续扩大，渔民群体的社会地位也将不断下降，逐渐

---

① 陈述平、蔡春林等：《渔业补贴研究》，对外经济贸易大学出版社，2010，第 20－21 页。

被甩到社会的底层，进而成为弱势群体，不断遭到社会的排斥，被社会主流边缘化。例如，近年来出现的"失海渔民"群体，就可以看成是新的弱势群体。"失海渔民收入的缓慢增长、劳动力市场和消费市场的排斥导致其经济地位的下降；参与海洋管理权的缺失和利益表达渠道的不顺畅导致其政治地位的下降；普遍较低的文化程度、文化资源的短缺以及相对传统的价值观念导致其文化地位的下降。经济上的贫困、政治上的落后、文化上的匮乏在客观上造成失海渔民失去向上流动的机会，事实上处于边缘化的状态，成为被社会忽视的群体。"① 失海渔民是渔民中的典型群体，其社会地位的下降可以从局部反映渔民群体的发展趋势。仅从经济地位上来看，如果渔民收入与城镇居民的收入差距继续拉大，渔民群体也有可能被全社会边缘化，成为更大的弱势群体。

总体来说，渔民收入的特点可以从一个侧面反映出渔民家庭的生活状况：多以经营渔业为主，主要依赖出售水产品获得收入，生活的风险很大；生活的基本保障主要依靠亲友而不是国家的福利和补助。当然，这只是从收入这一个方面来对渔民的生活状况进行简单的描述，如果要全面了解渔民生活状态还需要从支出、教育、医疗等各个方面进行分析。但是，仅从收入的角度来看也能够反映出问题，那就是渔民作为一个特殊的群体，其生活状况并不乐观，在缺乏基本保障的情况下却面临着比城市和农村更大的生活风险。因此，如何提高渔民收入，加强渔民基本生活保障，降低渔民生活风险，是目前亟须解决的主要问题。

---

① 同春芬、董黎莉：《我国"失海"渔民社会地位初探》，《江南大学学报（人文社会科学版）》2011 年第 2 期。

海洋渔业转型与政府职能定位[*]

王书明　刘炜宝[**]

摘要：当前我国正处在社会经济转型的关键时期，海洋渔业也由"传统渔业"向"现代渔业"转变，这就要求政府明确职能定位以便推进海洋渔业的现代化进程。目前我国海洋渔业发展中存在的主要问题是：渔业纵深发展面临瓶颈、渔村面临"终结"、渔民组织制度弱化。要实现现代渔业的目标，政府的职能定位必须围绕发展高效生态渔业、建设现代渔村、建立健全渔民组织的总体要求，为渔业的顺利转型制定良策。

关键词：政府职能　生态渔业　现代渔村　新渔民

关于政府职能是什么，不同的学者有不同的界定。萨缪尔森等人认为，政府的经济职能是提高效率，具体包括抑制或禁止垄断、促进竞争，解决（或减少）外部经济效应，鼓励公共物品生产和提供公共物品等；增进平等，通过累进税和转移支付等增加穷人的收入、减少富人的收入；促进宏观经济稳定和刺激经济增长。1997 年世界银行对政府职能做了如下的规定：确立法律基础，保持一个健康的政策环境，投资于基本的社会服务和社会基础设施，保护弱势群体，保护环境。[①] 具体到海洋渔业，政府的职能主要体现在国家海洋行政机关的职能上，即以与海洋有关的法律为依据，对海洋渔业、渔村与渔民进行管理，其应承担的职责和所具有的功能包括：提

---

* 中央高校基本科研业务费专项资金·"南中国海"问题项目"国土资源管理视角下南海问题研究"（201362005）的阶段性成果。

** 王书明（1963—）男，山东蓬莱人，博士，中国海洋大学法政学院教授，主要研究方向为海洋社会学、海洋与生态文明建设。刘炜宝（1986—）男，山东临沂人，中国海洋大学法政学院行政管理专业研究生，研究方向：海洋与环境管理。

① 欧文·E. 休斯：《公共管理导论》，中国人民大学出版社，2007，第 104 页。

高海洋渔业效率，在公平的基础上增加渔民收入，促进渔业的持续发展，增加对海洋渔业发展的社会服务和基础设施建设的投入，保护海洋环境等。

一　我国海洋渔业转型面临的问题

近年来，我国海洋渔业在海水养殖业、近海捕捞业、远洋捕捞、水产品加工及新兴海洋生物产业方面取得了巨大的成就，这是不可否认的事实，但我们不能因为所取得的成就而忽视海洋渔业发展中存在的问题。工业化、城镇化的快速推进，对海洋产生了不可逆转的影响，进而影响海洋渔业。概括说来，海洋渔业发展中主要存在以下挑战：渔业发展困难、渔村面临"终结"、渔民组织制度弱化。这也成为我国海洋渔业转型中必须面对且要解决的问题。

（一）海洋渔业纵深发展面临瓶颈

改革开放以来，我国渔业在世界渔业中的地位迅速上升，从 1989 年起至今，总产量一直居世界首位。[①] 虽然取得了如此大的成就，但海洋渔业基本上是"粗放型"发展方式，其经济效益、环境效益与社会效益不高。当前海洋渔业向纵深发展面临诸多挑战：第一，海洋环境质量不断恶化。据《2012 中国海洋环境状况公报（征求意见稿）》显示，我国管辖海域海水环境状况总体较好，但近岸海域海水污染依然严重。第二，海洋渔业资源产权界定困难，导致"公地悲剧"。海洋鱼类资源在水域中自由活动，具有流动性，这就产生了无主物或者共有财产的特质。加上自古以来人们就认为海洋是公共活动的领域，使得海洋渔业资源具有典型的共有财产的特性，渔民的过度捕捞在所难免，进而导致对渔业资源掠夺性甚至是毁灭性的利用，个人理性的策略导致集体非理性的结局。[②] 我国渔业产权面对着两大威胁。一是权属主体的缺失、模糊或虚置。广义上讲渔业法中有关物权的规定都属于物权法。所谓物权是权利人直接支配其标的物，并享受其利益的排他性权利。渔业属于大农业，历来农民以土地为生，渔民以海谋生，可

---

① 高健：《制度变迁与中国海洋渔业的可持续发展》，上海科学普及出版社，2006，第 2 - 4 页。
② 谢识予：《经济博弈论》，复旦大学出版社，1997，第 59 - 63 页。

以说海洋是渔民（特别是海岛渔民）生存的最基本的物质条件。《中华人民共和国土地管理法》《中华人民共和国农村土地承包法》对土地的权属主体、农民的权益作了较明确的规定，而在与渔业相关的法律中，从来没有出现过渔民的概念，也没有把渔民当作法律主体，导致权属主体缺失。物权的五大特征中第一个特征就是对世性，即物权的权利主体总是特定的，而义务主体总是不特定的。农业部颁布的《渔业捕捞许可管理规定》第二条载明，"中华人民共和国公民、法人和其他组织从事渔业捕捞活动，以及外国人在中华人民共和国管辖海域从事渔业捕捞活动，应当遵守本规定"。如果说这是对权利主体厘定的话，那么这种权利主体的多样性导致了渔业权利主体的模糊不清或虚置，权益不明，违背了物权要求权益主体特定的要求。[①] 权利主体不明必然提高权利保护的成本与代价，甚至使权利无从维护。二是权属状态不稳定。这主要表现在渔业权的取得方式上，以及这种权利设立以后可享受的民事权利上。目前我国涉及渔业权的相关立法，尤其是《中华人民共和国海域使用法》，都是以国家对该水域的国家所有权为基础而产生的，国家基于其所有权人的身份，有权决定这种渔业权的设定、变更和消灭。因而，在实践中就容易产生政府权力扩大化的现象，导致滥用行政权力、侵犯渔民权益。同时，目前在我国渔业权被认为是一种附属于行政的权利或由行政许可获得的权利，从而导致渔业权无法取得独立的、与其他民事权利平等的地位，极大地妨害了渔业权人的权利，使渔民无法积极主张自己的权利。[②] 因此，当前虽然在制度上实现了渔民权利，但在实际中这种权利却是极不稳定的。三是我国海洋渔业产业结构层次不高，渔业效益水平低下。在我国海洋渔业产业结构中，第一产业的产值约占总产值的 53.1%，第二产业为 24.64%，第三产业仅占 22.26%。这表明，在渔业经济总产值中，科技含量相对较低的第一产业却创造了大部分的产值，水产品深加工和产业化水平较低；第二产业和第三产业的产值所占的比例不高，说明渔业的产业集约化水平较低。我国水产品总产量位居世界第一，但其加工量不到总产量的 1/3。[③] 这突出反映了我国海洋渔业产业结构不合理、层次不高，海洋渔业仍处于粗放经营的发展水平上，仍采用单纯依靠

---

① 刘舜斌、徐培琦：《现代渔业制度改革与渔民权益保护》，《中国渔业经济》2012 年第 1 期。
② 刘舜斌、徐培琦：《现代渔业制度改革与渔民权益保护》，《中国渔业经济》2012 年第 1 期。
③ 杨林、马顺：《海洋渔业产业结构优化升级的目标与对策研究》，《海洋经济》2011 年第 4 期。

开发初级资源和低廉劳动力的初级发展模式。在这种模式下，虽然我国海洋渔业在短期内取得了相对好的经济效益，但是这种效益的取得是建立在付出高昂的社会成本与环境成本的基础之上的，从长远看，这种模式既不利于提高渔民的经济效益，又很难维持渔业的健康发展。因而，当前海洋渔业转型的目标之一就是实现渔业从粗放经营向集约化经营转变，在不断提高渔业发展的经济效益的同时，更多的关注渔业的社会与生态效益，发展生态与健康渔业，实现海洋渔业现代化。

（二）海洋渔村面临"终结"

海洋渔村是海洋渔业发展的载体，对海洋渔业的健康持续发展具有重要作用。随着我国社会经济的转型，工业化、城镇化的推进，海洋渔村的生存空间不断受到"挤压"，甚至被取代。当前，海洋渔村受到的冲击主要来自海洋资源的开发、工业化、城镇化和行政体制变革这四个方面。首先，海洋资源开发对海洋渔村的影响。由于我国人口数量庞大、社会经济强劲增长，需要有足够的资源来支撑；加之内陆资源开发成本较高，具有地缘优势的沿海海域成为资源开发的理想场所。因此，当沿海海域发现有资源可开发，且开发的预期收益高于渔业时，海洋渔业发展就让位于其他资源开发，海洋渔村会随着资源的开发而逐渐失去海洋渔村的特征而发生变迁。其次，工业化对海洋渔村的影响。工业化对海洋渔村的影响主要表现在两个方面：①促进产业升级。工业化促使海洋渔村产业升级，渔村的发展水平与发展层次会得到提高。②导致渔业被迫转型。工业化产生的大量污染，会导致渔业发展的环境发生不可逆转的变化，甚至无法再进行渔业发展，从而迫使渔业转型。而这两个方面产生的结果就意味着原有海洋渔村的"终结"。再次，城镇化推进对海洋渔村的影响。这主要表现在：城市化打破了村庄的自然边界，将整个渔村纳入城市的体系，运用市场和行政的双重力量，改变传统渔村的产业结构与渔民的职业和身份，以其强大的现代推力促使整个渔村发生巨变。[①] 最后，行政体制变革对海洋渔村的影响。行政体制掌握着资源的分配权，其通过对渔民身份的法律确认，进而以此为

---

① 唐国建：《海洋渔村的"终结"——海洋开发、资源再配置与渔村的变迁》，海洋出版社，2012，第97页。

标准分配资源，这样就以行政的力量打破了渔村的相对整体性，瓦解着渔村的"社会边界"①。

（三）渔民面临的挑战

在我国这个以种植业为主的农业大国里，对以海洋捕捞为生计的渔民重视程度不够。这既与海洋渔民自身有关，又受到外部因素的影响。

1. 海洋渔民自身的问题

作为海洋渔业发展的主体——海洋渔民，其自身主要存在以下问题。第一，渔民的"经济人"效应。按照"经济人"假设理论，经济人就是以完全追求物质利益为目的而进行经济活动的主体，人人都希望以尽可能少的付出，获得最大可能的收获，并为此不择手段。海洋渔民为了获得最大可能的捕获量，在捕捞过程中基本不考虑长远的利益，成为海洋渔业中的经济人，这对海洋渔业的可持续发展造成了威胁。第二，海洋渔民的知识技术水平不高导致海洋渔业现代化进程动力不足。我国虽然有上千万的海洋渔民以及数万个海洋渔村，但海洋渔民的整体知识技术水平不高。目前我国全民教育水平还不理想。我国农村居民中，文化程度在小学以下的占40%左右，初中文化的大概占 50%，还有 5% 左右的文盲，大专以上学历的只有不到 5%。② 而渔业系统大专以上的比例还要低，导致现代海洋渔业理念很难被他们接受，先进的海洋渔业技术推广困难，渔民的文化教育水平低已经成为我国实现渔业现代化最大的制约性因素。第三，渔民的分散化经营降低了其抗风险能力。我国渔业以承包制为主的体制将原来属于集体的渔业权转包给个人，即个人获得了入渔权。但个体公民获得渔业权并不是以他的身份来自然获得的，而是通过市场竞争的方式取得渔船的船号来实现的。承包者获得的不仅仅是渔船等生产工具，他还获得了海洋资源的使用权。这种将资源使用权转让的方式实质上是以市场规则来运作村民对生产资料的占用权，其结果不仅导致了村民对海洋资源的占有权的变化，

---

① 唐国建：《海洋渔村的"终结"——海洋开发、资源再配置与渔村的变迁》，海洋出版社，2012，第 134 页。

② 杨子江、阎彩萍、董烈之：《论现代渔业公共政策客体——基于渔业现代化的公共政策客体分析》，《中国渔业经济》2009 年第 6 期。

也导致了村民在经济活动中的人际网络变化。① 实行承包制后，少数成为渔船主的村民和多数成为"渔工"的村民之间在生产活动中形成了雇佣关系，大渔船主和其所雇佣的渔民构成了相对独立的团体，这样相对独立的团体形成了竞争关系，同时也降低了其抗风险的能力。

2. 渔民面对的外部挑战

海洋渔民不仅自身存在问题，同时也面临着来自外部的威胁。首先，国家政策对渔民的影响。相关政策加快了渔民的阶层分化。这主要是由于决策者在政策的设计上没有区分渔业与渔民，也没有区分渔业与农业，很多政策套用农业的做法，而使政策的效果与政策设计的初衷相去甚远。渔民作为弱势群体需要扶持、关心，而渔业目前属于限制、控制、调整的产业，然而我们在制定政策时把对渔民的同情转化成对渔业的扶持，在限制渔业的同时，又出台了许多扶持渔业的政策，② 这些政策反而加快了渔民的阶层分化。其次，市场因素对渔民的影响。随着我国社会主义市场经济不断深入发展，市场对社会经济的作用日益彰显。一个健康成熟的市场，必定要求生产者提供高质量的产品，并且有完善的质量标准、规范与规定来衡量产品。然而，由于我国对水产品质量的监督检测机制不健全，质检机构少、人员少、经费不足、技术水平低，加上我国的质量标准与国际标准还存在一定的差距，这种市场背景下提供的水产品附加值不高，甚至部分产品的质量都无法保证，因此无法参与到国际市场的竞争中去。最后，风险因素对渔民的影响。由于我国当前处在社会经济的转型期，风险因素无处不在，海洋渔业在发展中也面对各种风险因素，渔民因这些风险因素付出了过高的代价。我国海洋渔业的发展不仅仅受到自然灾害的威胁，如台风、赤潮、浒苔等，还受到人为因素所致事故的影响，如海洋溢油事故、海洋船舶碰撞事故等造成的损失。2010 年 1~8 月份，我国共发生渔业船舶水上生产安全事故 157 起，死亡（含失踪）230 人，比 2009 年同期增长 42%，渔业的安全生产形势严峻。③ 而商船渔船碰撞事故形势更是严峻，2006~2011 年，渔船商船碰撞事故 268 起，死亡（含失踪）多达 562 人，

---

① 唐国建：《海洋渔村的"终结"——海洋开发、资源再配置与渔村的变迁》，海洋出版社，2012，第 151－153 页。
② 刘舜斌、徐培琦：《现代渔业制度改革与渔民权益保护》，《中国渔业经济》2012 年第 1 期。
③ 《中国渔业年鉴》，农业出版社，2011。

平均每起事故就有 2.1 人丧身，95% 以上的渔船沉没。[①] 这些因素增加了渔民的生产生活的风险和不确定性。

二　政府职能定位：推动"三渔"现代化

针对我国海洋渔业转型中存在的主要问题，政府的职能必须围绕发展高效生态渔业、建设现代渔村、建立健全渔民组织的总体要求和定位，面对渔业发展遇到的困境，既要研究问题产生的根源，又要探究问题产生的直接原因，坚持标本兼治，推进渔业转型，实现渔业现代化。

（一）发展高效生态渔业，实现渔业现代化

发展高效生态渔业是实现渔业现代化的必由之路，也是提供生态、健康水产品的必然要求。而生态渔业的发展离不开良好的生态环境、明确的渔业产权、合理的渔业产业结构。对此，政府的职能应做出相应的转变。

1. 改善渔业发展环境，为渔业发展提供良好的环境基础

根据我国海洋局发布的《2006—2012 年中国海洋环境状况公报》与农业部和国家环保总局发布的《2001—2011 年中国渔业生态环境状况的公报》，我国海洋渔业环境呈现恶性发展趋势，近海海域海水污染尤其严重。面对如此严重的渔业环境问题，政府应当在制度层面有所作为：从长远目标来看，要坚决贯彻执行我国环境保护战略，对官员的政绩考评机制由以经济为主要指标转变为重视经济与环境并举，建立严格的环境污染追责机制等；从近期来看，要建立健全海洋环境信息公开机制，运用水生探测技术和卫星遥感遥测技术提高海洋环境监测水平[②]，调查海洋渔业污染的来源并进行治理，建立海洋污染治理实验区，大力提高海洋环保技术。

2. 厘清渔业产权归属，为渔业发展建立良好的利益机制

产权明晰是发展市场经济的必然要求，对渔业资源实施产权化管理，建立起以权利为中心的渔业管理制度是建立现代渔业的必然趋势。然而，由于诸多因素，尤其是经济方面的因素，厘清产权的过程并不是一帆风顺

[①] 栗倩云、曾省存：《商船与渔船碰撞问题研究》，《中国渔业经济》2012 年第 2 期。

[②] 王森、胡本强、辛万光、戚丽：《我国海洋环境污染的现状、成因与治理》，《中国海洋大学学报（社会科学版）》2006 年第 5 期。

的，"公地悲剧"不断上演。政府作为社会公共利益的"代言人"，在厘清渔业产权、建立渔民权利制度、避免公地悲剧的发生上应采取有力措施：①要从法律上，明确渔业权权利主体。②从我国国情出发，借鉴挪威的控制入渔、总可捕量制度（TAC）下的配额捕捞制度、个人配额（IQ）、可转让配额（ITQ）制度的经验，建立相对公平的渔业资源产权制度。①③完善相关的配套制度。当前渔业产权问题是极其复杂的，依靠一项政策是很难解决的，这就需要围绕渔民的权利制度建立相关的配套制度，切实建立起渔业产权的政策体系。

3. 优化海洋渔业产业结构，提高海洋渔业的竞争力

产业结构升级是转变经济发展方式的必然要求。当前，我国正处在社会经济转型的关键时期，海洋渔业必须进行产业结构优化，才能不断适应我国社会经济发展的要求。政府应该在海洋渔业产业结构优化中做到：改革海洋渔业经营机制，优化渔业组织结构；鼓励渔业发展二、三产业，重点支持水产品加工业，努力推动渔用饲料和渔药工业上档次、上规模、增效益，积极发展水产和渔需物资流通业、休闲渔业；切实保护渔业资源，优化海洋捕捞结构；②依托地域优势，以市场为导向，指导规划发展品牌渔业。海洋渔业产业结构调整是农业结构调整的重要内容之一，合理调整海洋渔业结构对于综合开发利用海洋国土资源、改善海洋生态环境、增加渔民收入、发展农业经济具有重要的意义。

（二）建设现代渔村，实现渔村现代化

渔村是指以一定的地理区域为基础，居民聚居程度不高、以渔业生产活动为主要生活来源的区域经济社会共同体。总体上看，渔村的社会结构和社会分工较简单，人口密度较低，人员素质不高，同质性强，流动性差，乡土文化浓厚。③当前，随着我国沿海开发的深入，海洋渔村正经受着海洋

---

① 郭建、勾维民、谷德贤：《主要渔业国家的渔业管理制度特征及启示》，《中国水产》2008年第2期。

② 王淼、权锡鉴：《我国海洋渔业产业结构的战略调整及其实施策略》，《改革与理论》2002年第11期。

③ 杨子江、阎彩萍、董烈之：《论现代渔业公共政策客体——基于渔业现代化的公共政策客体分析》，《中国渔业经济》2009年第6期。

资源开发、工业化、城镇化的冲击。渔村现代化是从区域角度凸显政府在海洋渔业转型中扮演的角色。当前和今后相当长的时期内政府需要优先考虑的政策着力点应该是如何在海洋资源开发、工业化、城镇化的过程中，促进海洋渔村的现代化。

（三）培养新渔民，实现渔民现代化

渔民是海洋渔业转型的主体，政府海洋渔业政策作用的最广大群体是渔民。现代化是社会现代化与人的现代化过程的统一，渔民现代化[1]在渔业现代化、渔村现代化中居于核心地位。现阶段我国处于社会经济转型的关键时期，渔民离现代化的要求还有一定的距离，不利于渔业、渔村现代化的实现。政府应该定位于改变当前渔民的状态，大力推进渔民现代化。

1. 树立科学的海洋渔业理念，实现渔业的可持续发展

渔业资源是渔业生产的基础，没有渔业资源就没有渔业的存在，更谈不上渔业现代化的发展。[2]当前我国渔业发展面临这样的挑战：为了获得最大可能的捕获量，海洋渔民在捕捞过程中基本不考虑长远的利益，成为海洋渔业中的"经济人"，这对海洋渔业的可持续发展造成了威胁。片面地追求生产总量的增长，使得我国海洋渔业在"粗放型"水平上徘徊，渔业的效益不高，因而，我国只是渔业大国而非强国。为此，在传统渔业向现代渔业的转型中，必须要树立科学、合理地开发利用资源的观念，实现渔业的可持续发展。

2. 提高海洋渔民的教育水平，提高其科技意识和文化素养

随着经济的高速发展，知识呈现爆炸性增长的趋势，成为推动经济和社会发展不可或缺的力量。没有一定科技意识和文化素养的人，无论如何都不能称为现代化的人。同样，离开科学技术与知识，海洋渔业的转型、渔民的现代化也是空谈。科学技术是第一生产力，海洋渔业的现代化最终要靠科学技术。政府要加强对渔民科技意识和文化素养的培训，让他们懂得如何运用先进的海洋渔业技术，并且意识到科技运用将产生的巨大经济效益。只有让渔民从渔业科技中得到切实的效益，渔民才会真正把科技运

---

① 同春芬：《海洋开发中沿海渔民转产转业问题研究》，《海洋开发与管理》2008 年第 1 期。
② 林学钦：《传统渔业向现代渔业转化论述》，《厦门科技》2003 年第 2 期。

用到渔业的实践中去。

3. 发展海洋渔业的合作组织，增强渔民的抗风险能力

由于当前我国处在社会经济的转型期，加之政府失灵和市场失灵，风险因素无处不在，渔民因这些风险因素付出了高昂的代价。面对无处不在的风险，渔民自身应该建立渔业合作组织，增加自身的社会资本。从社会资本理论的视角出发，社会资本是存在于社会关系中的一种隐性资源，这就为解决渔业发展中面临的困境提供了思路。构建渔业行业协会是增强渔民抗风险能力较为理想的选择之一，并且一个健康发展的渔业行业协会有利于改变渔民的社会地位和保护渔民的合法权益。根据我国目前渔业行业协会的现状，应该重点从以下几个方面进一步完善：培养渔民的法制意识与依法维权意识，以法律的形式确定渔业行业协会的地位，明确政府在我国渔业行业协会建设中的角色，加强渔业行业协会内部运行机制建设。[1] 渔业行业协会为渔民权益维护提供了良好的组织机制，同时政府也应该为渔民提供政策性的渔业保险，让渔民现代化进入健康的轨道。

---

[1] 庞成芳、慕永通：《渔业行业协会的地位和作用》，《中国渔业经济》2006 年第 6 期。

中国"三渔"问题的突围之途

王建友[*]

摘要： 近代以来伴随着国家的现代化转型，我国正从大陆国家向海洋国家转型。从实现海洋利用可持续发展看，化解"三渔"问题具有重要性和紧迫性。渔业问题的本质是渔业的过密化，渔民问题的本质是渔民的过溺化而无法实现现代化转型，渔村问题的本质是渔村的过疏化。化解"三渔"问题应当从建设和谐海洋社会方面来着手，特别是应着力通过现代渔业转型、渔村再生重生及渔民市民化的现代性转型等系统性思路来解决。

关键词： "三渔"问题 过密化 过疏化 过溺化 社会公共政策

一 引言

党的十六大以来，中央进一步加强了对"三农"的支持力度，出台了一系列惠农措施。近年来关于"三渔"问题的研究开始被学术界关注，由于"三渔"问题的涉及面比较广，因此不同研究者之间的视角、方法和侧重点各不相同。"三渔"问题是什么问题，如何产生，如何解决？从现有的文献看，大部分研究文献侧重于从转产转业、社会转型、提高渔民素质、增加收入、社会保障、渔农村建设、改良公共政策、渔业管理制度等角度进行研究，偏重于研究"三渔"问题的性质、成因及解决对策。从梳理现有的文献看，总体上，对"三渔"问题的认识被学者们以渔业为中心问题概括为以下三类：第一，仅停留在渔业问题的表现形式上；第二，把渔业问题归因于渔业资源的共有性质和渔民的寻租和搭便车行为；第三，制度安排所带有的激励机制与资源的共有性质和理性渔民的行为动机不相吻合。

---

* 王建友，男，山东莒南人，浙江海洋学院副教授，主要从事"三渔"问题研究。

虽然当前的研究从不同角度深入探讨了"三渔"问题中的一些重要的理论问题和实践问题，但是这三类问题的概括都没有超出渔业产业的效率目标的范围，也对该问题缺乏深层次的、系统性的、综合性的探讨，且过分关注现实可能会忽略学术的另一层面，那就是理论提升。以渔民的转产转业为例，现在的研究过分关注细微的问题和实证层面，在寻求解决方案时，一般都把眼光放在对单个问题且缺乏联系的补救措施上，而忽略了系统思维和价值关怀。

二 "三渔"问题的系统性特征

我国是渔业大国，渔民多、渔船多，渔业、渔区、渔民是"三渔"的重要组成部分。长久以来属于大农业范畴的渔业也和农业一样处于相同的位置，"三渔"问题的初级表现是如何提高生产能力、解决城乡居民的"吃鱼难"问题。在新中国成立以后的一段时间里，渔业发展缓慢，市场供应严重不足，城乡居民"吃鱼难"的问题十分突出。直到1978年实行改革开放政策以及1985年加快水产业发展的中央决定发布后，确定了"以养为主、两个放开、走出去"的渔业发展战略，中国渔业才得以快速发展。

近年来，我国渔业持续稳定发展，为保障水产品安全做出了重要贡献。可是由于渔业资源的公共资源属性，许多近海渔区已"无鱼可捞"，大量近海捕捞渔民要么转向养殖、远洋渔业，要么离船上岸。同时国际社会共有的公共渔业资源还有待开发。渔业的发展需要扩展空间，从近海扩展到远洋，渔区面积也将扩大，渔业装备需要现代化，而传统的渔民更要向现代渔业工人转变。同时随着沿海地区海洋开发的需要，渔业、渔村、渔民要为海洋经济发展让出空间和资源，部分渔民失海、失业，渔业收入锐减，一部分渔村因渔业衰退而凋敝。因此，"三渔问题"也有自身的特点，除了渔产品供应的经济问题外，还有获取海洋资源的资源问题，有拓展国家发展的空间及其可能引发的国家间争端的国际问题。

随着我国经济社会快速转型，渔业问题、渔民问题、渔村问题相互交织，构成了复合、严峻的"三渔"问题，而"三渔"问题事关我国海洋发展安全问题、海洋社会和谐建设。在很长一段时间内中国是一个内陆型的国家，但是随着当代社会经济的高速增长，陆域资源、能源、空间的压力日益加剧，人类已将经济发展的重心逐渐移向资源丰富、地域广袤的海洋世界，把人类经济活动的主战场逐渐移向海洋，人们开发海洋的目光首先投向海岸带的渔业资源，拓展自己的生存和发展空间。20 世纪 90 年代中期之后，渔业发展面临生产环境恶化、资源衰退及我国同周边国家海洋渔业协定的签署等资源、环境、发展空间的矛盾，促使渔业、渔民和渔村问题呈现出交织复合的态势。渔业生产呈现出"过密化"的结构性困境，渔业工业化、渔区城市化和渔民市民化不同步，渔民的转产转业更多采用跨行业、跨产业的"再就业"方式，渔村要素流动性加速、渔业产业收益不稳定性又迟滞了渔村社会发展。从包容性增长的角度看，渔民这一特殊群体因海洋开发的需要失海、失渔、失业，有权从经济社会发展中获得参与和共享发展成果的机会，以构建弘扬海洋和谐社会。从扩大内需方面看，我国涉渔人口有 2000 万人，如何提高这些渔民的购买力，扩大沿海地区渔农村的内需，以维护渔区的稳定、和谐是目前遇到的问题。在此背景下，人们才开始以"三渔"问题来代指原本分散的渔业、渔民、渔村问题。

以"三渔"问题来代称渔业、渔民和渔农村问题，表明我国已进入一个需要用系统思维来理解"三渔"问题的阶段。作为世界上最大的发展中国家，我国当前正在加快推进经济结构调整和社会结构转变，正向海洋寻求生存空间、发展空间，由此化解"三渔"问题对构建和谐海洋社会及维护食品安全、海洋发展安全具有重要意义。

三 渔业生产的"过密化"与渔业发展的约束条件

"三渔"问题在产业层面主要表现为渔业发展问题，此问题的实质是如何通过渔业供给能力的持续提升来确保水产品食物安全，简言之就是渔业经济结构调整问题。

（一）渔业的过密化问题

作为农业的重要组成部分，渔业也是民生行业。从改革开放以来，渔业的持续快速发展，为繁荣渔村经济、增加渔民收入做出了重要的贡献，是建设社会主义新渔农村的重要产业支撑。

"过密化"概念是黄宗智教授在分析华北农民农业生产时，对以超量劳动力投入经营的、但是边际报酬递减的、没有发展的增长的、低水平的徘徊的农业生产方式的概括。而我国当下的渔业发展也符合过密化的特征，它有以下四个表现。

一是渔业的工业化投资不断上扬，经营方式粗放。捕捞渔业的工业化投资越来越大，如渔船船体从原来的木质结构向钢质化发展，功率不断攀升，船上配备助渔、导航、冷冻等设施。捕捞作业依靠增船、增马力等量的扩张方式，以掠夺性生产来实现增长，导致工业化捕捞与自然性渔业资源之间出现严重的不对称性。水产养殖中养殖密度高、过量投饲、乱用药物、随意排放等情况比较普遍，在污染环境的同时也影响了自身健康发展。同时渔业生产经营体制机制不够完善，渔业生产单位低、小、散、弱等状况尚未得到有效改变，组织化程度不高、产业链不长、附加值偏低的现象仍然突出。

二是人多海小、船多海小、船多鱼少，渔业的超密度投入，导致边际报酬递减。传统的捕捞渔业从产业特性上逐渐向资本密集型和劳动密集型转变，渔业资本有机构成不断提高。但是由于中日韩等国际渔业协定的生效、资源结构的破坏、海洋环境污染、过度捕捞等原因，捕捞渔业的作业场所日益萎缩，加上渔民转产转业乏力，致使人海矛盾加剧，渔民收入大幅度下降。

三是外来渔工的涌入替代。随着沿海渔业经济的发展以及渔民转产转业政策的间接影响，本地专业渔民基本上是 50 岁以上的中老年渔民，因渔民子弟大多不想继承父业，本地渔业船员比例不断下降，一部分渔民退出捕捞而非渔劳力（外来劳动力）进入捕捞有逐年增加之势。外来渔工虽然技术素质不高，但是雇佣劳务价格低廉，可以降低生产成本，提高利润水平，因此外来渔工逐渐成为渔业劳动力的补充群体，导致渔业仍沉淀大量劳动力。

四是捕捞强度失控。改革开放以来，尽管我国的渔业取得了毋庸置疑的进步与发展，但不可否认也产生了一系列的问题、矛盾和困难，一个最突出的矛盾就是不断衰退的渔业资源与日益增长的捕捞强度之间的矛盾。二十几年来学术界提出了种种设想，管理部门采取了各种措施，但均未能有效控制住捕捞强度。[①]

---

① 刘舜斌：《制度、国情、政策与渔业问题》，《海洋开发与管理》2006 年第 6 期。

（二）渔业"过密化"与渔业发展的约束条件

渔业的"过密化"与渔业资源的自然性不对称、不协调。当下渔业生产无论是捕捞业还是养殖业，仍过多依赖于资源、环境的消耗，科技含量不高，标准化生产覆盖范围有限，生产方式粗放落后。

资源环境、政策环境的刚性约束与渔业可持续发展之间存在尖锐矛盾。渔业是民生产业，提高渔业的生产、供给能力是渔业发展的核心所在。要提高渔业供给能力需要提高渔业生产的要素投入及要素的组合效率。但是我国渔业生产所依赖的生产要素存在条件弱化趋势。随着我国工业化的快速推进和城市扩容，如航道、管线及港口建设等，渔业水域、养殖滩涂被挤压、占用；部分水域被污染，水生生物的生存环境恶化。新的海洋控制和管理制度实施，进一步挤压了渔业生产的要素空间。国家为了有效养护和合理利用渔业资源，近几年来采用了一系列严格公共管理政策措施：一是严格执行渔业捕捞许可和渔船管理制度；二是严格实施禁渔期、禁渔区制度；三是积极贯彻减船、渔民转产转业政策；四是严厉打击非法捕捞行为；五是积极开展渔业资源的增殖放流活动。①

渔民发展面临结构性矛盾。目前渔业生产规模小，组织化和产业化程度比较低，特别是随着工业化、城镇化快速推进，我国渔业生产所依赖的水域、劳动和资本等要素均存在条件弱化的倾向，渔业在我国海洋开发的浪潮前要给其他产业让路，这使渔业进一步边缘化。在要素供给条件恶化的背景下，渔业供给将"被迫"更多依靠产业结构调整和体制创新。从产业结构转型看，渔业需要从近海养殖、捕捞为主的产业结构向远洋渔业、休闲渔业发展，调整渔业产业结构，并且通过技术推广使养殖渔业增产、增收，延长渔业的产业链，由"产量型"向"质量效益型"转变。

四 渔民的"过溺化"及面临现代化转型制约因素

渔业问题是"三渔"问题在产业层面的体现，渔民问题则是"三渔"问题在主体层面的体现。我国涉渔人口达 2000 万，此问题的指向是渔民在

---

① 张开诚等：《海洋社会学概论》，海洋出版社，2010，第 123－124 页。

面临渔业环境变化时进行以市民化为核心的主体性现代性转型。

(一) 渔民的"过溺化"特征

"过溺化"就是在传统专业分工的基础上,由于长期从事某种职业,导致大部分从业人员在传统习惯、文化素养、知识技能、经济状况以及年龄构成等多个方面,受到束缚和限制,而不能实现有效职业转型的固化状态。当下渔民就面临"过溺化"的困境,虽然渔民的收入增长受到越来越大的制约,即使收入增长乏力,渔民仍旧沉溺于此,导致渔业劳动力的剩余与滞留。

渔民存在转产转业的畏难及保守思想。渔民对捕捞渔业的结构性、素质性等深层次矛盾认识不清,以拖待变,过分强调转产转业的客观困难,有等靠要等依赖政府的想法。在海岛就业空间狭窄及海岛二、三产业不发达的背景下,加上捕捞渔业拥有大量沉淀资产如渔船、渔具等,很难变现及再利用,而且有一些渔民还是负债经营,导致其对转产转业持观望态度,存在畏难情绪。

渔民的越界捕捞。近年来中国沿海渔民闯入外国禁区非法捕捞的现象层出不穷。一方面,中国渔民的传统作业渔场多位于朝韩及日本专属经济区一侧,导致合法捕鱼范围非常狭窄。而另一方面,对渔业资源的过度消耗,以及海洋污染、海滩围垦破坏等因素,使得我国近海渔业捕捞资源衰退,面临无鱼可捕的窘境。

渔民收入增长缓慢。渔民增收的潜力比农民和城镇居民低。21世纪以来,我国渔民的收入不断增长,但是与20世纪90年代前的增长率相比,渔民人均纯收入增速仍在低水平徘徊,不但如此,自2001年以来,渔民的人均纯收入增长率一直低于农民和城镇居民。渔民人均纯收入高于农村居民,但低于城镇居民,并且与城镇居民人均收入差距在逐步拉大。两者的差距由1991年的1:1.1减少为2009年的1:2.1。[①]

当前我国渔民增收面临多重制约。第一为产业结构制约,渔业高度依赖自然资源,由于海洋生物资源的衰退和枯竭,海洋捕捞增收受到制约。第二为产业特质制约,渔业是一个具有自然风险、经济风险、经营风险的

---

① 赵景辉、杨子江:《我国渔民增收机制探讨》,《中国渔业经济》2011年第6期。

高风险行业，随着渔业资源衰退及生产成本暴涨，渔民的收入增加面临更多的不确定性。第三为谈判能力制约，分散化、零碎化经营方式导致单个渔民不具有市场谈判优势，船用资料销售企业和水产品流通商户在交易中具有更强的谈判能力，渔民由于定价劣势而经常面临着"增产未必增收"等困境。第四为渔民的收入来源单一。渔村二、三产业虽有了一定的发展，但在渔民收入中所占比例不大，主要是技能性收入、经营性收入和财产性收入少，增收途径少，渔民的收入主要依赖水产品的销售收入。第五为渔民内部的经济分化。由于社会分工不同、经营模式不同、家庭结构及受教育程度不同，渔民的收入增长趋势放缓，渔民内部的收入差距拉大。且渔农村经营资产的产权改革滞后，制约了渔农民财产性收入的较快增长。与此同时，渔农民家庭的教育、医疗支出已成为渔农民繁重的负担。

（二）渔民的"过溺化"使渔民主体转型面临多重制约因素

在渔民主体性转型方面，渔民需要走出"渔兴则兴，渔衰则衰"的困境，由"生存导向"向"发展导向"转型。传统渔民的转型存在三个方向，一是传统渔民向现代渔民转型，二是渔民向非渔工作者转型，三是渔民向市民转型。但是这些转型面临以下制约因素。

渔民素质制约。从传统渔民向现代渔民转型看，现代渔业的特点就是用世界先进的科学技术、机械装备、管理理念来武装渔业，利用渔业机械化、电气化、水利化、信息化、生物工程化和管理科学化等手段，来大幅度提高渔业的生产率，实现渔业生产技术的现代化、渔业加工生产技术的现代化、渔业产品利用技术的现代化和渔业管理的现代化。[①] 但是渔民的文化素质高低是决定转型成功与否的关键因素，如在舟山市捕捞渔民中 50 岁以上的占了 24.28%，30 岁以下的只占 12.5%，其中渔船老大 50 岁以上的占了 23%，30 岁以下的只有 5%，小学以下学历的占了近一半，高中以上学历的只有 2% 左右。

渔民非渔化转型制约。渔村劳动力"非渔化"流转是渔民转型的重要途径。但是限于渔民本身素质及渔业设备的专业性及沉淀性，渔民的转型

---

① 孟庆武、李丁军、赵斌：《我国现代渔业制度建设对策研究》，《海洋开发与管理》2011 年第 3 期。

能力弱。多数从业渔民年龄偏大，就业技能单一，就业观念陈旧，大量的资本沉淀在渔业上，转移就业困难。同时由于城乡二元制隔离制度、社会救助制度不健全、劳动力市场建设滞后等原因，致使渔民再就业竞争力极弱，转型困难；且渔民发展养殖生产又要场地和技术，对多数渔民而言这是一个大障碍；渔民又身处海岛，就业空间狭小，再加上创业能力和实力不足，部分渔民陷入"要地没地、要海没海"的两难境地。

渔民市民转型制约。随着海洋开发进程的加快，沿海地区工业化、城市化快于渔民市民化，渔区渔民作业空间势必进一步缩减，渔民的市民化意愿日趋强烈。渔民市民化的本质是保障渔民的市民权利，其路径既包括让渔民在城市落户，转为城镇居民，还包括推进公共服务均等化，让渔民在保留农村户籍的同时，在城镇享有均等的公共服务。但是除了渔民群体分化加速、收入水平和整体素质偏低、户籍制度改革不匹配、城市公共服务资源承载能力不足等问题之外，渔民在住房保障、社会保障、子女受教育等方面的问题也成为渔民市民化的主要障碍。特别是近几年随着海洋开发的推进，临港产业得到快速发展，大量海域的被征用、填没等对传统的沿岸渔业生产造成极大冲击，渔民失业或潜在失业增加，渔民权益保障问题日益凸显。

渔民市民化转型还面临房价高企制约。渔民耗费一生的积蓄在渔村建设住房，但是随着"大岛建、小岛迁"的政策实施，渔村学校被撤并。为了子女受教育，有学龄孩子的青壮年渔民不得不浪费了宽敞的小岛房产而迁居大岛，到城镇买房或租房，而且很多渔民买不起城里的房子只好寄人篱下，有的租不起房只好租住车棚。同时，大量的小岛居民涌入，也很大程度推高了大岛房价，使得渔民更买不起房。

五　渔村人口过疏化及渔村社会发展面临的多重挑战

区别于渔业和渔民问题的单向度特征，渔村问题作为"三渔"问题在空间层面的表现，具有超越单纯经济学的复杂性特征，渔村问题的实质指向是通过城市化或新渔村建设实现渔村经济社会协调发展。

（一）渔村过疏化趋势

过疏化是在沿海经济快速发展过程中地区间社会经济发展不平衡的一

种表现，突出表现在人口分布上，渔农村人口减少，渔农民向中小城镇集中。渔村过疏化是渔区渔业生产功能下降、地区之间经济发展差异造成的直接后果。

人口的空洞化、老龄化趋势严峻。随着渔业的资源衰退及捕捞成本暴涨，对渔业高度依赖的渔村，其经济社会发展的不平衡趋势进一步恶化。同时，渔村面临城市化、工业化、城乡收入差距及文化差距引起的年轻人大量流失，渔农村的人口迅速被一些城市吸引、吸收，渔村人口大量减少，人口密度小，影响国家社会有序管理。一些沿海地方政府为了减少行政开支，从 1990 年开始推行"大岛建，小岛迁"政策，导致渔村的人口大量流失，而且流失的多半是年轻人，致使海岛渔区地域人口锐减，出现了渔村人口过疏化问题。留居岛上的居民大多是老年人和生活困难户，部分老年人曾经随子女迁居大岛，但因生活习惯障碍或难以承受城镇生活成本而被迫返回边远小岛，致使留守岛上的是空巢、孤寡、残疾和高龄老人，几乎没人照顾，更别说有数代同堂的天伦之乐。且由于居住分散，原岛上的生活设施已逐渐破旧老化，留岛居民生活环境愈来愈恶劣。①

严重的人户分离现象。一部分小岛居民家庭已经迁出，入城或在大岛安家，但仍有小岛上的房产和户籍，也有一部分小岛居民由于预期小岛开发后可得到经济补偿，不想放弃在小岛的户籍。人户分离给基层政府的管理服务带来了很多困难，也增加了管理成本，如给基层选举、计划生育、社会治安等都带来了难度。渔农村大规模的人口迁移流动，导致人户分离情况加剧，增加了当地政府社会事务管理的难度。管理机构与被管理对象的两地分离给镇、村二级实施组织领导和管理工作带来一定的困难，如计划生育、换届选举、渔船管理、税费征缴、治安调解等一系列难题无法有效解决。

（二）渔村过疏化导致渔村社会发展面临多重制约

渔村的生产功能弱化，人口老龄化加剧，无法实现可持续发展。渔村是渔民生产、生活的活动空间，渔村的过疏化使渔村的生活水平和渔村的

---

① 尤其是边远小岛的人口老龄化程度普遍高于其他岛屿，如舟山普陀区东港街道葫芦岛目前常住人口 276 人中 90% 以上是老年人；岱山高亭镇渔山村现有常住人口 550 人，散居在 11 个岙口，其中老年人 325 人，占全岛居住人口的 59%，90% 为空巢老人，50% 为独居老人。

生产功能难以维持，使渔村丧失了社会再生产的能力。过疏化也使得老人、妇女成为渔村的主要留守者，渔村社会出现了严重的"空心化"、人口老龄化，导致渔村生产规模缩小，社会再生产和自我调节能力丧失，最终导致渔村社会生产的崩坏。渔村的衰落，影响渔村可持续发展。特别是一些小岛还有较大的开发潜力，有的是传统渔业生产基地，或者有适宜的海水养殖场所，如果不能及时采取措施，势必直接影响新渔农村建设和社会的和谐发展。

给渔村公共服务有效供给带来巨大制约。渔村经济社会发展仍然受制于二元社会结构，渔村变成过疏化地区以后，由于地处边缘地带，交通不便，尤其是村级公共经济碎片化后，基础设施迅速老化，各种文化、教育设施年久失修，居民的交通、用电、医疗、子女就学、购物等更加难以得到保障，留守渔民的生产、生活受到较大影响，社会环境变差。而现有的公共服务如发电、交通码头低效运行，不能充分发挥规模效应，能否继续维持是个未知数，这使渔村的公共服务供给存在数量和质量缺口。

渔村组织的衰败和公共性的失落。过疏化导致渔村的原子化、渔村衰败乃至终结，出现渔村的组织衰败。过疏化导致渔民已有的家园被废弃，其原有的生产生活及社会生活解体，渔村社会高度原子化。渔村的原子化使原有的社会关系被消解、被破坏，凝聚力下降，渔村共同体逐渐被弱化，渔民个人之间、与组织之间的联系越来越淡漠，渔民之间的连接度在持续下降，渔村的共同体意识及协作意识在下降，特别是一些年轻有知识的渔民流失给村级组织建设带来困难，也削弱了基层党组织力，最终使渔村传统社会倾向于"组织衰败"。众所周知，传统的由村落组织承载的公共性主要包括：传导意义上的公共性，即负责将国家政策性的社会资源配给传递给个体村民；自生的公共性，即村组织承担的社会公共义务，包括村庄内部自生福利的分配和精神文化生活。在乡村能人和青壮年人口大量外流的情况下，那些过疏村庄传导国家公共服务的能力已大大降低，也已无法组织起正常的公共生活，乡村公共事务面临着无人问津的危机。①

---

① 田毅鹏：《乡村"过疏化"背景下城乡一体化的两难》，《浙江学刊》2011 年第 5 期。

六　海洋社会建设视阈下"三渔"问题的突围思路

"三渔"问题是困扰我国沿海地区社会经济均衡发展和构建和谐社会的关键问题。渔业是大农业的重要组成部分，渔民这一社会群体是农村人口的重要组成部分。解决"三渔"问题的关键是解决传统渔民的生存发展问题，这对于我国沿海地区开发海洋、拓展发展空间、维护渔农村发展和稳定具有不容忽视的作用。从宏观层面看，"三渔"问题超出了经济发展的范畴，成为一个社会领域的问题，其解决需要整体思考，必须从海洋社会建设、海洋社会政策的系统性高度来审视"三渔"问题，建设和谐海洋社会，重构人海关系，促使渔民社会转型。

第一，以渔业退出机制建设为纽带，促进渔业现代化转型。

建立并完善渔业退出机制。在当前人多鱼少的过密化背景下，要通过渔业的现代化转型改变传统渔业带来的渔业消亡的困境，并进行渔业劳动力的退出机制的建设，同时严格限制新的渔业劳动力进入。在改善渔业资源大环境的同时，也要压缩捕捞量，让大部分渔民转行。在对渔民的渔业权进行确权的同时，要把传统渔业转化为现代渔业，从单一捕捞发展为保护、有限捕捞，降低能耗，促进传统渔业低碳化。

渔业应该加快向养殖渔业、远洋渔业、休闲渔业转型。在目前鱼价大幅上涨的背景下，近海捕捞业向资源养护型产业转变，远洋渔业一方面可以充分利用国际海洋公共资源，另一方面捕捞渔业需要实现六次产业化。应充分发挥现有捕捞生产力的潜力，形成集远洋捕捞、远洋运输和生产加工于一体的产业链条，大力发展休闲渔业，培育渔业的新兴产业和新的经济增长点，将一、二、三产渔业连接起来，拓展渔业的产业链条。同时，水产养殖业向环境友好型方向发展，发展生态、低碳养殖渔业。

第二，以海洋社区城镇化与新渔村建设双轮驱动，促进渔村海洋社会的再生、再造。

海洋社区问题的责任首先在于渔民本身，渔民需要重建自信。应克服消极的依赖意识，靠山吃山、靠田吃田，从以事业为中心转换到以人为本，向具有创造性知识基础的农渔村转型，从下面开始，从内部开始，进行彻底的渔农村特色化、差别化。给留守渔民以精神启迪，灌输发展意识以及勤奋、合作和自主精神。①

在"大岛建、小岛迁"的基础上,进一步推进海洋社区城镇化建设。按照城乡统筹精神,不断拓展渔村渔港功能。将渔港建设与渔村小城镇建设相结合,把渔港建设成为集渔船避风、渔货集散、加工贸易、生产补给、休闲旅游为一体的渔区经济、文化、娱乐和活动中心。

促进渔村的再生、再造。渔村作为海洋社区的重要组成部分,应结合新渔农村建设政策,将有限的建设资金用于改善基础设施建设上,全面提升渔农村居住水平,逐步实现渔农村产业园区化、居住社区化、资源集约化、建设高质化、管理规范化。通过渔区社区的总体营造,提高渔村生活质量和生活环境质量,激发基于共同记忆的渔民参与意识,打造关怀本地渔村、传统、资源的新人,把人找回来,发展休闲渔业、生态旅游,使渔村经济特色化、差异化,促进渔村的重生、再造。渔农村再生政策须结合拓展渔业产业链及低碳化趋势,仿效日本整合一级、二级、三级产业特色的"六级产业构想",以推动渔业再生。创建渔农村创造性人力培育机制,建议在渔农村再生政策增列"推动渔农村学习机制""普设渔农村型小区大学",推动渔民成人终身学习风气,提供渔农村居民多元学习管道,振兴渔农村产业活力。

充分借鉴中国台湾及韩国的新农村建设的经验。韩国新村运动的做法是动员所有资源来发展农村地区与农业的机制,它是基于村民自治基础上的以自助、自我依靠和互助合作为方式的全民建设。而中国台湾地区的做法是政府通过"农村再生条例"和"农村再生计划",设立再生基金,对渔农村进行整体环境改善、公共设施建设、农村活化再生,保存农村文物、文化资产。

第三,以渔民市民化为"三渔"问题解决的整体思路,促进渔民市民化转型。

渔民在渔业渔村发展中处在主体地位。"三渔"问题的解决一方面靠政府资金支持、政策鼓励帮助,另一方面关键靠渔民的自身努力。因此"三渔"问题的缓和及解决主要系于渔区的广大渔民。从渔民的主体性需要看,

① 金振赫:《新农渔村建设:韩国农渔村的希望——第三条道路》,社会科学文献出版社,2006,第75-88页。

在国家走向现代化的过程中，为了渔业的可持续发展，需要减少渔民的数量，大多数渔民要进行现代化转型，逐步转变为市民。

渔民的"市民化"转型是解决"三渔"问题的关键路径。它是渔民"内源发展"的重要方面，也是渔区海洋社会现代化建设、城市化建设的重要方面，它是适应渔区社会整体转型的核心动力所在。渔民市民化就是职业结构、社会结构、文化观念结构、生活方式结构的转变。其转型途径包括空间城市化、人口市民化、权利市民化、能力现代化转型等。

渔民市民化需要实行城乡统一户口制度，促进渔民合理流动。鼓励一部分渔民进城务工、经商，加速渔区城市化进程，使渔民变成市民，享有和市民一样的尊严、自由、权利，享有和市民一样均等化的公共品。目前就是加快中心渔港建设，促进渔区二、三产业发展，优化渔民再就业环境，帮助渔民实现向城镇有序流动，实现渔业劳动力的非渔化就业。

渔民市民化需要权力市民化，以政府职能的"兜底性"构建渔民社会保障及社会救助体系。贯彻以人为本的科学发展观，逐步稳定建设现代渔业保险、渔民社会保障保障制度。在低保、政策性保险等方面予以城乡一体化统筹考虑；尽快建立"失海"渔民的生活补偿机制，在休渔、禁渔期间，应给参加休渔、禁渔的渔民发放最低生活补助，以保护渔民参加休渔、禁渔、保护资源的积极性；建立渔民资源生态补偿机制，充分考虑广大渔民因休渔、禁渔制度而对保护资源和生态的贡献；建立健全渔业水域滩涂占用补偿制度，保障渔民的合法权益。

渔民市民化需要渔民的位育与富育。要实现渔民的再就业及收入的增加，需要加强渔民素质技能培训，提高渔民再就业的能力。要紧密结合渔区的产业特点和用工单位需求，面向渔民开展有针对性、实用性、有效性的职业指导和技术、技能培训。

渔民市民化需要渔民的再组织。渔民作为弱势群体不但要有政府、法律保护，还必须自己组织起来，尤其是已经变成市民的渔民需要再组织起来。因为这样可以利用原有的社会资本，形成表达自身利益的集合力量，发出自己的声音，相互帮助，更好地融入城市化的生活，在这方面政府可以通过社会公共政策予以扶持。

社会变迁：日本漂海民群体的研究视角[*]

宋宁而^{**}

摘要： 日本海民群体的研究对我国海洋社会学有着重要借鉴价值。其中，日本漂海民群体因其作为海洋社会群体的典型性而具有重要借鉴价值。日本学界采取社会变迁的视角，对漂海民群体的定义、特点以及群体产生发展的社会条件进行了系统、客观的阐释，为我国海洋群体研究、海洋社会学研究提供了重要的启示。

关键词： 海洋社会学　日本漂海民　社会变迁

一　日本海民群体研究

岛国日本在地理、气候及资源环境等因素的综合作用下形成了全国各地的海洋社会，也促使日本学界较早开始了对渔民、海商、水军、海盐业者、捕鲸业者等以海为生的海民群体的关注，这些基于学术自觉产生的成果不仅已成为日本海洋社会相关研究的结晶，也可以为我国海洋社会学的发展提供研究视角、研究方法上的重要启示。有关日本海民群体的研究在我国学界已有了初步的介绍与探讨，但要真正洞悉这些研究的价值所在还必须对日本各类海民群体做更为深入的探析。

二　日本漂海民群体的典型性

在日本各类海民群体的研究中，以船为家、终年漂泊海上的漂海民群体尤其受到重视。格外的重视源自群体本身所具有的不可取代的典型性，

　＊　本文已刊登在《中国海洋大学学报（社会科学版）》2013 年第 1 期。
　＊＊　宋宁而（1979—）女，上海人，讲师，博士，主要研究方向为海洋社会学。

大致可归纳如下。首先，漂海民群体是日本最纯粹的海洋社会群体。漂海民群体不仅因其终年生活于船上的特殊生活形态而成为公认的最纯粹的渔民群体①，且彻底以海为生的生存方式也使这一群体与生存环境紧密相连，漂海民群体是特定区域的海洋社会最真实的写照。其次，漂海民群体在诸多海民群体中虽显特殊，却并非孤立地存在，这一群体不仅与潜水渔业者、海盐业者、海盗等群体的发展相辅相成，且捕鲸渔民、水上运输业者、行商业者等群体在很大程度上都是由其演变而来的，漂海民群体是日本各海民群体的连接点。再次，日本漂海民群体与东亚及东南亚海域的其他以船为家的漂海民群体在很大程度上具有群体的相似性，因此是开展海洋社会群体国际比较研究的理想选择。

三　日本漂海民群体的主要研究视角——社会变迁的视角

日本漂海民群体的重要性促使我们对相关研究做深入探析，或许是由于这一群体受教育的机会极其有限，没有漂海民为自己的群体留下文字的记录②，因而相关研究都是日本学界立足第三方的客观立场，对其做出的考证与评价。或许正是这种客观性促使关注这一群体的众多学者不约而同地采取了社会变迁的视角，立足于这一群体所处的濑户内海区域社会的变化发展，来诠释这一群体的内涵，把握这一群体的特征，并对其产生、发展及其消失的过程做出系统的评价，勾勒出漂海民作为一个群体的整体面貌。

四　日本漂海民群体的概念

对日本漂海民群体进行明确的定义并非易事。他们出现于中世纪，在濑户内海及毗连的九州西海岸附近海域过着行踪不定的生活，他们偶尔会因救助神功皇后的船队免遭海难③、搭救大村藩的领主逃避追杀这样的历史事件而走入人们的视线；也会在为数极少的节庆日忽然从远方赶来，聚在港口周边的海面上，形成蔚为壮观的风景；但更多的时候则是远离陆地，

---

① 谷川健一（编）《日本民俗文化资料集成》（第三卷），三一书房，1992，第 216 页。
② 羽原又吉：《漂海民》，岩波书店，1963，第 13 页。
③ 谷川健一（编）《日本民俗文化资料集成》（第三卷），三一书房，1992，第 218 页。

过着终年漂泊海上的生活，迫于生计才会在旅途中停船上岸，用渔捞所获去换取必不可少的淡水、大米等生活所需，然后又匆匆启程，继续他们的"海上吉普赛人式"① 的生活。更重要的是，这一群体的生活形态似乎很容易随着社会的变动而发生改变，有时成为统治阶层供奉神灵所需鲍鱼等海产品的专职供应者，从事潜水采摘；有时也会被指定为某一海域的专门运输人；甚至在战争中被轻易征用作水手，为大军渡航充当向导；可一旦需求消失，马上又回归捕鱼为生的流浪生活；如果生存环境发生诸如渔业资源枯竭等变化，马上又如海浪的泡沫一般，消失在濑户内海之上，或变身海盗劫持来往商船，或上岸融入其他渔民群体，或成为水上运输业者、装运业者、渡船业者②，或加入捕鲸渔船队，从此销声匿迹。可见，对漂海民群体的定义诠释必须立足海洋社会的变迁。

目前日本学界公认的漂海民定义来自羽原又吉③，这一定义是通过给出三个限定条件来完成的："漂海民是指在陆地上不直接拥有土地和建筑物；一家共同生活居住于船上；通过采摘以海产品为中心的各种物品并将其贩卖以换取农作物的物物交换来维持生计，从不在一个地点长期停留，也不局限于特定海域进行移动的社会群体。"④ 但羽原同时指出，所列举的三个条件无一不在随着社会变迁而发生着演变。第一，漂海民并非自始至终不直接拥有土地和建筑物，有时也会建起海边小屋，充当大型渔具的放置场所，或晾晒海产品；第二，特定条件下，这一群体的老人与孩子会被留在岸上，只有夫妇回到船上，继续漂泊生活⑤；第三，由于没有固定航线，也不存在限定的活动范围，因此海产品换农作物的交易活动本身充满了随机性，在哪个沿海村落停留、与哪些村民交流、进行怎样的交易都充满了不确定性。这一观点并非羽原一人所有，日本学界在普遍认可这一定义的同时，都指出完全满足这三项条件的漂海民群体从来都很少，现在更是无处可寻⑥，对漂海民群体的定义方式显示了日本学界对社会变迁视角的自觉。

---

① 谷川健一（编）《日本民俗文化资料集成》（第三卷），三一书房，1992，第 115 页。
② 安野真幸：《长崎开港史：家船上岸的视角》，《弘前大学教育学部教科教育研究纪要》1998 年第 28 期。
③ 1882 - 1969 年，日本渔业经济史专家。
④ 羽原又吉：《漂海民》，岩波书店，1963，第 2 页。
⑤ 宫本常一、川添登（编）《日本的海洋民》，未来社，1974，第 133 页。
⑥ 谷川健一（编）《日本民俗文化资料集成》（第三卷），三一书房，1992，第 389 页。

五　日本漂海民群体的特点

作为日本为数众多的海民群体中最特殊的一群，漂海民在活动范围、生活形态、与其他群体的互动方式等方面都呈现出鲜明的独特性，使得这一群体既不同于同样活动于濑户内海的水夫、海盗、海商，也有别于定居岸上的渔民和半农半渔民群体。

首先，漂海民群体区别于各种海洋社会群体最大的特征显然是其生活方式上彻底的流动性与漂泊性。正如"藻有三根就捞掉，家有三户就卖掉"① 这一关于漂海民的民谣所传唱的，漂海民以船为家的生活形态使他们只能以海为生，缺乏其他生存手段与生存资源，这使得他们与海洋这一生存环境之间的关系变得既密切又脆弱，特定海域上的漂海民人数一旦增加，很快就会导致渔业资源的减少乃至枯竭，为了谋求生存，漂海民总是稍事停留便重新出发，去寻找新的栖身之所，在流动与停泊的重复过程中不断扩展着自己的生活空间②。

为了生计，漂海民群体的流动性甚至是惊人的，对马及五岛列岛地区的漂海民不仅会乘船进入近海海面，还会乘着暖流追逐金枪鱼的移动轨迹，偶尔还会沿着濑户内海自西向东，直至北海道，线路之远令人难以置信③。漂海民的流动性也表现在祭祀节庆中，相比富于祭祀传统的农民群体，漂海民的祭祀节日少得可怜，大部分群体一年之中只有正月和盆节这两个节日④才会回归自己的根据地，且时间极为短暂，集团性的仪式活动一旦结束，便各自回归家庭为单位的生活之中，分散成五六人一船的小群体，各自向着茫茫大海驶去⑤。

漂泊流动的生涯固然贫苦，却也塑造了这一群体乐观开朗的群体性格，比起等待数月才能有所收获的农民，捕鱼捞虾的漂海民总要随遇而安得多。

---

① 意指"海藻有三根说明其中有鱼，因此要用手缲网来把鱼捞掉；有三户人家，就要把捕捞到的鱼卖掉"，寓意了漂海民彻底漂泊的生活形象。（参看羽原又吉《漂海民》，岩波书店，1963，第 206 页。）

② 大林太良等：《濑户内的海人文化》（日文版），小学馆，1991，第 424－425 页。

③ 羽原又吉：《漂海民》，岩波书店，1963，第 157 页。

④ 宫本常一、川添登（编）《日本的海洋民》，未来社，1974，第 133－134 页。

⑤ 羽原又吉：《漂海民》，岩波书店，1963，第 3 页。

相关调查中就曾听漂海民的老妇人说过"没有比海上更舒心的地方了"[1]，足见其对这样的生活并不以为苦。流动与漂泊的生活虽然把漂海民排除在许多权利享受之外，但也为其避免了纳税及其他社会制约的束缚，由此成全了他们那份贫苦之中的逍遥自在。

其次，漂海民群体生存于海上，是特定海域的自然环境的产物，生存环境所带来的群体区位性特点十分明显。考察漂海民活跃的濑户内海及周边海域可知，这些地方通常多海岛，且海洋资源丰饶。九州西北部素有"九十九岛"之称[2]，而濑户内海本身更是坐拥岛屿七百余座，虽然内海的位置使这里风平浪静，但潮涨潮落却造成岛屿之间狭窄的海峡水流湍急，暗潮涌动，航行于这片海域的船只总是"行走在无数岛屿的缝隙之间"[3]。航行艰难的海域偏偏又是交通要道，这一带不仅自古以来就是连接日本列岛的交通大动脉，同时也因农耕发达和海洋资源丰饶而成为农产品、贝类、鱼类和海盐的主要产地，中世纪濑户内海沿岸的封建藩国向首都进贡的各类农渔产品数量极为庞大，被称为"累代商贾之地，渔盐逐利之场"[4]。濑户内海重要的地理位置和经济发展都离不开水上航行，而岛屿星罗棋布、海流湍急、暗礁众多的环境又使得普通船只望而却步，这就为航行技巧娴熟的漂海民提供了理想的舞台。

再次，漂海民群体一直徘徊在社会的底层，行走在社会的边缘，并承受着差别化的对待。漂海民的生活展示了社会底层生活的贫苦简陋，虽然以渔捞为生，但却少有大型渔船和渔具设备，使用的多是自行打制的鱼叉和没有钓竿的鱼钩，手提鱼钩来钓鱼，跳到水中叉鱼，潜至水底采摘贝类、藻类、海胆、海参是他们日常生产活动的状态；也有追逐捕猎洄游鱼类的，但使用的渔网等也是尽量轻便，从事着方便移动、适宜船居的简陋渔业活动[5]。大部分时候，漂海民打捞的杂鱼交换价值都很低，换来的无非是最为廉价的蔬菜与谷物，淡水大多向沿海村民乞讨，薪柴则要爬上海岬，寻找

---

[1] 谷川健一（编）《日本民俗文化资料集成》（第三卷），三一书房，1992，第221页。

[2] 安野真幸：《长崎开港史：家船上岸的视角》，《弘前大学教育学部教科教育研究纪要》1998年第28期。

[3] 白幡洋三郎：《濑户内海文化与环境》，濑户内海环境保全协会，1999，第123页。

[4] 森浩一、纲野善彦、渡边则文：《濑户内的海人们》，中国新闻社，1997，第20-21页。

[5] 羽原又吉：《漂海民》，岩波书店，1963，第4页。

枝叶繁茂的松树自行采摘①。

漂海民这种以船为居的特色生活群体在日本任何地域都是少数群体，在他们最为活跃的时期也不例外，这使得他们经常处于孤立无援的被边缘化境地，民俗学家北见俊夫曾在濑户内海广岛县附近海域的调查报告中描述过这种被社会边缘化的极端事例："日俄战争期间，父亲出征后，孩子们处于散养状态，连吃饭都没人管，在广岛、吴市及岛屿上比比皆是。各地的渔船会让这些孩子来充当桨手，提供一顿饭食。孩子们就这样莫名其妙地成了渔家的养子，充当劳动力。"② 漂海民不与外界通婚，也没有其他群体愿意与之通婚；他们的子女长期不上学，是日本社会进入近代后最晚成为教育普及对象的一群；他们与岸上居民的交往大多仅限于交易活动，偶尔有相熟的农民，交往也极其有限，保持着严格的群体界限。

漂海民拥有娴熟的驾船技能，经常在各种水上运输中被委以重任，但这却不足以改变其社会地位。在中世与近世的战争年代里，漂海民经常被征用入伍，充当水手，为军队掌舵导向，虽然他们在军船航行中扮演的角色十分重要，但地位依然低下，他们隶属于武士，被称为"船党""海夫""船头"③。江户幕府末期，由于其他水上运输者短缺，漂海民也曾成为大阪到广岛之间不可取代的海上运输者，但所享受的权利却远不及盐饱等其他水运业者，由于不满地位低下，还曾发生暴动，但最终以失败告终，依然遭受着深重的压迫④。

中世纪以来的日本一直推行农耕为本的国策，许多地方甚至严令禁止农民从事渔业活动，虽然这样的禁令未必全然奏效，沿海农民在条件允许时也会从事渔业，但渔业毫无疑问一直处于农耕社会的包围之下，渔民位于农民的从属地位上，而位于渔民底层的漂海民更是在边缘位置上⑤。总之，这一群体人数极少，又没有土地，生产手段低下却又甘于贫穷，加之生活样式异于常人，只在同类中通婚，因此被社会视为异类、受到差别化

---

① 羽原又吉：《漂海民》，岩波书店，1963，第 126－127 页。
② 大林太良等：《从海洋看日本文化》（日文版），小学馆，1992，第 40 页。
③ 安野真幸：《长崎开港史：家船上岸的视角》，《弘前大学教育学部教科教育研究纪要》1998 年第 28 期。
④ 羽原又吉：《漂海民》，岩波书店，1963，第 133－136 页。
⑤ 羽原又吉：《漂海民》，岩波书店，1963，第 37－38 页。

对待是必然的结果。

最后，漂海民群体的特性最终可归结为其时代性。在中世纪到近代的漫长岁月里，濑户内海既是连接日本列岛的中枢动脉，又是支撑整个日本经济发展的"天下粮仓"；这里既是商贾逐利之所，又是政治军事的必争之地；这里东部通向京都、江户等各时代的政治权力中心，西部连着东海，是来自中国及东亚、东南亚其他地区的船只抵达日本的必经之地。漂海民穿梭于濑户内海之上，必须在掌握海洋生存技能的同时，学会如何适应不同时代，扮演不同的角色。平日里从事渔捞与制盐的他们随时可以变成梶取、水主①出行航海，或是变身海盗倭寇，灵活穿梭于岛屿之间的海流之上；海盗禁令一出台，随即从海上消失，回归渔业；一朝获得统治阶层的青睐，也可成为鲍鱼等海产品的特定供应者，或承担专职的水运公务②；军事征战中立即被征用充当水手，划桨导航；战争一朝结束，又回归渔捞生活，不时上岸汲水、取薪、从事海产品的干燥作业、船舶的建造和修理，以及用渔捞品换取农作物等。漂海民群体是濑户内海时代风气最敏锐的感知者。

解析漂海民群体的特征可知，只有在社会变迁的视角下才能对这些特征加以准确的识别。漂海民由于终年居于船上这一特殊的生活形态而形成了特殊的海洋社会群体，相比其他社会群体受到更少的约束，虽然被排斥在社会的边缘和底层，但也因此获得了更为自由的活动空间，使他们得以在时代的变迁中灵活地转变自身的角色，虽然人数很少，但却足以成为不同时代中社会变化准确的风向标。他们是物产丰饶、海流汹涌的濑户内海自然环境的特定产物，他们身处日本全国经济政治大动脉，最先感知着这片风云变幻的内海海域的各种社会动向，他们用自己最彻底的流动和漂泊来演绎着自己对这片海域社会变化的特定适应方式。立足社会变迁，使我们更清晰地洞悉漂海民的群体特性。

---

① 分别指日本古代直至中世纪的一船之长，以及中世纪领主从海民中征用的军船及运输船上的水夫。（参看〔日〕森浩一、纲野善彦、渡边则文《濑户内的海人们》，中国新闻社，1997，第 20－21 页。）

② 羽原又吉：《漂海民》，岩波书店，1963，第 146－147 页。

六　日本漂海民群体形成发展的社会条件

日本学界对漂海民群体的研究基本上都是围绕其作为群体的产生、发展、消失的过程来展开的，一般来说，这一过程被分为三个阶段，即孕育产生的中世、发展变化的近世，以及转业、上岸乃至几乎全部消失的近代[1]，关注的焦点则集中在三个阶段的社会变迁过程中对漂海民群体发展造成影响的社会条件上。

（一）孕育漂海民群体产生的社会条件

漂海民群体最早出现于中世纪的文献[2]，从镰仓幕府到室町幕府时代的12 至 16 世纪一般被认为是漂海民群体产生并逐渐成形的时期。漂海民的诞生是濑户内海特定的地理自然环境逼迫下的产物，漂海民实际上是被"赶下海"的渔民。

漂海民原本居于岸上这一点可以从这一群体的墓葬习俗中获知。有关漂海民的中世纪文献记载："（漂海民的）遗体需在死去时节的当年尽早运回（根据地岸上）。"[3] 在手划桨的时代里，要从漂泊之地千里迢迢将死者遗体运回根据地实属不易，但几乎所有漂海民都会这么做[4]，说明这一群体不管漂泊多远，总还是希望把自己的根留在岸上。这些居住在岸上的渔民之所以会被"赶下海"，成为漂泊海上、以船为家的漂海民，主要源于以下社会条件的成熟。

漂海民产生于濑户内海，这片海域时而岛屿相连、潮流湍急，时而海面广袤、风平浪静，这里物产丰饶，不仅有着丰富的贝类、鱼类、藻类、海盐等海洋资源，也有着沿岸大量的水田与旱田。丰硕的自然资源发展了

---

① 根据日本史的时代划分标准，日本的中世一般指 12 世纪镰仓幕府建立至 16 世纪室町幕府结束之间的时期；近世指中世之后的江户时代；近代一般指近世之后的明治维新至第二次世界大战结束。（参看新村出（编）《广辞苑》（第三版），岩波书店，1990，第 655－657 页）

② 羽原又吉：《漂海民》，岩波书店，1963，第 6 页。

③ 菩提寺宗旨宗门改入别帐，1883 年（转载自羽原又吉《漂海民》，岩波书店，1963，第 121－122 页。）

④ 羽原又吉：《漂海民》，岩波书店，1963，第 122 页。

濑户内海的沿岸社会，拥有了大阪、堺市、下关等大型经济中心地带的腹地，当地物资正是通过这些经济中心运往全国各地；加之进入中世纪，日本迎来了海外贸易的繁荣，来自中国、朝鲜及东亚、东南亚的海外商船从九州西海岸进入濑户内海，推动了内海区域社会的商业发展，也为经营渔业、盐业、水运业、商业乃至掠夺等以海为生的海民群体提供了活动的舞台。在镰仓时代，这些海民还未充分细化，处于庄园公领制的种种制约之下，然而，经历南北朝内乱之后，庄园公领制一定程度发生了动摇，海民开始分化，并逐渐脱离庄园领主而独立，开始在各种职业领域活跃起来。从事渔业的海民人数增多使得沿岸的渔业资源供不应求，渔场纷争愈演愈烈，居住岸边的渔民每天出海的活动范围十分有限。为开辟新渔场，其中的一部分渔民不得不放弃岸上的住居，采用漂泊的形态来寻觅渔业资源，以适应环境①。

再者，中世纪虽然时有战乱，但地方上的普通产业却在这个时期获得了划时代的发展②，和船的造船业也在濑户内海沿岸地区兴盛起来，濑户内海地区成为日本造船业的核心地带，正是源自那个时代，时至今日依然如此。造船工艺的发展使得建造较为大型的船舶成为可能，为漂海民举家住进船舱提供了技术条件上的支持。此外，这个时代也必须发展到普通渔民可以拥有船舶的程度，如果渔民的家庭资产不足以使其拥有自己的船舶，以船为家的生活也就无从谈起了，足见中世纪社会生产力的提升也是形成这一条件的重要因素③。

最后，较为稳定繁荣的农耕社会的形成也是漂海民作为群体产生所必不可少的。这一点只要看漂海民定义的第三项条件——"通过采摘以海产品为中心的各种物品并将其贩卖以换取农作物的物物交换来维持生计"就很清楚了。漂海民的生活是依靠与农耕社会以及农民之间进行物品交换的经济联系才得以维持的，漂海民与农民的明确分工决定了前者对后者的依赖性。因此，可以肯定地说，漂海民的出现是在日本濑户内海地区进入农耕社会之后，中世纪这一地域农耕文明的渐趋发达是漂海民得以专事渔捞活动的必要条件。

---

① 大林太良等：《濑户内的海人文化》（日文版），小学馆，1991，第 423－424 页。
② 羽原又吉：《漂海民》，岩波书店，1963，第 37 页。
③ 羽原又吉：《漂海民》，岩波书店，1963，第 7 页。

（二）影响漂海民群体发展的社会条件

在日本历史从中世向近世的转变过程中，濑户内海的社会环境经历了各藩领主的割据、农本主义国策的推行、生产力的进一步发展以及商业的更趋繁荣，生存于这片海域的漂海民群体也由此发生了各种变化，为日后的转业、重新上岸做好了准备。

漂海民终年漂泊海上的生活形态使得这一群体在很大程度上与行走水上的海盗、水军保持着密切的关联。战争时期，漂海民会被征用充当水军①，战争结束又回归渔捞生活。濑户内海从中世纪起一直不时陷入战乱，漂海民与水军群体由此长期分享着同一生存空间。这样的情形延续至战国末期、近世初期开始有了变化。统治者从藤原纯友之乱等一系列濑户内海地区的动荡所导致的结果②中悟到，这一海域的战乱纷扰会迅速导致全国粮米供应的短缺、断绝，届时饥荒遍野并非危言耸听，经济社会的稳定必然难保。为维护这一带的和平，统治濑户内海的大名等阶层烧掉了位于海上的水军根据地，逼迫水军上岸，并将其中的头领编入自己的家臣团；接着，丰臣秀吉的海盗禁止令随即出台，大力推行海盗取缔政策，以限制这些携带武器的海上群体的自由活动，扼杀濑户内海地区的不安定因素，这样一来，漂海民也被波及，从而不得不放弃以往在这片海域的活动，寻觅全新海域，并建立新的据点③。在进入近代的明治时期之前，漂海民不断离开自己原先的据点和以往的活动海域，将自己的活动范围逐渐向濑户内海以西拓展。这一期间，西至九州小仓的平松浦，东起小豆岛至牛窗④，漂海民的新据点已多达 140 个⑤，但濑户内海的空间始终是有限的，在统治者限制海上自由活动、推行以农为本的国策进程中，漂海民的生存空间只能是愈发狭窄，寻找其他出路也是这一群体迟早要面对的事实。

---

① 日本水军指的是中世纪活跃在濑户内海及九州西海岸地区的地方豪族，拥有自己的据点，熟悉水上作战，擅长操纵船舶，到进入近世前的战国时期，加入各地大名的阵营中，进行水上掠夺，在日语里，水军是海盗的同义词。（参看新村出（编）《广辞苑》（第三版），岩波书店，1990，第 1266 页）

② 森浩一、纲野善彦、渡边则文：《濑户内的海人们》，中国新闻社，1997，第 23 页。

③ 大林太良等：《濑户内的海人文化》（日文版），小学馆，1991，第 427 页。

④ 羽原又吉：《漂海民》，岩波书店，1963，第 126 页。

⑤ 白幡洋三郎：《濑户内海文化与环境》，濑户内海环境保全协会，1999，第 155 页。

与此同时，海盗活动的解体也使得这一区域的海上商业运输获得了生机①，到了 17 世纪的后半期，由濑户内海绕过本州列岛、进入日本海并通向列岛各地的航线已基本形成，近世的水运业由此发生了划时代的变化②。幕藩体制建立以来，以江户和大阪为首的各地城下町都各自形成了海产品的消费市场，并迎来了前所未有的繁荣③，还出现了专门运输活鱼的生船，使得批发装货运输成为可能④。这使得靠渔捞为生、又终年行驶海上的漂海民获得了直接从事渔业产品运输的机会，漂海民的角色开始向行商者与运输者转变。

（三）导致漂海民群体消失的社会条件

进入明治维新之后，现代化国家制度的推行使得海民群体逐渐被纳入整个社会体系，致使这一群体终于彻底失去了自由漂泊的生存空间，也使其在近代的大量转业、上岸直至几乎全部消失成为难以挽回的结局。

第一，日本列岛附近海域的海洋资源渐趋枯竭是漂海民不得不改变生活形态的最直接原因。以宫城县松岛湾为例，江户时代这里曾被设定为捕鲸渔场，三百年前，这条仅半里宽的海峡曾有大量鲸鱼来往通过⑤，这在如今的日本沿岸海域是难以想象的。濑户内海更是如此，渔场利用权的纷争逐渐增多，诸如冈山县下津井渔民与盐饱群岛、盐饱群岛与香川县渔民、爱媛县渔民与广岛县渔民的渔场纷争在日本渔业史上都相当有名，纷争持续了数十年之久，不时还伴随血雨腥风⑥，漂海民的生存环境进一步恶化，逼迫其中的一部分人进一步驾船向外海进发，于是朝鲜海域、东海海域上也出现了他们的身影。只是外海的渔猎并不顺利，明治政府的野心很快就让这些海域燃起了战火，轻易就阻断了漂海民的谋生之路，等到二战结束后，日本更是彻底丧失了海外渔场，重被关闭到国内狭窄的渔场内⑦，漂海民的生存空间至此再无拓展余地。

---

① 白幡洋三郎：《濑户内海文化与环境》，濑户内海环境保全协会，1999，第 61 页。
② 白幡洋三郎：《濑户内海文化与环境》，濑户内海环境保全协会，1999，第 64 页。
③ 羽原又吉：《漂海民》，岩波书店，1963，第 41 页。
④ 白幡洋三郎：《濑户内海文化与环境》，濑户内海环境保全协会，1999，第 138 页。
⑤ 谷川健一（编）《日本民俗文化资料集成》（第三卷），三一书房，1992，第 217 页。
⑥ 山口彻（编著）《濑户内群岛与海上通道》，吉川弘文馆，2001，第 167 页。
⑦ 大林太良等：《濑户内的海人文化》（日文版），小学馆，1991，第 439 页。

第二，一些特定海产品需求量的减少也使得漂海民群体变得不再不可或缺。中世与近世，漂海民有时会受到地方各藩领主的保护，有的还会成为水上运输的公职人员，但这样的保护归根结底是因为领主需要利用漂海民的潜水及航行技能来采摘鲍鱼等海产品，充当"俵物"，用以供奉神灵①。这样的联系在明治维新之后被割断了，"废藩置县"②的推行使得各藩势力被废除，漂海民与藩主之间的纽带从此不复存在，高价海产品失去了市场，漂海民的一项主要经济来源就此被阻断。

第三，随着近代化的临近，漂海民所接触的周边社会至少在外观上，开始以从前难以想象的速度不断发生着巨变。濑户内海岛屿众多，原本依靠漂海民等海上运输业者的船舶来解决各岛之间的交通问题，这样的交通方式使得岛屿社会自成一体，形成了各具特色、丰富多彩的海岛文化。但近代以来的交通建设却打破了这样的格局，随着城市与岛屿之间的大桥建设和机动船航线的不断增加，岛屿通向大城市的交通日益便利，岛屿之间的联系却日益减弱，地域社会的整体性日渐消失③，漂海民的存在变得愈发与周边环境格格不入。此外，18 世纪初期的濑户内海，"到处充斥着开垦山野、开拓远浅海域的热情"④，诸如儿岛湾、福山与广岛的城下町湾这样的海湾填埋工程使得沿岸浅海大面积陆地化，漂海民不仅进一步失去了系留、停靠的据点，还要直面周边社会在西方文明的冲击下发生前所未有的变化。这样的变迁与他们孤立于海上一成不变的生活产生了极大的反差和心理压迫感，使他们意识到，自己这一群体正在被时代的洪流所抛弃，从而迫使他们采取行动走出这孤立无援的境地。

第四，明治维新之后，现代教育在日本全国普遍起来，供渔民子女就学的学舍、学寮开始在沿岸搭建起来，各县的教育相关负责人员也开始就子女就学问题，对漂海民展开不厌其烦的热心劝说。虽然大部分漂海民一开始不为所动，但情形还是随着时势逐渐发生了改变，有的漂海民开始让

---

① 谷川健一（编）《日本民俗文化资料集成》（第三卷），三一书房，1992，第 397 页。
② 指明治 4 年（1871 年）7 月实施的地方制度改革，全国各藩被废除，代之以府县的设立，实现了日本中央集权化的统治（参看新村出（编）《广辞苑》（第三版），岩波书店，1990，第 1908 页）。
③ 大林太良等：《濑户内的海人文化》（日文版），小学馆，1991，第 460－461 页。
④ 白幡洋三郎：《濑户内海文化与环境》，濑户内海环境保全协会，1999，第 127－128 页。

他们的子女每天从船上直接去学校上学。不过因为每天上学放学都要船靠岸接送，漂泊范围就只能限于岛屿周边，因而终于迫使大多数漂海民不得不认真考虑定居，在当地海岸带上购买一坪、二坪的土地充当居住地①，终结自己的漂泊生涯。

第五，第二次世界大战虽然没有让濑户内海地区沦为本土作战的战场，但战争对漂海民的影响却是致命的。大战期间，日本对全国实行主食的统一配给制度，收获的渔获物只能换成现金，漂海民长期的物物交换生活习惯不得不就此中断；渔网也要统一配给，逼迫漂海民加入渔业组合；食物必须接受定量配给，自由漂泊的生活根本无法为继；应征入伍也成了漂海民理所应当承担的义务；再加上上学等其他花费也使得现金支出不断增加，原有的生活结构终遭彻底破坏②。战争给漂海民带来致命打击，可这却并不意味着战争结束漂海民便可重获新生，相反，战后国家对《渔业法》的修订才是打击漂海民的"最后一根稻草"。《渔业法》③ 制定于明治时期，制定之初，该法承认了漂海民移动漂泊的惯行渔业权，但战后修订的新《渔业法》所承认的当地专用渔业权的权利主体却只限于渔业协同组合，这意味着漂海民进入其他渔村海域打鱼就要一一支付入渔料④，这显然是从事零星渔业的漂海民所难以承受的。

从日本学者对漂海民群体的产生、发展及消失分三阶段进行研究的特点上可以看出，追问中世、近世和近代的社会发展变迁，无疑有助于为这一群体勾勒出清晰的发展脉络。

七 社会变迁视角下的日本漂海民群体研究的启示

立足社会变迁来诠释漂海民群体的定义，把握群体的特点，分析影响群体发展变化的社会条件，这样的研究视角不仅为我们展现了漂海民群体的完整形象，也为海洋社会学的相关研究提供了重要启示。

---

① 谷川健一（编）《日本民俗文化资料集成》（第三卷），三一书房，1992，第397页。
② 谷川健一（编）《日本民俗文化资料集成》（第三卷），三一书房，1992，第398页。
③ 《渔业法》制定于明治34年（1901），在1910年、1949年分别进行了全面修订，是日本渔业的基本法。
④ 谷川健一（编）《日本民俗文化资料集成》（第三卷），三一书房，1992，第398页。

第一，典型海洋社会群体研究对海洋社会学的重要性。漂海民终年漂泊于海上、生活于海上，从传统社会来看，其作为社会群体的形态甚为特殊，但从海洋社会的角度来看，却实在是不可替代的典型海洋社会群体，是海洋社会学中不容错过的研究对象。漂海民举家以船为居，平日里三五人一船，飘零海上形单影只，偶尔在节日里聚首却也浩浩荡荡，在港口边的海面上绵延成片，宣告了海上人群这一不容忽视的存在；他们终年流连于各片渔场，穿梭于湍急的海流之间，只为叉鱼、采贝，来换取生活所需，他们用自己极为彻底的漂泊形态演绎了海洋社会的别样风情。虽然在我国学界，海洋社会学作为学科已获认可，但对海洋社会的存在本身及其定义方式却一直存有疑问，对漂海民群体及其演变过程的研究无疑是对海洋社会最生动、具体、富有说服力的诠释。

第二，时间维度对海洋社会群体研究的重要性。日本学界对漂海民研究始终围绕漂海民群体所处时代的社会条件的变化，通过关注群体的演变过程来把握这一典型海洋社会群体的整体面貌。从漂海民在中世的产生来看，这一群体是中世纪的濑户内海区域社会孕育的产物，正是这一区域的经济社会发展到中世纪达到了一定程度，才能孕育出漂海民这样的海洋社会群体，漂海民既是在战乱纷扰的日本中世纪迫于生计被赶下海的，也是农耕社会生产力发达到一定程度才得以下海、专事渔捞的；从漂海民在近世的发展来看，正是统治者在战国这一日本中世向近世的转变时期大力推行农业立国，使漂海民的生存环境更趋严苛，本已四海流浪的海上吉普赛人不得不进一步流浪远方，虽然群日的活动范围看似拓展了，但内海有限的活动空间和漂海民简陋的航行方式却为这一群体在日后的衰败埋下了伏笔，加之这一时期内海区域社会日益繁荣的海商等产业的发展，为漂海民此后的大量转业、上岸提供了所需的社会条件；从漂海民在近代的消失过程的分析中我们又获知，明治维新后大量西方现代文明对濑户内海传统社会的冲击是漂海民消失的根本原因，无论是现代化的交通格局的建立，还是全国统一有序渔场秩序的建设，现代社会制度的形成过程也是传统社会格局被打破的过程，漂海民这一对自然环境及社会环境有着高度依赖性的海洋社会群体也只有在时代的浪潮中如泡沫般消散无踪了。社会变迁视角所提供的时间维度对准确把握这一群体至关重要。

第三，空间维度对海洋社会群体研究的必要性。漂海民群体的研究同样没有忽视濑户内海及周边海域的区位在这一群体产生、发展乃至消失的过程中所起到的影响和作用。漂海民的产生固然是社会生产力发展到一定程度的产物，但如果离开了濑户内海多岛、水急、渔业资源丰饶的自然环境，以及位于列岛中心的地理位置，恐怕也难以孕育如此纯粹的海洋社会群体；到了近世，漂海民之所以会面临失去生存空间的困境，并逐渐转业，也总是这一海域作为日本全国经济枢纽的重要性所致，既然这里的任何动乱都可能导致全国粮米供应的短缺，那么推行农业为本、稳定地区秩序、限制这片海域的活动自由也就是必然的选择了；转入近代，漂海民群体的变化依然不能脱离其所处地域来解释，无论影响群体的社会条件指向渔业资源、沿岸建设还是海域交通，都不能脱离这片海域特有的地理环境，漂海民群体因濑户内海及周边海域的地理环境而产生，同样因这里的环境资源变化而改变，甚至消失，社会变迁的视角所提供的空间性这一维度对这一群体的研究同样不可或缺。

第四，海洋社会学的学科发展需要立足社会变迁。海洋社会学作为社会学应用于海洋领域的新兴分支学科，关注着人类海洋开发活动与人类社会变迁之间的关系及相互影响；海洋社会群体作为海洋社会学的一项重要研究专题，同样离不开对海洋社会群体的海洋实践活动与群体所处海洋社会的变迁之间关系问题的关注。漂海民是日本最典型的海洋社会群体之一，对这一群体的研究只有立足于濑户内海及周边海域社会的变迁过程，才能系统、准确、客观地把握这一群体的结构、行为、心理，并基于对这一海洋社会群体的研究来找出当下日本海洋社会所面临的诸多问题的产生原因及其发展的动向。社会变迁的视角不仅是海洋社会群体研究所不可或缺的，同样也是海洋社会学的其他专题研究中普遍需要的。

第五，海洋社会学研究中的理论创新与理论自觉。近年来，中国社会学界一直在呼吁我国社会学研究中的理论自觉，海洋社会学作为社会学的一门新兴分支学科同样被寄予这方面的期待[①]，有望在这门先于其他国家发展起来的社会学新学科[②]中实现我国社会学的理论创新与理论自觉。如果说

---

① 杨敏、郑杭生：《中国理论社会学研究：进展回顾与趋势瞻望》，《思想战线》2010 年第 6 期。

② 虽然日本有着对海洋社会各研究领域的丰厚成果，但海洋社会学作为一门学科是由我国社会学界首先提出的。

我国海洋社会学发展所追求的目标是建立"世界眼光与中国气派兼具"①的海洋社会学，那么，日本漂海民群体的研究倒是很好地体现了对这一海洋社会群体研究中"日本气派"的坚持。日本学界对这一群体的产生、发展与消失的审视从来没有脱离日本列岛、濑户内海及其周边海域，他们关注日本的渔业史、社会史，从日本庶民阶层的民俗文化中汲取所需素材，追问日本海洋领域所面临的社会问题的来龙去脉，对日本特有的发展模式自始至终保持着普遍的学术自觉，却不曾见到哪位学者在自己的研究中将西方理论与日本海洋社会问题加以对接。实现我国海洋社会学的理论自觉，有必要借鉴日本海洋社会相关研究的思路，对中国的海洋社会问题进行本土化的思考，从这一意义而言，社会变迁视角下的日本漂海民群体研究确实可以给予我们深远的启示。

---

① 郑航生：《促进中国社会学的"理论自觉"——我们需要什么样的中国社会学?》，《江苏社会科学》2009 年第 5 期。

古代浙江海洋渔业税收研究[*]

白　斌　张　伟[**]

摘要：古代中国的海洋渔业管理体现在赋税征收方面，浙江海洋渔业税收始于唐代的海鲜土贡。宋代浙江海洋渔业税收在土贡减少的同时，增加了涂税和征收海产品的商税。元朝朝廷开始在浙江征收鱼课，其由地方税课司和河泊所分别征收的体制一直延续到明清。明清时期，朝廷开征渔船税，府县开征牌照税。晚清浙江海洋渔业税制的变化则是渔业现代化的先兆。

关键词：明清　浙江　海洋渔业　税收

一　序言

我们的祖先在远古时期就开始利用海洋资源。随着国家体制的建立，海洋税收成为历代王朝管理沿海社会的一种重要形式。作为海洋税收的重要组成部分，海洋渔业税收在春秋战国时期的齐国就已经开始出现，其后税收形式多有变革，但发展的大趋势则是种类的增加和数目的增多。总体而言，海洋渔业税收在国家整体财政收入中所占的比例较其他海洋税收要低，但在沿海府县财政收入中，海洋渔业税收的重要性值得我们关注，而这一点往往被研究古代府县财政问题的学者所忽略。在海洋渔业史研究领

---

* 本文系宁波市文化工程资助课题《宁波海洋渔业史》（课题编号：W12-04）阶段性研究成果。

** 白斌（1984—）男，陕西商洛人，历史学博士，宁波大学人文与传媒学院讲师，主要研究方向：中国海洋经济史与世界海洋制度比较。张伟（1962—）男，浙江宁海人，历史学博士，宁波大学人文与传媒学院教授，浙江省哲学社会科学重点研究基地"浙江省海洋文化与经济研究中心"常务主任，主要研究方向：海洋文化史及浙东学术史。

域中，张震东对唐代的土贡和宋元时期的渔税种类做了简要的概述[1]，尹玲玲对明代征收鱼课机构——河泊所的沿革和制度进行了动态的研究[2]，不过她的成果未涉及由地方府县征收的鱼课。至于清代的渔业税收问题，欧阳宗书对海洋渔船的税收做了探讨[3]，而沈同芳[4]与李士豪[5]的研究主要是晚晴海洋渔船的牌照税与船税，这两项当时都是由地方公所及渔团局统一征收。就国外而言，日本学者中村治兵卫在《中国渔业史研究》中对中国唐、宋及明朝的渔业税收分别做了论述[6]。

从前辈的研究我们可以知道，海洋渔业税收中对皇室的土贡最迟在唐代就已出现，其后的税收还有隶属朝廷的渔课、河泊课和船税，由地方支配的涂税、牌照税及其他杂税。尽管我们现在对海洋渔业税收有了大致了解，但对不同税种的征收和税收的继承关系的研究还没有专门的论文来阐述。作为中国海洋史研究的一个分支，海洋渔业研究史料的匮乏一直制约着我们对于不同时期海洋渔业经济发展状况的理解。而对海洋渔业税收相关问题的解答，可以给我们一些启发。为此，本文以浙江省为例，以点代面，来勾勒古代中国海洋渔业税收的轮廓。

在这里要指出的是，本文研究的浙江海洋渔业税收针对的是直接税，而作为间接税的渔盐税和渔产品在流通领域中产生的厘金等商业税以及全民都需负担的丁税、徭役等赋税不在本文的考察范围。另外，要说明的是，文中的渔业除了海洋鱼类，还包括其他海洋生物（如螃蟹与海带）。

二　皇室土贡

奴隶社会时期，王朝对海洋渔业征税更多的是出于一种形式，即地方对中央政权的承认。这从郑州商代早期遗址的考古成果和文献记载中得到

① 张震东、杨金森：《中国海洋渔业简史》，海洋出版社，1983。
② 尹玲玲：《明清长江中下游渔业经济研究》，齐鲁书社，2004。
③ 欧阳宗书：《海上人家——海洋渔业经济与渔民社会》，江西高校出版社，1998。
④ （清）沈同芳撰《中国渔业历史》，载《万物炊累室类稿：甲编二种乙编二种外编一种》（铅印本），中国图书公司，1911。
⑤ 李士豪、屈若搴：《中国渔业史》，商务印书馆，1937。
⑥ 中村治兵卫：《中国渔业史の研究》，刀水书房，1995。

了证明①。此后，国家对海洋利益的关注更多的是海洋盐业税收。就现有文献资料记载，浙江向朝廷上供海鲜，最晚始于唐代开元年间（713 - 741）。据《元和郡县图志》记载，开元年间浙江沿海各州上贡的主要是鲛鱼皮②。鲛鱼皮即大海中皱唇鲨科动物白斑星鲨或其他鲨鱼的皮，有较高的药用价值。在当代，运用现代化捕鱼工具去捕杀鲨鱼尚且不是容易的事，唐代浙江沿海各州每年要上供130张鲛鱼皮，其难度可见一斑（见表1）。

表 1　唐代浙江沿海各州上贡海产品数量

州郡＼时间	明　州	台　州	温　州	出　处
	余姚郡	临海郡	永嘉郡	
开元年间（713 - 741）		鲛鱼皮	鲛鱼皮三十张	
元和年间（806 - 820）	海肘子、鲭子、红虾鲊、乌鲗骨	鲛鱼皮一百张	鲛鱼皮	《元和郡县图志》
		鲛鱼皮百张	鲛鱼皮三十张	《通典》卷 6
	海味	蛟革	蛟革	《新唐书》卷 41

资料来源：（唐）李吉甫撰、贺次君点校《元和郡县图志》，中华书局，1983，第626、627、629页；（唐）杜佑撰、王文锦等点校《通典》卷6《赋税下》，中华书局，1988，第124页；（宋）欧阳修、宋祁撰《新唐书》卷41《地理五》，中华书局，1975，第1061、1063页。

古代中国，地方州县上供朝廷的物产一般为特色产品，从地方上供的物品清单中，我们可以了解沿海各省州县海洋经济发展的特点。从表1我们可以看到浙江沿海台州和温州上贡的是鲛鱼皮，而明州上贡的是海味，其区域海洋渔业经济发展的差异可见一斑。明州上贡的海味除了表1所列之外，还有淡菜、蚶、蛤等。考虑到海鲜的保鲜时间，这些海鲜要在短时间内从浙江转运到京师，需要大量人力与交通工具转运。因此元和十年（816），时任华州刺史的孔戣上奏朝廷，以海味"自海抵京师，道路役凡四

---

① （清）简朝亮撰《尚书集注述疏》卷3《夏书禹贡》，载青州"厥贡盐绨，海物惟错"，《续修四库全书》（第52册），上海古籍出版社，2002，第153页。（汉）班固撰《汉书》卷28上《地理志》，中华书局，1964，第1526页。

② （唐）李吉甫撰、贺次君点校《元和郡县图志》，中华书局，1983，第626、627、629页。

十三万人"为由，要求取消上贡①。尽管朝廷准许了孔戣的请求，但是浙江海味的上贡似乎并没有完全取消，只是数量和种类有所减少而已。因此长庆二年（822）时任浙东观察使的元稹又旧事重提，以"明州岁贡蚶，役邮子万人，不胜其疲"为由，请求朝廷停止上贡②。虽然我们无法证实此后浙江土贡海味是否取消，但规模应该缩小了很多。

宋朝建立后，浙江省上供朝廷的海产品种类基本没有变化，浙江庆元府（今宁波）上贡乌鲗骨，台州和温州上贡鲛鱼皮，③ 但数量却减少了很多。北宋元丰年间（1078–1085），明州奉化郡上贡乌鲗骨五斤，温州永嘉郡上贡鲛鱼皮五张，台州临海郡上贡鲛鱼皮十张④。相比唐代的数量，北宋皇帝可算得上是"仁俭"之君了⑤。不过在其背后，我们要注意这一时期沿海渔民的负担并未减轻，因为朝廷已经开始对浙江沿海的海鲜产品征收商税。

到元代，浙江上贡的海味种类没有大的变化。就浙江昌国州（今浙江舟山）而言，每年上贡沙鱼皮 94 张。至元三十年（1294），又增加鱼鳔项（鱼鳔在当时经加工后是很好的补药，以海中黄鱼鱼鳔为佳，而黄鱼最大的产地就在舟山），每年上贡 80 斤。⑥ 延祐年间（1314–1320）庆元府上贡沙鱼皮，本路额办 163 张，奉化州额办 27 张，昌国州额办 94 张，定海县额办 42 张。而鱼鳔则是本路额办 200 斤，奉化州额办 40 斤，昌国州额办 80 斤，定海县额办 40 斤，象山县额办 40 斤。⑦

与宋元时期相比，明朝浙江沿海府县上贡海味的种类大大增加。从上贡海产品种类看，浙江沿海渔民对海洋生物的捕捞不仅有鱼类和蟹类，还

① （宋）欧阳修、宋祁撰《新唐书》卷 163《孔戣传》，中华书局，1975，第 5009 页。

② （宋）欧阳修、宋祁撰《新唐书》卷 174《元稹传》，中华书局，1975，第 5229 页。

③ （元）脱脱等撰《宋史》卷 88《地理四·两浙》，中华书局，1977，第 2175、2176 页。

④ （宋）王存撰、王文楚等点校《元丰九域志》卷 5《两浙路》，中华书局，1984，第 213、215、216 页。

⑤ （元）袁桷等撰《延祐四明志》卷 1《沿革考》，宋元方志丛刊，中华书局，1989，第 6144 页。

⑥ （元）冯福京等撰《大德昌国州图志》卷 3《叙赋》，宋元方志丛刊，中华书局，1989，第 6082 页。

⑦ （元）袁桷等撰《延祐四明志》卷 12《赋役考》，宋元方志丛刊，中华书局，1989，第 6296 页。（元）王元恭纂修《至正四明续志》卷 6《赋役》，《续修四库全书》（第 705 册），上海古籍出版社，2002，第 563 页。

有大量的海生植物（见表2、表3、表4），可见这一时期的海洋渔业已经由近海逐渐向远洋发展。同时海产品保鲜方式增加了酱制。

表2　明嘉靖年间（1522－1566）宁波府沿海各县岁贡

府　县	岁　进
宁波府	泥螺、紫菜、鹿角菜、蚶子、酱蚶子、酱蟛蜞、鮸鱼、银鱼、鲳鱼、鲥鱼、跳鲥鱼、鲈鱼、鳗鱼、海鲫鱼、龙头鱼、墨鱼干
鄞　县	泥螺、紫菜、虾米、鹿角菜、墨鱼干
慈溪县	鮸鱼、鲥鱼、泥螺、虾米
奉化县	蚶子、蟛干、鮸鱼、鳗鱼、海鲫鱼、跳鲥鱼*
定海县	虾米、泥螺、紫菜、龙头鱼、鮸鱼、鲥鱼、酱蟛蜞
象山县	虾米、泥螺、鮸鱼、鲥鱼、鲈鱼、海鲫鱼、龙头鱼

　　*《光绪奉化县志》有九项，其余三项为银鱼、鲈鱼、鲳鱼。见（清）李前泮修、张美翊纂《光绪奉化县志》卷7《田赋》，中国方志丛书，成文出版社有限公司，第372页。

　　资料来源：（明）张时彻纂修《嘉靖宁波府志》卷12《物产·贡赋》，嘉靖三十九年（1560）刻本，第14页。

表3　明代台州府沿海各县岁贡

府　县	岁　进
太平县	石首鱼、鲥鱼、鳗鱼、鮸鱼、鲈鱼、黄鳍鱼、龙头鱼、海鳝鱼、银鱼、虾米、泥螺、水母线、蟛乾、白蟹、蚶
黄岩县	石首鱼、鮸鱼、鲥鱼、鲈鱼、蟛乾、白蟹、泥螺

　　资料来源：（明）海峰、叶良佩纂修《嘉靖太平县志》卷三《食货志·贡赋》，天一阁藏明代方志选刊，上海古籍书店，第24－25页。（明）袁应祺撰《万历黄岩县志》卷三《食货志·贡赋》，天一阁藏明代方志选刊，上海古籍书店，第6页。

表4　明弘治年间（1488－1505）温州府沿海各县岁贡

府　县	岁　进
温州府	石首鱼、龙头鱼、鳖鱼、鲈鱼、黄鲫鱼、鲥鱼、鳗鱼、虾米、**蝛蛤**、壳菜、石发菜、水母线*
永嘉县	石首鱼、水母线、虾米、鲥鱼、**蝛蛤**、壳菜、龟脚

续表

府　县	岁　进
瑞安县	石首鱼、鳖鱼、鲈鱼、虾米、鳗鱼、鲻鱼、水母线、黄鲫鱼
乐清县	水母线、石首鱼、鳖鱼、鲈鱼、鲻鱼、黄鲫鱼、石发菜、虾米、龟脚、〈虫左族右〉蝤**
平阳县	龙头鱼、石首鱼、虾米、鳗鱼、鳖鱼

* 为嘉靖年间数据。见（明）张孚敬纂修：《嘉靖温州府志》卷 3《贡赋》，天一阁藏明代方志选刊，上海：上海古籍书店，1964 年版，第 1 页。

** 永乐年间（1403 – 1421）乐清上供海鲜还要有鳗鱼和壳菜。见《永乐乐清县志》卷 3《贡赋》，天一阁藏明代方志选刊，上海：上海古籍书店，1964 年版，第 12 页。

资料来源：（明）王瓒、蔡芳编纂，胡珠生校注：《弘治温州府志》卷 7《版籍·土贡》，温州文献丛书，上海：上海社会科学院出版社，第 129 – 130 页。

明代浙江沿海府县的岁贡由浙江市舶司负责，具体事宜则由皇帝下派的内官"掌其事"，随着浙江市舶司的裁革，浙江沿海的岁贡也随之豁免[①]。在平时，严重的自然灾害和海盗倭患都会促使朝廷考虑是否减免岁贡。如以倭乱罢浙江今年岁贡鱼鲜[②]。

三　渔课、河泊课与船税

对海产品征税课税始于春秋战国时期的齐国，而浙江海洋渔业课税的征收自宋朝开始。南宋嘉定六年（1214）六月六日浙江提刑兼权庆元府程覃在奏章中对这一时期庆元府（今宁波）的商税征收与使用情况做了说明。比照庆元市舶司的征收办法，庆元府商税对"所有鲜鱼蚶蛤虾等及本府所产生果悉免"，而对"淹盐鱼虾等及外处所贩柑橘橄榄之属收税"，简单而言就是对本地产品免税，而对外地贩运而来产品征税。从商税的细致程度我们可以知道朝廷对浙江海产品的征税应该远远早于这一时间。另外，值得注意的是，政府对盐淹鱼虾征税，说明宋代就已经开始使用海盐来保证

① （明）张时彻纂修《嘉靖宁波府志》卷 12《物产·贡赋》，嘉靖三十九年（1560）刻本，第 15 页。

② 《明实录·世宗实录》卷 414，嘉靖三十三年九月癸亥条，台北"中央"研究院历史语言研究所，1961，第 7209 页。

海鲜的长时间储存，而且规模已经到了可以承担税收的程度。庆元府商税总额为一百贯文，其中四十八贯四百六十二文归庆元府，其余由朝廷诸司支配。① 几乎与此同时，嘉定年间（1208 - 1244）浙江台州上贡海味取消，而变为银与绢②。从商税内容的细化和岁贡种类的变化来看，这一时期政府对于海洋税收的认知有了进一步提高，由供皇帝御用向纳入政府财政体系转变。浙江海洋渔业中央税收体制在南宋开始确立并进一步细化。另外，随着海上运输的发展，至迟在元丰三年（1080）海南便开始按照船只的大小征税③。

元朝建立后，与海洋渔业有关的税收包括商税和额外课项下的渔课。以浙江昌国州为例，至元二十五年（1289）开始对来往鱼盐商贾征税，每月"柜办中统钞一定一十八两六钱"，到大德年间（1297 - 1307），这一数字增加到"三定半有奇"。④ 至于渔课，江浙省每年总计征收钞一百四十三锭四十两四钱⑤。在这里有两点需要注意：一点是浙江省征收的商税和渔课数额要多于海洋渔民的负担（因为商税下除对渔产品流通征税外，还有其他商品，而渔课就区域而言，不仅包括海鱼，而且还包括内陆淡水鱼）；另一点是元代的渔课和河泊课是不一样的，渔课的征收主体是地方州县，而河泊课的征收主体是朝廷在地方设置的河泊官。另外，渔课在元代仅在江浙行省征收，而河泊课则遍布全国⑥。

到明代，鱼课与河泊课合二为一，统称为渔课。每年都是由南京户科编印勘合（即今联单），发往各司、府、县、河泊所等衙门收掌，分别记录所收鱼课米、钞数量，在每年年终上缴，其勘合底簿送往户部⑦。虽然明代

---

① （宋）胡榘、罗浚纂修《宝庆四明志》卷5《郡志卷第五·叙赋上》，《续修四库全书》（第705 册），上海古籍出版社，2002，第76 页。

② （宋）陈耆卿撰《嘉定赤城志》卷36《土贡》，宋元方志丛刊，中华书局，1989，第7558 页。

③ （元）脱脱等撰《宋史》卷186《食货下·商税》，中华书局，1977，第4544 页。

④ （元）冯福京等撰《大德昌国州图志》卷3《叙赋》，宋元方志丛刊，中华书局，1989，第6082 页。

⑤ （明）宋濂撰《元史》卷94《食货二·额外课》，中华书局，1976，第2406 页。

⑥ （明）宋濂撰《元史》卷94《食货二·额外课》，中华书局，1976，第2403、2404、2406 页。

⑦ 《明实录·神宗实录》卷87，万历七年五月丁未条，台北"中央"研究院历史语言研究所，1961，第1809 - 1810 页。

鱼课与河泊课合二为一，但是明代的鱼课又分由隶属州县的税课局和隶属朝廷的河泊所分别征收①，如温州府乐清县永乐十年（1412）上缴鱼课，本县税课司下鱼课钞六百一锭九百三十文，河泊所下鱼课钞二千六百七十锭三贯五百五十文②。渔民上缴鱼课以米为主，其次是银两。宣德七年（1432），浙江鱼课"皆折收钞，每银一两纳钞一百贯"③（见表 5、表 6）。嘉靖年间（1522－1566），大批河泊所裁革，但其鱼课仍旧征收。以温州府平阳县为例，平阳河泊所于嘉靖四十五年（1566）裁革，但其鱼课钞仍旧由县带官征收④。而台州府太平县的鱼课米（钞）征收则始于嘉靖十一年（1532），收米"二百五十六石九斗六升九合六勺，有闰月加米二十四石七合六勺"，钞"一千一百八十八锭二十四文四分，有闰月加钞九十三锭三百四十五文六分"⑤。其他沿海州县也大致如此。地方鱼课的征收一般是由渔船户办解，或者在里甲内征派（见表 7、表 8）。

表 5　明代台州府黄岩县鱼课

时　间	鱼课米	鱼课钞
永乐年间 （1403－1421）	税课局带办鱼米八十三石五斗六升	河泊所岁课钞二百九十六锭六百文
嘉靖年间 （1522－1566）	鱼课米九十六石三斗六升三合四勺，钞六十六锭二贯三百五十文	河泊所该办米七十五石八斗四升，钞六百四锭五百七十五文

资料来源：（明）袁应祺撰《万历黄岩县志》卷 3《食货志·课程》，天一阁藏明代方志选刊，上海古籍书店，1963，第 12 页。

---

① 欧阳宗书依照《正德松江府志》的记载，将鱼课分为鱼课钞与鱼税钞。对于明代沿海各省鱼课的征收，笔者将另外撰文讨论。
② 《永乐乐清县志》卷 3《贡赋》，天一阁藏明代方志选刊，上海古籍书店，1964，第 15－16 页。
③ 《明实录·宣宗实录》卷 88，宣德七年三月庚申朔，台北"中央"研究院历史语言研究所，1961，第 2018 页。
④ 民国《平阳县志》卷 12《食货志一·外赋》，载俞光编《温州古代经济史料汇编》，温州文献丛书，上海社会科学院出版社，2004，第 509－510 页。
⑤ （明）海峰、叶良佩纂修《嘉靖太平县志》卷 3《食货志·田赋》，天一阁藏明代方志选刊，上海古籍书店，1963，第 24－25 页。

表6　明弘治年间（1488－1505）温州府沿海各县鱼课

府　县	数　额
温州府	米二千六百二十一石九斗九升八勺
河泊所	钞：五千一百四锭二贯五百六十文 本色钞：二千五百五十二锭一贯二百八十文，兼收铜钱二万五千五百二十三文
永嘉县	米五百一十五石一斗五升八勺
瑞安县	米一千六十二石九斗七升
平阳县	米一千四十三石八斗七升

资料来源：（明）王瓒、蔡芳编纂，胡珠生校注《弘治温州府志》卷7《版籍·课程》，温州文献丛书，上海社会科学院出版社，第127－128页。

表7　明嘉靖年间（1522－1566）宁波府沿海各县鱼课

府　县	数　额
宁波府在城河泊所	额征无闰课钞三千二百四十锭三贯九百四十文，该银三十二两四钱七厘八毫八丝*。有闰课钞三千八百八十四锭七百四十七文，该银三十八两八钱四分一厘四毫九丝四忽。本府税课司带管该纳钞价岁于甬东隅醎鲜鱼铺户办解。
鄞县河泊所	额征无闰课钞课钞一千一百七十一锭一贯六百一十文，该银一十一两七钱一分三厘三毫二丝，有闰课钞一千二百六十八锭四贯六百六十文，该银十二两六钱八分九厘三毫二丝。里甲内征派。
慈溪县河泊所	额征无闰课钞七百七十八锭一贯三百四十文，该银七两七钱八分二厘六毫八丝。有闰课钞八百二十四锭一贯七十文，该银八两二钱四分四厘一毫四丝。鱼船户办解。
慈溪县带管河泊所	额征无闰课钞九百三十三锭四贯九十文，该银九两三钱三分八厘一毫八丝。有闰课钞一千八十一锭一贯五百五十文，该银一十两八钱一分三厘一毫八丝。每年编巡栏一名役银包纳。
奉化县河泊所	额征无闰课钞三百二锭三贯八百九十文，该银三两二分七厘七毫八丝。有闰课钞三百二十四锭二贯六百三十文，该银三两二钱四分五厘二毫六丝。鱼船户办解。
奉化县带办税课局	黄鱼课钞四百二十八锭，折银四两二钱八分**。

续表

府　县	数　额	.
定海县带管河泊所	额征无闰课钞二百四十三锭四贯六百文，该银二两四钱三分九厘二毫。有闰课钞二百八十一锭一贯六百八十三文，该银二两八钱一分三厘三毫六丝。里甲丁田内征解。	

* 每锭折银一分①。

**（明）张时彻纂修《嘉靖宁波府志》卷 12《物产·杂办》，嘉靖三十九年（1560）刻本，第 23 页。

资料来源：（明）张时彻纂修《嘉靖宁波府志》卷 12《物产·额征》，嘉靖三十九年（1560）刻本，第 34－37 页。

表 8　明嘉靖年间（1522－1566）温州府沿海各县鱼课

府　县	数　额*
温州府	鱼课米二千六百二十有一石九斗九升八合
永嘉县	河泊所鱼课米五百十有五石一斗五升八勺
瑞安县	河泊所鱼课米一千六百二石九斗七升
平阳县	河泊所鱼课米一千四十三石八斗七升
泰顺县	河泊所课程钞二千五百五十二锭一贯二百八十文，铜钱二万五千五百二十三文

*《嘉靖温州府志》中各县税课司课程钞没有单列鱼课项，所以无法统计。

资料来源：（明）张孚敬纂修《嘉靖温州府志》卷 3《贡赋》，天一阁藏明代方志选刊，上海古籍书店，第 2－5 页。

　　清初，沿海各省河泊所"有专设所官者，有归并有司兼理者，其税课或征之渔户，或编入地丁"②。与明代不同的是，清代的鱼课征收统一上缴银两，其中浙江省额定鱼课"银千三百六十五两七钱七分有奇，遇闰加银一百十有一两五钱五分有奇"③。这笔赋税具体到单个州县，数目就不是很

---

① （明）张时彻纂修《嘉靖宁波府志》卷 12《物产·杂办》，嘉靖三十九年（1560）刻本，第 23 页。

② （清）伊桑阿等纂修《［康熙朝］大清会典》卷 35《户部十九·课程四·鱼课》，近代中国史料丛刊三编，文海出版社有限公司，1992，第 1701 页。

③ （清）昆冈等修、刘启端等纂《钦定大清会典事例》卷 245《户部·杂赋·鱼课》，《续修四库全书》（第 801 册），上海古籍出版社，2002，第 896 页。

多，如宁波府镇海县道光年间（1821－1850）河泊所课钞银三十一两四钱五分三厘，带管河泊所课钞银二两四钱三分九厘二毫①。温州府平阳县乾隆年间"河泊所课银二两二钱七分五厘一毫三丝"②。另外，清代鱼课的征收仍分别由府县税课司和河泊所分别征收。如宁波奉化县税课局项下鱼课并新加银九十两五钱六分八厘，河泊所项下课银三两二分七厘。雍正年间（1723－1735）朝廷在浙江实行摊丁入亩之后，鱼课银均"摊入地粮编征"③。

除了渔课外，还有船税。船税即政府对出海渔船征收的赋税，其依据是渔船的大小及渔船搭载的货物种类。明嘉靖三十二年（1553）四月丙子，巡视浙福都御使王忬条上海防事，要求议税课以助军饷，"除小者不税外，其余酌量丈尺、编立字号，量议收税"，获得朝廷准许④。万历年间（1573－1620），温州沿海渔船出海捕鱼，都需要"量船大小，纳收税银，给与由帖，方许下海采捕"⑤。宁波渔税亦以"船大小为多寡"⑥。

清初，政府仍旧按船只大小收税，康熙二十八年（1689），皇帝以"小民不便"下令："采捕鱼虾船及民间日用之物，并糊口贸易，悉免其收税。"⑦ 雍正五年（1727），朝廷取消对船只大小的限定之后，浙江海洋渔业得到快速恢复和发展，政府开始按照船只大小有区别地征税。乾隆元年（1736），户部规定："边海居民采捕鱼虾单桅船只，概免纳税。"⑧ 而对于

① （清）俞樾纂《光绪镇海县志》卷9《户赋·田赋》，中国方志丛书，成文出版社有限公司，1974，第606页。
② （清）李琬修、齐招南等纂《乾隆温州府志》卷10《田赋》，中国方志丛书，成文出版社有限公司，1983，第579页。
③ （清）李前泮修、张美翊纂《光绪奉化县志》卷7《田赋》，中国方志丛书，成文出版社有限公司，1975，第395－396页。
④ （明）王忬：《计开》，（明）陈子龙辑：《皇明经世文编》卷283《王司马奏疏》，中华书局，1985，第2997页。《明实录·世宗实录》卷397，嘉靖三十二年四月丙子条，台北"中央"研究院历史语言研究所，1961，第6973－6974页。
⑤ 乾隆《温州府志》卷15《物产》，载俞光编《温州古代经济史料汇编》，温州文献丛书，上海社会科学院出版社，2004，第244页。
⑥ 《明实录·神宗实录》卷4，隆庆六年八月庚午条，台北"中央"研究院历史语言研究所，1961，第165－166页。
⑦ （清）清高宗敕撰《皇朝文献通考》卷26《征榷考》，商务印书馆，1936，第5078－5079页。（清）昆冈等修、刘启端等纂《钦定大清会典事例》卷239《户部·关税·禁令一》，《续修四库全书》（第801册），上海古籍出版社，2002，第816页。
⑧ （清）昆冈等修、刘启端等纂《钦定大清会典事例》卷239《户部·关税·禁令一》，《续修四库全书》（第801册），上海古籍出版社，2002，第822页。

双桅及以上大型船只，"梁头四尺五尺，每寸征银一分。六尺以上，每寸递加二厘。至满丈，每寸征银二分二厘。丈一尺以上，每寸又递加二厘。至丈有五尺，每寸征银三分。丈六尺，每寸三分四厘。丈七尺、丈八尺，均每寸四分"。[1] 乾隆年间，政府开始允许渔船搭载少量货物。乾隆二十五年（1760）兵部就规定渔船如果要带货物回港，就必须"赴置货之地方汛口验明给单，以便沿海游巡官兵及守口员弁查验。如单外另带多货，即移县查明来历"。[2] 这一规定的出台，实际上承认了渔船在出海捕鱼的同时，还可以通过远洋运输货物来赚钱。与此同时，政府对于渔船搭载的货物要征收一定的税款。浙海关规定："采捕渔船，各口岸不同，视其大小纳渔税银，自二钱至四两四钱八分。免税例。凡鱼鲜类十有九条，四百斤以上者征税，四百斤以下者免税。烧柴、木炭、炭屑、千斤以上者征税，千斤以下者免征。蛎蝗等十有五条，无论多寡均免税。"[3]

相比明代，清代的船税制度更加细致，同时出台了对于渔船搭载货物的征税。渔船搭载货物是沿海对捕鱼成本日益增加的回应，而政府相应制度的出台即是对这一事实的承认。至此，在海洋上行驶的渔船功能日益多元化，这对提高沿海渔民抵御渔业风险的能力是有很大帮助的。

四 涂税与牌照税

涂税，是地方府县对沿海渔户网捕之地所征收的赋税。渔船出海捕鱼前后，需要在沿海滩涂晾晒渔网、海产品等，地方政府即对渔民占用的沿海滩涂征收一定的赋税。涂税又称为砂岸租，"砂岸者，即其众共渔业之地"。浙江沿海的涂税，就文献记载看，最迟于南宋年间就已经开始征收，而且数额不小。知庆元军府事兼沿海制置副使颜颐仲在淳祐六年（1246）二月二十三日给朝廷的奏章对庆元府（今宁波）的涂税总额及用途做了说

---

[1] （清）昆冈等修、刘启端等纂《钦定大清会典事例》卷 235《户部·关税·浙海关》，《续修四库全书》（第 801 册），上海古籍出版社，2002，第 775 页。

[2] （清）昆冈等修、刘启端等纂《钦定大清会典事例》卷 630《兵部·绿营处分例·海禁二》，《续修四库全书》（第 807 册），上海古籍出版社，2002，第 763 页。

[3] （清）昆冈等修、刘启端等纂《钦定大清会典事例》卷 235《户部·关税·浙海关》，《续修四库全书》（第 801 册），上海古籍出版社，2002，第 775 页。

明。"本府有岁收砂岸钱二万三贯二百文,制置司有岁收砂岸钱二千四百贯文,府学有岁收砂岸钱三万七百七十九贯四百文,通计五万三千一百八十二贯六百文。"所收款项用于"拨助府学养士及县官俸料"①。涂税的征收一直延续到清代。康熙三十四年(1695)被授予定海知县的缪燧就曾下令取消定海涂税征收②。而乾隆八年(1743)乾隆皇帝下令免除了浙江温州府和台州府的涂税③。

渔船牌照,即渔民从事海上捕捞作业的凭证。海洋渔业牌照制度始于清代康熙年间,康熙四十二年(1703),吏部和兵部详细规定了渔民申请渔业执照的流程:"未造船时,先行具呈州县,该州县询供确实,取具澳甲、户族、里长、邻佑当堂画押保结,方许成造。造完,报县验明印烙字号姓名,然后给照。其照内仍将船户、舵水年貌籍贯开列,以便汛口地方官弁查验。"④ 浙江渔民的牌照一般是由船户所在渔帮或渔业公所统一领取,然后发放到船户手中,县府并不负责直接将船照发到渔民手中。与之相对应的是渔民的牌照费也由渔帮或渔业公所统一征收,然后上缴县府。在此过程中,渔帮或公所头面人物往往借此向渔民索要额外费用。⑤

光绪二十二年(1896)浙江渔团局成立,渔船领照,"必令取具互结,以别良莠。如无互结,即由局董将该牌照扣押,取亲邻确实保结,方准给照出洋"。同时渔船需要向渔团局支付渔照费。"其大船核收大洋二元,中船一元五角,小船一元。如墨鱼船小对船等,再减收五角。"⑥ 这一时期浙江出海捕鱼船只,只要有渔团局或渔业公司出具的船照,即可得到渔团局或江浙渔业公司所雇用兵船的保护。从内容看,其渔照内容包括渔民户籍、船制、大小、船号等内容,同时还有船照的发证日期及有效期。鱼船执照及公司旗一年一换,每届正月,由鱼船所在渔帮柱首,开列船户编号清册,

① (宋)胡榘、罗濬纂修《宝庆四明志》卷2《郡制卷第二·钱粮》,《续修四库全书》(第705册),上海古籍出版社,2002,第34-35页。
② 赵尔巽等撰《清史稿》卷476《缪燧传》,中华书局,1976,第12976-12977页。
③ (清)昆冈等修、刘启端等纂《钦定大清会典事例》卷268《户部·蠲恤·免科》,《续修四库全书》(第802册),第282-283页。
④ (清)昆冈等修、刘启端等纂《钦定大清会典事例》卷120《吏部·处分例·海防》、卷629《兵部·绿营处分例·海禁一》,《续修四库全书》(第800册),上海古籍出版社,2002,第125、753页。
⑤ 《甬东琐缀》,《申报》1892年11月11日。
⑥ 李士豪、屈若搴:《中国渔业史》,商务印书馆,1984,第34-36页。

向公司领取船照和号旗①。与清代前期相比，这一时期渔船执照的颁发机构是亦官亦商的江浙渔业公司。

浙江渔团开办后，宁属渔团委员为毕贻策、胡钟黔、李炳堃和刘凤岗等四人，其经费最初由宁波支应局提供，其后就按照渔团章程向辖区渔民征收，征收项目主要是牌照费②。在机构运行初期，渔团局的收入相对较多，除负担自身的运行外，还略有结余（见表 9）。就台州海门渔团局而言，其剩余的护渔经费常常会划归政府办公及慈善经费项下③。

表 9　浙江渔团局收支表

收入项		支出项	
牌　费	14000 元	局　用	5500 元
验　费	4400 元	营船护渔	1400 元
总　计	18400 元	总　计	6900 元

资料来源：沈同芳撰《中国渔业历史》，载《万物炊累室类稿：甲编二种乙编二种外编一种》（铅印本），中国图书公司，1911，第 39 - 40 页。

不过，时日一久，渔团局的弊端也逐渐显露出来。首先是内部的贪污腐败问题，如光绪三十一年（1905）三月初十，宁波渔团局"镇邑职员陈某等，联名赴府禀揭委员私图中饱"④。其内部的贪污腐败，直接导致渔团局在渔民中的领导地位的下降，很多渔船开始拒绝领取渔团局的牌照。为此，渔团局"恐各渔船抗不遵领，特于日前移请鄞县高子勋大令派差，由大石碶地方押令各渔船户到局领取船照，始准放行出口"⑤。而宁波洋关稽征委员候补知县颜恭叔兼办镇海渔团局优差后，"骤加阔绰，花丛和酒，挥霍更豪。前月下旬纳郡城名妓林四宝为妾，缴身价一千六百金，藏之金

---

① （清）沈同芳撰《中国渔业历史》，载《万物炊累室类稿：甲编二种乙编二种外编一种》（铅印本），中国图书公司，1911，第 16 页。
② 《清实录·德宗实录》卷 394，光绪二十二年丙申八月己丑条，中华书局，1986，第 147 页。
③ （清）黄沅：《黄沅日记》，桑兵主编《清代稿钞本（第一辑）》（第 21 册），广东人民出版社，2009，第 206、227 页。
④ 《宁波》，《申报》1905 年 3 月 10 日。本文《申报》中有关海洋渔业的资料由宁波大学孙善根教授提供，在此表示感谢。
⑤ 《派差押领船》，《申报》1905 年 5 月 17 日。

屋"①。渔团中不办事的"尸食者"越来越多,收入不敷开支。正如当时人们评论的那样:"所谓渔团,已失其原有之本意,而仅成为政府收取税捐之机关,绅董索诈之工具而已。"② 最主要的,渔团从渔民手中收取的大量费用,其大部分并没有投入到渔业现代化建设中,而是被地方政府挪作他用。如"宁属渔船牌照余款改归渔户承办,以便将照费分充该处乡约、学堂两项经费"③。而宣统元年(1909),宁波渔团局的所有存款将用于"当年印山学款及警察经费之用"④。

五 结语

浙江海洋渔业税收除了前文列出来的土贡、渔课、涂税、船税、牌照税等,还有本文没有涉及的明清时期对近海养殖业征收的赋税及其他尚未梳理出来的税种。其中土贡和船税是中央直接征收并支配的税种,而鱼课则由中央和地方政府共同征收并共同支配,涂税和牌照税则隶属于府县税收体系。从税款的类别,我们发现,在海洋渔业生产领域,至迟在宋代,浙江的海洋渔业已经非常发达,渔民在近海捕鱼,并通过海盐保鲜的办法,将海味运输到远离海岸线的地方出售,政府为此征收赋税。而到明代,海洋渔民所捕捞的海产品种类已经大大增加,海洋渔民在向远洋进军的同时,也开始利用沿海滩涂从事海洋养殖业,而酱制保鲜方式的推出,大大提高了海产品的商品化水平,并与整个江南地区经济发展同步,其结果就是这一时期的海洋渔业赋税征收由粮食向钞票转变。到清代,海洋渔民的收入逐渐多元化,而承担的鱼课则摊入田地,以银两结算。海洋税收的种类在这一时期增加了船税和牌照税,这表明清政府对海洋渔业发展变化的适应性的转变。这种转变其实是海洋税收体制近代转型的先兆。

---

① 《红分府妻妾争宠》,《申报》1911 年 6 月 25 日。
② 张震东、杨金森:《中国海洋渔业简史》,海洋出版社,1983,第 32 页。
③ 《改办渔船经费拨充乡约学堂经费》,《申报》1906 年 10 月 8 日。
④ 《筹拨印山学堂赔款》,《申报》1908 年 8 月 9 日。

失海渔民发展资源的多重衰竭与渔区社会基础的振兴*

姜地忠**

摘要： 解决失海渔民困境的现有措施都存在不同程度的局限：政策补偿具有暂时性，发展远洋渔业效力有限，转产转业与产业结构调整乏力，社会保障制度具有底线性与被动性。这些措施存在局限的原因在于，失海渔民面临着渔业资源衰竭综合征、理性人力资本微薄、感性人力资本失效、社会资本匮乏单一、观念意识保守僵化等发展资源的多重衰竭。为了从根本上解决失海渔民发展资源的多重衰竭问题，应通过提升失海渔民的客观性人力资本，激发他们的主观性人力资本，拓展他们的社会资本，以及推动他们观念意识的理性化等方式振兴渔区的社会基础。

关键词： 失海渔民　发展资源　多重衰竭　社会基础　振兴

近年来，由于近海污染、抢捕滥捕，我国近海渔业资源日趋枯竭，国家工业化建设（临海工业、港口码头、海底光缆、油气管道等）导致渔场作业空间不断缩小，中韩、中日、中越等国之间渔业协定的签署迫使渔民退出传统作业区，国家为保护渔业资源而强制实行的转业转产政策，以及滩涂、水域承包制度实施中的大吃小、强吃弱等因素的影响，渔民失海问题日益突出，一个数量庞大的失海渔民群体已经形成，并引起了政府管理部门和学术界的高度重视。

为解决失海渔民的生活困境和维护社会稳定，人们提出了进行政策补偿、发展远洋渔业、转产转业、调整产业结构、健全渔民的社会保障制度

---

* 上海海洋大学博士科研启动基金项目：海洋危机防治中的非政府组织参与（A－2400－10－0124）；上海市"优青"项目：海洋危机与治理的基础理论研究（B－8101－10－0010）。
** 姜地忠（1978—）社会学博士，上海海洋大学人文学院讲师，研究方向：海洋社会学。

等措施。应当说，这些措施能够在一定程度上缓解渔民因失海而出现的种种生活困境，也能在一定程度上防止渔民因失海而爆发群体性事件损害社会稳定。但是，这些措施实际上都存在深层的局限，从而难以从根本上解决问题。

一 解决失海渔民困境之现有措施的局限

1. 政策补偿的暂时性

研究者们一致认为，在发展临海工业、滩涂水域承包、国家为控渔而强制转产的过程中，应当给予失海渔民以合理的经济补偿。作为对渔民合法权益的保护，经济补偿当然必不可少。但是，即使不考虑渔民身份难以清晰界定[1]、补偿标准过低等情形，就经济补充本身而言它终究是一种暂时性措施。多数情况下，它仅仅能够解决失海渔民一两年的家庭生活维持问题，却难以解决他们补偿款花完之后的长期生活问题。国有企业改革过程中的买断工龄、城市化进程中失地农民的征地补偿已经提供了前车之鉴。因此，失海补偿只能作为解决渔民失海初期生活维持的暂时性措施，而无法依靠它从根本上解决失海渔民的长期生活问题。

2. 发展远洋渔业的效力有限性

相当多的研究者将发展远洋渔业视为解决失海渔民问题的一条有效途径。实际上，发展远洋渔业在解决这一问题中的效力是非常有限的。首先，远洋渔业投入大，风险高。"一条远洋渔船的投入都需要千万以上，一条400千瓦左右的远洋渔船去南沙捕鱼，一航次的成本在60万元左右。"[2] 如此高额的投入和捕鱼成本根本不是失海渔民可以承受的。其次，远洋渔业装备现代化程度高，对劳动力素质要求高。而我国失海渔民却呈现出岁数偏大，文化程度较低的特征。一项针对山东烟台四个渔村的调查显示，当地失海渔民中文盲、半文盲及小学文化程度者占一半以上。[3] 也就是说，我

① 殷文伟：《失海渔民概念探析》，《中国海洋大学学报（社会科学版）》2009年第3期。

② 苏万民、闫祥岭、张道生：《失海的渔民：贫富分化加剧部分陷入赤贫》，《经济参考报》2011年4月8日。

③ 宋希和、董永江、于丽：《对失海渔民增收问题的几点思考》，《水产科技情报》2010年第37（1）期。

国失海渔民的素质与远洋渔业的现代化要求是不相适应的，他们多数人是很难在远洋渔业中找到再就业岗位的。而且，产业的工业化与现代化过程本身就是一个机器不断淘汰手工劳动力的过程，费老在《江村经济》中早已揭示过这一道理①，所以，又怎能指望依靠现代化的远洋渔业来吸纳只具有传统手工捕捞技能的失海渔民的就业呢？再次，世界范围内渔业资源正在不断衰竭，而《联合国海洋法公约》生效后，各国都加强了对自己专属经济区内渔业资源的管理和保护，同时加大了对公海与极地渔业资源的开发、利用与掠夺；加之远洋渔业的发展依赖于一国造船工业科技的支撑，在这方面我国与远洋渔业强国相比也没有优势，② 因此，我国远洋渔业能否得到有力发展本身就存在疑问。可见，在如上种种因素的作用下，试图通过发展远洋渔业来解决失海渔民的困境，其效力是非常有限的。

3. 转产转业与产业结构调整的乏力性

转产转业与产业结构调整几乎被所有研究者看做解决失海渔民问题的最根本措施。孙立平先生在研究国有企业下岗职工再就业问题时曾指出，由于受人力资本等因素的制约，下岗失业者中的大部分人事实上已经被甩到了社会结构之外，很难再回到社会的就业结构中来。③ 当前的失海渔民群体也同样面临着这一困境。前例中，针对山东烟台四个渔村的调查指出，该地失海渔民中文盲、半文盲及小学文化程度者占 50% 以上，《经济参考报》记者对浙江玉环县的调查显示，玉环县 97% 的渔民文化程度在初中以下，60.2% 年龄在 40 周岁以上，大多数只有海洋捕捞一种技能，且受自身素质限制很难掌握新谋生技能。④ 可见，失海渔民受自身人力资本的制约，他们中的很大一部分人事实上已经被甩出社会结构，很难再转入其他产业。而一部分人虽然具备转入其他产业的可能，但也存在着思想观念保守、消

---

① 费孝通：《江村经济》，商务印书馆，2007，第 196 页。
② 苏万民、闫祥岭、张道生：《失海的渔民：贫富分化加剧部分陷入赤贫》，《经济参考报》2011 年 4 月 8 日。
③ 孙立平：《断裂：20 世纪 90 年代以来的中国社会》，社会科学文献出版社，2003，第 17 - 18 页。
④ 苏万民、闫祥岭、张道生：《失海的渔民：贫富分化加剧部分陷入赤贫》，《经济参考报》2011 年 4 月 8 日。

极观望、"等、靠、要"、拒绝转产转业的思想制约。①

除了提倡转产专业，还有相当多的人认为应当通过发展海水养殖、水产品深加工、开发休闲垂钓业、滨海旅游业等方式进行产业结构调整以解决失海渔民问题。表面上看，产业结构的调整不失为一条很好的途径。但是，海水养殖、水产品深加工需要较高的专业技术，失海渔民的文化素质决定了他们中大部分人难以掌握这些技术；而经营休闲垂钓和从事滨海旅游同样也需要一定的文化素质做基础，同时还受限于自然条件约束，并不是所有地区都具备发展休闲垂钓、开发滨海旅游的自然条件，也不是所有地区在这些方面都有广阔市场。此外，不论是海水养殖、水产品深加工，还是开发休闲垂钓与滨海旅游，都需要大规模的资金投入，这对于绝大多数的失海渔民而言也只能是望而却步。

4. 建立健全渔民社会保障制度的底线性与被动性

几乎所有研究者在思考如何解决失海渔民问题时，都提出应当建立健全渔民社会保障制度。为失海渔民建立健全社会保障制度十分必要。但是，从社会保障的本质看，社会保障是国家与社会依法保障社会成员基本生活的社会制度，是国家对公民应尽的责任和义务，也是公民的基本权利之一。享有国家提供的社会保障不仅是失海渔民，而且也是全体公民的基本权利。而且，社会保障提供的是对公民基本生活的保障。可见，社会保障本质上是一种底线，是社会的最后一道防火墙。而用社会的底线来解决社会问题只能是最后的无奈之举，而非积极的应对措施，被动性特征十足。因此，在解决失海渔民问题时，为失海渔民建立健全社会保障制度虽然十分必要，也是国家和社会不可推卸的责任，但绝不能将其视为一种积极的应对策略。

通过如上分析可见，人们为解决失海渔民生活困境而提出的种种措施，从表面上看都很合理有效，但实际上都蕴含着深层的局限。那么，为什么这些看似合理的措施会存在种种内在的局限呢？其中最重要的原因在于，人们在研究失海渔民问题时，更多的只是注意到了因"失海"而面临困境，却忽视了失海渔民除了失海之外，还面临着发展资源的多重衰竭问题。

---

① 苏万民、闫祥岭、张道生：《失海的渔民：贫富分化加剧部分陷入赤贫》，《经济参考报》2011年4月8日。

二　失海渔民发展资源的多重衰竭

失海只是渔民面临的直接发展困境。事实上，除了失海，这一群体面临着发展资源的多重衰竭，而正是在发展资源多重衰竭的综合作用下，才最终使失海渔民陷入不利的发展境地。

1. 渔业资源衰竭综合征

渔业资源的衰竭是全球面临的问题，我国由于渔业人口多、从业群体缺乏资源保护意识而抢捕滥捕、近海污染严重，以及国家工业化建设加速等因素的影响而在这一问题上表现得更为严重。一般而言，人们更多的只是注意到了渔业资源的衰竭会导致渔民失海问题的产生。实际上，它还引发了渔业资源衰竭综合征。这种综合征构成了渔民失海后不得不立刻面对的发展困境。

首先，渔业资源的衰竭导致了产业资源与就业资源的衰竭。在浙江、江苏、山东等沿海渔业乡、渔业镇可以看到，因为渔业资源的衰竭，不仅大批传统渔民失业，而且还引发了诸如冷冻企业、水产品加工企业、渔具生产企业等大批涉渔企业的衰败与倒闭，甚至连中水舟山海洋渔业公司这样的大型企业也因渔业资源的衰竭而举步维艰。大批涉渔企业经营困难或倒闭，不仅限制了渔民失海后转产转业的可能性，而且还释放出了大量下岗职工与失海渔民争夺本已有限的就业资源。与此同时，由于渔民失海后没有经济收入，大批涉海企业的经营困境导致职工收入与消费能力下降，餐饮、娱乐等非渔性产业很快受到波及，甚至连小商小贩都无利可图。因此，渔业乡、渔业镇的经济出现整体性下滑，部分地区甚至呈现出衰败景象，而这进一步降低了失海后转产专业的可能性。

其次，产业资源与就业资源的枯竭还引发了渔业区社会成员心理结构的震荡。一直以来，渔民的生活水平都比农民高，失海后渔民发现自己连根葱都需要购买，自己还不如农民。再加上，因产业资源与就业资源的枯竭，他们陷入了"转产无门路，就业无出路，发展无思路"的境况，渔民的心理结构很快出现了震荡。街头巷尾中悲观失望、怨天尤人、愤恨不平之声不绝于耳，对政府采取的积极引导政策也开始无缘由地受到怀疑和抵触，居民之间的信任也开始瓦解，矛盾开始增多，社会秩序呈现出一定程度的失序，甚至贫困文化也开始逐步显现。可以说，这种心理结构的震荡其实是非常不利于他们走出发展困境的。吉登斯在论述当代社会结构变迁时曾突出强调了心理因素的重要性。在他看来，社会结构的发展变化实质是人们心理结构和社会结构的相互转化过程。① 社会结构是人们社会行动的结果，而社会行动是在特定的心理结构的支配下进行的，有什么样的心理结构就可能建构出什么样的社会结构。而渔区社会成员心理结构的震荡、社会信任的衰退严重动摇了他们对自己前途的追求与努力，这样的心理状态又怎能支撑他们开展有效的社会行动以摆脱自己的发展困境呢？

2. 微薄的理性人力资本与失效的感性人力资本

人力资本是人们通过教育和专业训练而形成的个人所拥有的科学知识、专业技术和文化水平等。经济学将人力资本视为人们获得职业的决定性因素。在社会学界，格兰诺维特、林南、边燕杰等社会学家也十分强调人力资本在人们职业获得中的重要性。对失海渔民而言，他们要实现转产转业，从事其他行业的工作，首先必须具备一定的人力资本。但是，正如前文所提及的山东烟台、浙江玉环的调查所显示，失海渔民中初中以下文化程度的人占到了百分之五六十，其中还有许多文盲、半文盲，而且大部分人还岁数偏大。可见，失海渔民的人力资本是十分微薄的，这严重阻碍了他们失海后向其他领域转产转业。

当然，我们这里说失海渔民人力资本微薄，主要是从受教育程度这一考察人力资本的最一般角度进行分析而得出的结论。通过受教育而形成的人力资本可称为理性人力资本。失海渔民的理性人力资本虽然微薄，但他们却拥有其所特有的一种较为雄厚的人力资本，即长期的捕鱼经验。经验积累也是形成人力资本的一种重要途径。由于经验是尚未上升到理性层面的主观意识，因此，通过经验积累而形成的人力资本，可称为感性人力资本。感性人力资本由于来自经验的积累，因此具有个别性和特殊性，这一特点决定了感性人力资本必须依附于特定的生产过程才能发挥效力，一旦离开它所依附的生产过程便立刻失效。由于失海渔民所拥有的较为雄厚的人力资本是其长期劳动过程中形成的感性人力资本——捕鱼经验，并且还是传统方式的捕鱼经验，这意味着，渔民失海的过程也是其感性人力资本

---

① 刘少杰：《后现代西方社会学理论》，社会科学文献出版社，2002，第 343－347 页。

的实效过程。可见，渔民失海的同时，还面临着理性人力资本微薄、感性人力资本失效的发展困境。

3. 匮乏单一的社会资本

从 20 世纪 70 年代开始，社会资本在人们寻找新工作中的重要作用就被美国社会学家所高度重视。所谓的社会资本，是嵌入社会网络关系中的可以带来回报的资源投资。[①] 科尔曼认为，它表现为人与人之间的关系。[②] 布迪厄指出，它是从一种关系中自然增长出来的，在程度上远远超过作为资本对象的个人所拥有的资本。[③] 因此，社会资本在帮助个人获得工作中起着十分重要的作用。其实，早在林南提出社会资本理论之前，格兰诺维特在研究人们的求职行为时就已提出了他的"弱关系—强效应"命题，即对人们找到新工作的真正有价值的信息往往是通过他们一般亲戚朋友（弱关系）而获得的，而非通过关系密切的亲戚朋友。这主要是因为弱关系中包含着更有价值的异质性信息。边燕杰根据中国人情关系社会的特点，通过实证调查提出了与格兰诺维特截然相反的"强关系—强效应"命题，即中国人的职业获得更经常的是通过强关系而非弱关系获得。边燕杰之后，国内研究者针对不同社会群体（下岗职工、失地农民）再就业及职业流动等问题的实证研究不断证实了边燕杰提出的命题。

从社会资本理论的视角去分析失海渔民可以发现，失海渔民失海之后的接续发展面临着社会资本匮乏的严重制约。当然，这里所说的渔民社会资本匮乏是有所指的。失海以前，因为渔业生产的特点，为了安全和海上合作的需要，渔民出海捕鱼往往是多艘渔船结伴而行，并因此形成了"陆地上邻里守望、海面上互相援手"的密切人际关系；在捕捞过程中，他们还自发形成了互助型的船东协会、渔民协会等民间组织。也就是说，从渔业生产中衍生出了渔民间密切的人际关系。同时，渔村的聚居性特点也使渔民之间形成了亲密的邻里关系。可见，渔民也有他们较强的独特社会资本。并且，他们所拥有的社会资本还是来源于渔业生产中形成的强关系。但是，也正是因为这些强关系都是衍生于渔业生产的，所以具有单一性与

---

① Nan Lin, 2001, *Social Capital: A Theory of Social Structure and Action*, Cambridge University Press, pp. 24 – 25.

② 科尔曼:《社会理论的基础》，社会科学文献出版社，1999，第 356 页。

③ 赵延东:《〈社会资本〉理论述评》，《国外社会科学》1998 年第 3 期。

同质性特点。一旦他们不再从事渔业生产而需另谋职业时，他们所拥有的社会资本多数都成为无效的社会资本。因此，对于失海渔民而言，能够支持其失海后接续发展的社会资本实际上是非常匮乏的。这是失海渔民在失海的同时不得不面临的又一发展困境。

4. 保守僵化的观念意识

一般观点认为，海洋的变幻莫测培育了涉海社会群体不畏艰险、敢于拼搏的海洋精神。如果这种说法成立，那也很可能仅仅是在海洋这一特定场域中成立，一旦离开海洋，他们的思想观念立即变得保守僵化。一项针对失海渔民的调查显示，希望政府指条明路、扶着干的渔民约占到了60%；对退出渔业后的就业出路心存疑虑的约占到了30%；大部分的失海渔民总是带着一种"只图眼前有口饭吃，以后的事等等再说"、"内行生意不可丢，外行生意不可做"的陈旧、保守心态；还有一部分渔民抱守计划经济时期的旧观念，存在"等、靠、要"思想，对转产转业缺乏主动性；即使部分渔民已有就业意向，但对于新岗位能否适合自己也心存顾虑。[①] 可见，我国失海渔民的思想观念总体上有着明显的保守僵化趋向。不论这种保守观念是中国文化所致，还是长期的计划体制使然，这种僵化保守的观念意识对其失海后的接续发展都是一种巨大的阻碍。

三 渔区社会基础的振兴

以前人们由于更多的只是关注到了渔民失去生产资料——海洋的问题，因此，所提出的解决措施也主要是从经济的角度出发。如果看到渔民失海后还面临着发展资源的多重衰竭，那么，帮助他们解决困境的举措就不能只是注重经济发展，而应该从更为根本的社会基础的振兴入手。

所谓的社会基础是相对于经济活动和经济发展而言的一个概念，其基本内容包括社会行动、社会网络、社会资本、社会组织、社会制度、人力资本和社会信念等方面。[②] 社会基础是比经济活动和经济发展更为根本的层面，经济活动和经济发展实际上都是立基于其上的。波兰尼的经济嵌入社

---

① 宋希和、董永江、于丽：《对失海渔民增收问题的几点思考》，《水产科技情报》2010 年第 37（1）期。

② 刘少杰：《经济社会学的新视野》，社会科学文献出版社，2005，第 275 页。

会的"嵌入论"深刻揭示了这一点。根据嵌入理论，要从根本上解决失海渔民的发展困境，就必须振兴渔区的社会基础。那么，应当如何振兴渔区的社会基础呢？由于社会基础包含的内容比较广泛，不可能短时期内全部予以振兴。根据渔民失海后面临的主要发展困境，现阶段渔区社会基础的振兴应着重从以下几个方面切入。

1. 客观性人力资本的提升与主观性人力资本的激发

人力资本的微薄严重限制了失海渔民转产转业及从事远洋渔业的可能，因此，渔区社会基础的振兴首先应当提升失海渔民的人力资本。许多渔区的地方政府已经在这方面进行了努力，比如对失海渔民进行相关技能的培训。这些举措很重要，但却还远远不够，因为这些举措对人力资本的理解多数还停留在传统的视野中。

人力资本实质上是资本所有者所拥有的人力资源（知识、技能、身体等），从人力资源的这些内容看，它和自然资源一样具有客观性，因此，这一意义上的人力资本我们不妨称之为客观性的人力资本。在与自然资源同具客观性的同时，人力资源还有其特殊性：自然资源不依赖于人的意识而存在，但人力资源是依附于人之上的，它的形成、发展、变化都离不开人的主体意识。① 从这一角度看，人力资本具有主观性。如果人们没有意识到形成某种人力资本的必要性，意识不到自己所具有的人力资源的形式、内容、功能，那么，人力资源就不可能得到有效开发、调动和利用。所以，在对失海渔民进行相关技能培训，提升其客观性人力资本的同时，还必须对其主观性人力资本进行激发。

对失海渔民进行主观性人力资本的激发，就是坚持主体论的人力资本开发战略，通过各种形式的活动以及教育，帮助他们提升市场意识，提高理性思维能力，努力启发他们的自主观念，帮助他们增强发展自我人力资源必要性的认识，协助他们明确自身人力资源的特点、性质、价值和功用，引导他们掌握将人力资源转化为人力资本的策略和方式。概言之，对失海渔民进行主观性人力资本的激发，就是既激发他们学习知识、技能以增强自身人力资本的主动性，又帮助他们能够理性、合理、有效地运用自身的人力资本。

---

① 刘少杰：《人力资源的主观性与资本化》，《甘肃社会科学》2006 年第 6 期。

2. 社会资本的拓展

根据社会资本在社会成员就业与再就业中具有显著作用的理论观点，拓展失海渔民的社会资本对支持他们失海之后的接续发展具有重要的意义。但是，渔村的聚居性特点以及长期渔业生产过程中形成的社会关系的同质性表明，指望失海渔民们自我努力去实现社会资本的拓展将是非常困难的。这就要求作为外部力量的政府、各专业协会、各社会救助团体与机构必须参与到渔民社会资本的拓展过程中来，帮助他们拓展社会资本。那么，这些组织如何帮助渔民拓展社会资本呢？

伯特在对社会网络的研究中提出了著名的"结构洞理论"。伯特认为处于结构洞位置的中间人掌握着最多的信息，他起到了一种信息桥梁的作用，因此比网络中其他位置上的成员更具有竞争优势。根据伯特的结构洞理论，政府、各专业协会、各社会救助团体与机构在对失海渔民的帮助和救助中，不应当像现在这样只注重对渔民的经济补偿、专业技术培训或物质救助，而更应当利用自己的网络优势和信息优势，主动发挥结构洞占据者的作用。一方面，要主动与失海渔民建立起稳定的联系（这对失海渔民而言本身就是社会资本的一种拓展），另一方面，要主动拓展与渔区外各种社会组织的关系，进而把渔区外的就业、市场需求等各类信息及时传递给失海渔民，同时尽力促成失海渔民与渔区外的各种合作。

3. 思想观念的理性化

思想观念是社会行动的根据。韦伯在《新教伦理与资本主义精神》中揭示了思想观念的理性化是社会理性化的前提，亦即社会现代化的前提。失海渔民保守僵化的思想观念束缚了他们失海后自我进取的积极性，也制约了他们提高自身人力资本的主动性，甚至对政府采取的积极引导措施也莫名抵制。因此，从根本上帮助失海渔民摆脱不利处境，必须改变他们僵化保守的思想观念。其中最重要的是促进他们思想观念的理性化。

这里所说的理性化是指工具理性化，亦即要求他们养成追求效益最大的思维方式，提高自己的理性选择能力。只有形成了根据效益最大化原则来支配自己行为的思维，他们才会自觉地根据市场的需求去培育和提升自己的人力资本，才会想方设法利用和调动自己的社会资本，才会千方百计地在市场中进行探索和努力，进而找到一条自我脱困的道路。

虽然贫困和市场的压力最终会逼迫文化程度较低、理性思维能力较弱的失海渔民完成思想观念的理性化转变，但那将是一个漫长而艰苦的过程。因此，各种社会力量有必要介入这一过程，以帮助他们较快地实现这一转变。而这就要求政府、社区、各种社会救助机构、专业团体与协会不能像现在这样只是简单地注重对他们的专业技术的培训，而是应当充分发挥自己的专长，在专业技术培训的基础上开展各种形式的教育、培育与活动，全面提升他们的素质，全面完善他们的知识结构，广泛拓宽他们的视野，以有效地促进其思想观念的理性化。

海洋管理

从环境公民到海洋公民

——海洋环境保护的个体责任研究[*]

赵宗金^{**}

摘要： 我国环境治理行动一般是自上而下由政策驱动的，需要拓宽社会力量自主参与的途径和方式来提升个体责任的水平。环境公民理论解决了环境治理与个体责任之间的关系问题。在海洋环境治理的领域，环境治理的个体责任问题主要与海洋公民这一概念相关联。海洋公民的概念既根植于当前海洋开发、保护和治理的实践活动，也直接脱胎于环境公民的理论研究。海洋公民与环境公民概念的关系，主要体现在实在论基础上和论证逻辑上的同一性。当前，海洋开发、保护与治理过程亟须大力培育海洋公民和发展海洋公民行为。

关键词： 环境公民 海洋公民 环境公民权 海洋环境治理

随着人类海洋开发活动的日益拓展和深入，海洋开发过程中的环境污染、生态破坏、资源过度开采等问题也越来越突出。海洋经济、海洋生态以及海洋社会之间能否持续协调发展，成为各个国家非常重视的问题；又由于海洋区域空间的特殊性质，海洋环境治理也成为当代国际关系处理的重要主题。本文尝试从环境公民与海洋公民的关系入手，考察海洋公民这一概念对于海洋环境治理的意义。

---

* 国家社科基金项目"我国海洋意识及其建构研究"（11CSH034）。本文已刊登在《南京工业大学学报（社会科学版）》2012 年第 2 期。

** 赵宗金（1979—）男，山东莒南人，博士，中国海洋大学法政学院副教授、硕士生导师，主要从事海洋社会学与社会心理学研究。

一 环境公民理论：背景与内容

20 世纪 50 年代以来，随着我国的工业化进程，环境状况日益恶化。林兵认为，中国环境问题的总体状况应当说是一种发展中的环境退化的趋势。这种退化趋势形成的原因是：①长期实施的计划经济政策，其发展目标重于环境保护要求，造成生态环境恶化趋势迄今未能遏制；②环境管理乏力，环境政策滞后是客观原因；③社会生活副产品形成主要污染源。总体来看，当前我国的环境治理面临的挑战不容乐观，呈现为发展中的治理格局，既体现出一定的环境治理的力度与成效，同时也存在环境治理目标同社会发展之间难以调和的矛盾。从治理方式看，我国环境治理的基本途径是通过出台法律法规形成相关制度①。这种治理方式存在以下问题：治理主体单一；环境法制存在失灵现象；规划环评程序不够完善合理；环境政策滞后于环境问题变化。

正是因为我国环境治理的基本框架是自上而下的政府主导模式，所以基本行为通常表现为规划环评和行政执法。其中，在环境执法环节，环境治理通常以"环保风暴"的方式进行，也就是由中央环保部门在最高权力的支持下发动，借助阶段性速效行为来提升中国的环保工作水平。事实上，这并不是一种常规的管理办法，这种自上而下、权力主导的环境执法模式，存在诸多缺陷。当然，政府主导的模式有其速效和强有力的优势，但是从目前环境治理面临的复杂情境看，单一的管理主体已经不能够适应日益严峻的环境恶化压力。发展环境公民权、形成环境治理的多元主体、发动公众和组织广泛参与环境治理，已经成为环境治理的理性选择趋势。

随着环境保护事业的发展，在全球的范围内自上而下的环境保护运动也在日渐转向强调公众参与和社区参与的环保行动；环境治理的主体从政府行为逐渐过渡到强调公民个体与各类社会组织的广泛参与。事实上，在欧美一些工业发达国家这个过程开始得更早一些。与这一转变过程密切相

---

① 据统计，目前我国已经出台 30 余部相关法律法规以及 100 余项行政规章制度。转引自林兵《中国环境问题的理论关照——一种环境社会学的研究视角》，《吉林大学学报（哲学社会科学版）》2010 年第 3 期。

关的环境公民理论也较早地出现了。在 20 世纪中叶，环境问题①日益凸现，出现了公认的环境公害事件。到了 70 年代，随着环境状况的持续恶化，环境问题得到了普遍的关注。在知识生产领域，环境与生态社会学以及环境政治学等学科范式也逐渐出现②，在一定意义上表达了人们对环境问题及其应对的理性思考。随着公众和各类社会组织环境问题意识水平的提高，环境治理运动也蓬勃开展起来。毋庸置疑，人类社会与环境之间对立的逐渐加剧，构成了环境公民行为以及环境公民权概念及其理论提出的深刻背景。

环境公民、环境公民权以及环境公民社会等概念和理论的发展，其目的是要克服在生态可持续发展目标上的公民个体行为与态度之间的不一致性，从而帮助创建一种真正可持续的社会。环境公民指称的就是那些在面临环境问题时通过改变个体态度实施环保行为的个体。而环境公民权就是实施环境保护行为时应该具备的公民权利与责任。随着环境公民理论在环境治理过程中的实践，自上而下的政策驱动行为和环境公民理念指导的广泛社会参与相结合的综合治理模式，已经成为部分国家和地区环境治理行为的常态。

环境公民理论的核心就是处理环境治理中的个体责任问题，主要表现为环境公民理论的实在论基础、论证逻辑和环境公民权基本内容等方面。

第一，环境公民理论的实在论前设。公民个体与环境之间的实在关系问题，表征了环境公民行为有其实在论基础。环境问题与个体责任之间关联的基础，是个体与生存环境之间存在的实在性关系。这种实在性关系将环境公民权置于物质性的环境实践活动，使得权利和义务有了现实的归依。

从现实的环境治理实践来看，中西方采取的环境治理策略存在显著差异。西方国家较为普遍采用的环境治理策略是给予公民社会发展的空间，表现出多主体、多中心和协同参与的特征。目前，在我国，上述治理策略

---

① 目前学术界对环境问题的理解大体分为生态环境问题和社会环境问题两类，本文中主要指生态环境问题。对于环境概念，当代心理学研究提供了较为全面的解释。葛鲁嘉教授将环境划分为五个类型，分别是物理环境、生物环境、社会环境、文化环境和心理环境。这种划分较为细致地把影响人类行为的间接和直接因素区分出来，为环境问题的研究提供了很好的理论基础。参见葛鲁嘉《对心理学研究中环境的理解》，《人文杂志》2007 年第 5 期。

② 其中最为标志性的事件是，卡顿和邓拉普在 1978 年发表《环境社会学：一个新范式》一文，为环境社会学学科发展奠定了基础。

的影响是非常有限的。在环境政策制定方面，有观点认为中国的主要环境政策是由官员在大体上不受公众意见影响的情况下制订的。而且"所有重要的环境组织，如自然之友、中国环保基金都受政府的严格控制，主要功能是提升中国的绿色形象，利用外国的帮助，进行环境研究，在政府绿色政策的执行方面寻求公众支持，并且将绿色价值社会化。在政策过程中，它们不允许发挥积极作用"。这种观点虽然有失偏颇，但是也大体指出了我国环境政策制定和实施过程存在的既有特征。这种环境治理方式在一定程度上人为割裂了公民个体与环境之间的实在关系，客观上也增大了环境保护的难度。

第二，环境公民理论的基本逻辑是：如果公民个体能够更多地意识到自己的行为对于他人的环境责任，而且能够基于一种实现环境正义的天然需要而不是显示其关爱与同情之类的道德情感，来履行这种公民权责任，那么社会的生态可持续性水平将会得到空前程度的提高。这个逻辑至少包括下面两个基本判断：①个体具备环境问题的知识并能够进行环境问题知觉和判断；②个体能够形成环境保护行为的动机并产出环境保护行为。从个体学习能力和行为产出或形成动机的能力来看，这两个判断都可以成立；在此基础上，个体能够将环境保护和个体环境责任结合在一起，克服个体环境态度与环境行为之间的不一致现象。

当然，除了个体因素之外，上述两个判断的成立还需要特定的语境和现实条件。这些条件的形成又有赖于个体之外的社会的、文化的环境因素。判断①的成立，至少需要进一步拷问环境知识的来源和个体环境知觉判断的一般特征与个体差异特征。判断②的成立，则要对环保动机的激活过程和环保行为的类型和内容等问题进行深入考察。在这个意义上，环境公民行为总是与特定社会环境（或社会文化）提供的语境和条件联系在一起的。所以，环境公民理论实际上把个体与社会、个体责任与社会文化建构紧密地关联在一起。

第三，环境公民权在实践问题上的局限性。首先，公民的环境责任与义务具有有限性，个体间的环境责任存在差异。这既表现为环境责任意识水平上的差异，也表现为环境保护行为结果的差异。每个公民个体的生态轨迹不同，从而形成了公民的环境责任与义务，用来确保自己的生态轨迹不会减少和阻碍其他个体包括后代从事有意义生活的机会。所以，环境公民权尽管在很多方面体现为人对自然的关心，但本质上只能是一种并非无限性的人类责任。其次，公民的环境责任主要强调了公民个体对于环境问题解决的单向责任。也就是说，环境公民权主要强调了公民个体的单向性义务，强调了公民责任对于环境改善的重要意义。这在一定程度上超越了公民的个体道德层面，甚至有悖于个体的现实利益诉求。

二　海洋公民：环境公民理念在海洋领域的延伸

我国的海洋环境治理实践也与一般的环境治理过程相似，主要通过自上而下的政府动员型环境治理实践来进行。这种实践活动方式一方面体现了环境治理中政府主导的特征，保障了我国环保政策和可持续发展战略的实施。另一方面，也忽视甚至在客观上压抑了社会力量积极自主参与环保实践的动机。[①]

当然，海洋环境治理过程也存在自身的特征。从治理对象看，海洋环境问题较之于陆地环境问题更为复杂。这种复杂性既体现在海洋生态资源的流动性上，也体现在海洋环境问题的易扩散性上。从治理主体看，海洋环境治理的主体通常具有跨区域、跨国家的性质，更加强调治理主体间的协同合作。较之于一般环境治理，海洋环境治理的难度更大，更难以确定统一有效的法律规范和一般原则。因此，更应该发动社会力量广泛参与，以弥补自上而下式治理活动的不足；发展海洋公民（marine citizen）的理念和行为应该成为海洋环境治理的重要途径。

海洋公民是指在海洋活动过程中行使海洋知情权、海洋决策权和海洋事务诉讼权的公民及公民组织；是构建健康可持续发展的海洋社会秩序的基本主体；在海洋资源开发、海洋生态保护、海洋权益维护中发挥重要的基础作用。海洋公民主要的活动方式，就是在海洋资源开发、海洋生态保护、海洋权益维护中积极参与和影响其他公众、企业、政府及其他社会组织的海洋实践过程、海洋决策过程以及海洋管理过程。

海洋公民的观念是随着海洋环境保护实践活动而发展起来的。这一概

[①]　荀丽丽和包智明通过对政府动员型环境政策及其地方实践进行分析，得出了类似的观点。（荀丽丽、包智明：《政府动员型环境政策及其地方实践——关于内蒙古 S 旗生态移民的社会学分析》，《中国社会科学》2007 年第 5 期）

念既来自于传统公民的概念，也直接脱胎于环境公民研究。传统公民概念主要讨论公共领域的问题，因而主要和公共生活、公共事务及决策等问题相关联。随着环境社会学与环境政治学等学科的出现和发展，公民的概念开始扩展到社会成员的环境心理、行为和态度领域，并被看做一种鼓励公民行为转变的基本机制，用来降低人类对环境的消极影响。环境公民理论也应运而生，并为海洋公民概念的提出提供了理论条件。当然，海洋公民概念的内涵更为宽泛，不仅仅局限在海洋环境治理的领域，也不仅仅只与海洋环境保护行为相关联；还涉及海洋事务的各个领域和层次，包括海洋开发、保护与管理过程中的公众参与，也包括海洋权益维护中的公民行为。

在海洋环境治理的领域内，海洋公民的概念发展了环境公民的理念。从两者的关系看，海洋公民这一概念满足了环境公民理论的实在论基础和基本论证逻辑的要求；同时也反映了海洋社会发展的客观要求。

环境公民理论的实在论基础在于，公民个体与环境之间的实在关系导致了环境问题与个体责任的关联。对于海洋公民而言，其实在论基础一方面继承了来自环境公民的实在论特征，同时也表现出自身的特点。海洋公民的实在论基础根植于比一般人—地关系更为复杂的人海关系上。人海关系即人类活动与海洋相互作用、相互影响的关系，以及以海洋为背景的人与人之间的关系。自工业革命以来，大工业生产扩展了人类开发自然、利用自然的能力，作为人类活动聚集度最高的海岸带首当其冲，环境污染、资源破坏、生态退化、灾害频发等问题触目惊心，人海关系向着不协调、恶化的方向急速演变。

从海洋公民个体责任的论证逻辑看，海洋公民这一概念满足了环境公民权成立的两个基本判断。一方面，公众日益具备海洋环境相关的知识并能够对海洋环境问题进行知觉和判断。随着全球海洋资源开发不断发展、海洋生态环境破坏不断加剧以及海洋权益争夺日益激烈，海洋环境保护问题也日益成为全球各国特别是沿海各国的重要议题。海洋环境保护中的个体责任问题也成为上述议题中的基本组成部分。另一方面，海洋环境问题日益引起公民的关注和广泛参与。也就是说，在海洋空间内，当前公民个体已经能够形成海洋环境保护行为的动机并产出海洋环境保护行为。基于上述判断，海洋公民概念的论证在逻辑上也是成立的。

此外，公众环境意识水平的提高特别是海洋环境意识水平的提高为海洋公民行为的发展提供了主体特征条件。海洋环境意识是环境意识在海洋空间领域的表征，是人类涉海行为的自我认知，是人类对海洋空间的自然属性和社会属性的意识。从当前的人类海洋实践来看，经济社会的进步仍然意味着海洋权益争夺和海洋环境破坏的进一步加剧；同时也反映出协调发展、可持续发展观念的影响日益扩大，新生态文明的海洋意识观念也初显端倪。这表明，公民的海洋环境意识在逐渐地提高和改善。

最后，海洋社会的崛起及新型社会关系的出现提出了客观的挑战。不同于具有封闭性的陆地社会，海洋空间（领域）的特性使得海洋社会①更趋复杂。在海洋实践中，人类的涉海行为及其在这种行为过程中形成的社会关系都与海洋环境的变化存在直接或间接的关系。

总之，海洋公民这一概念扩大和延伸了环境公民理论的研究。将环境公民权与环境公民行为置于海洋空间或海洋社会这一领域，有利于进一步细化环境社会学和海洋社会学研究的领域。其次，如果把海洋社会学研究的对象设定为人们的海洋实践行为，海洋公民概念突出了人们的海洋开发、保护和管理等涉海行为的实践特征，能够更好地把海洋社会理论研究和具体海洋实践对策统合起来。此外，环境社会理论与生态政治理论之间的密切关系也在海洋公民这一概念中体现出来。

三 培养海洋公民和发展海洋公民行为的策略

从海洋实践的角度看，加强海洋公民研究、推广海洋公民的理念具有以下意义：有助于扩大政府海洋开发与治理决策的公众基础；有助于提高

---

① 当前，"海洋社会"这一概念在许多国家的社会科学研究中都得到了显著的重视。《印度海洋研究》一书中指出，把海洋区域作为社会科学研究的对象，虽然存在很多困难，但同时也取得了很多成果。我国学者在海洋社会建设与海洋社会管理领域的研究也是这种全球性努力的一个重要部分，较之于国外的研究，我国学者更为直面"海洋社会"这一概念，并已初步形成海洋社会学这一新兴应用社会学分支。这为我国海洋社会发展、海洋开发、利用和保护奠定了良好的基础。参见庞玉珍《海洋社会学：海洋问题的社会学阐释》，《中国海洋大学学报（社会科学版）》2004 年第 6 期。崔凤：《海洋社会学：社会学应用研究的一项新探索》，《自然辩证法研究》2006 年第 8 期。崔凤：《再论海洋社会学的学科属性》，《中国海洋大学学报（社会科学版）》2011 年第 1 期。宁波：《关于海洋社会与海洋社会学概念的讨论》，《中国海洋大学学报（社会科学版）》2008 年第 4 期。陈涛：《海洋社会学学科发展面临的挑战及其突破》，第二届中国海洋社会学论坛论文，2011。

海洋政策的决策水平；有助于提高海洋环境治理的效率和水平，降低海洋管理的行政成本；最大程度地包容了海洋环境治理的多主体特征，尤为强调海洋环境保护的个体责任，有助于动员全社会力量参与海洋开发保护与治理的各个环节；最后，在海洋环境保护领域，公众参与的方式和途径及其面对的挑战也不同于一般的环境公民参与行为，海洋公民研究突出了海洋实践过程中公众参与的独特特征，有助于形成更有针对性的策略与建议。因此，在海洋开发、保护与治理的领域需要大力培育海洋公民理念，发展海洋公民行为。

首先，改善海洋教育的形式和水平。研究表明，较高水平的海洋教育能够更大地提高海洋公民感水平。海洋教育可以有效地提高公众的环境意识水平。具体途径和做法是大力开展海洋科普教育，推进基础教育和高等教育阶段的海洋知识体系建设，从而提高海洋相关的教育水平。此外，海洋意识教育水平也不能仅仅依靠正式教育体制内的改革，大力发展非正式教育组织机构和非传统的海洋教育课程体系和培训计划、积极开展涉海培训活动也都是重要的举措。

其次，增加海洋环境相关的个人接触。在个体行为层面上，培养和发展亲海洋行为是有效地提高海洋公民行为水平的重要途径。研究表明，海岸带居民的海洋环境意识水平要高于内陆居民。公民个体与海洋空间有关的历史生存经验、家庭与工作的区域特征以及娱乐休闲的方式，都会对海洋公民行为产生影响。

再次，加强海洋保护法制建设，建立健全海洋决策参与制度。从确定社会秩序的角度看，环境立法可能是保护环境的最有效途径，而且还可以把环境保护的个人责任、组织责任等考虑在立法程序内，使得环境保护的全民参与有法可依。在政府海洋立法与政策制定过程中，在企业和其他社会组织进行涉海事务决策过程中，同时也在海洋环境和海洋事务的监测与评价过程中，大力发展海洋公民行为，需要有制度性的保障。这需要政府、企业和其他各类社会组织建立健全政策与决策制度。

最后，大力培育海洋环境非政府组织。一方面，各类环境非政府组织在环境保护和生态可持续发展方面发挥了巨大的作用。另一方面，环保类非政府组织在公众与政府之间开展多种形式的活动，对于环境保护个人与社会责任的提升起到了巨大的作用。在海洋环境保护方面，海洋环境非政府组织活动范围非常宽泛，既包括海洋环保宣传教育、海洋环保策划组织活动和海洋环境的科学研究活动，也包括海洋环境相关的公共政策的参与活动和海洋环境相关问题解决和事件处理的监测、咨询及评估事务。

上述发展海洋公民的具体措施一方面是从个体行为的角度着手的，另一方面是从公民行为环境、海洋立法与决策过程入手的，在社会组织和政府行为的层面上实施的更为宏观的影响。

四 结语

人类经济社会发展与生存环境状况恶化的并存，似乎已经成为当前社会发展的两难困境。在海洋经济开发与海洋社会发展的过程中，应该采取有效的措施来预防这种情况的出现。在环境公民理论基础上，将海洋环境治理与个体责任关联起来，提倡海洋公民理念，既具有实在论上的合法性，也具有逻辑论证上的合理性。培养海洋公民理念和海洋公民行为，对于海洋环境治理具有重要意义，应该发展成为人类的共识。

美国海洋溢油事件的社会学研究[*]

陈　涛[**]

摘要： 海洋溢油是工业社会的产物，凸显了现代风险社会的特质。它不仅会产生严重的环境与经济影响，也会产生深刻的社会与文化影响。美国海洋溢油事件的社会学研究可分为"根源论""影响论"和"博弈论"，本文深入探讨了溢油事件的社会根源、社会文化影响、心理影响及其康复以及权力博弈等议题。美国海洋溢油事件的社会学研究具有很强的追踪性和深入性。随着海洋开发进程的加快，中国溢油事件已经屡见不鲜，对社会运行产生着深刻影响。鉴于此，中国社会学界需要增加学术自觉意识，积极扭转海洋溢油事件中社会学话语体系缺失的局面。

关键词： 海洋溢油　社会影响　权力博弈　心理康复　环境社会学

一　导言

在现代社会，环境风险与技术灾害时有发生。在诸多环境危机中，海洋溢油已经成为一大社会问题，越来越突出地摆在世人面前。而随着世界海洋开发进程的推进，海洋溢油事件爆发的频率和影响范围亦日愈增加。美国的圣巴巴拉溢油事件（Santa Barbara oil spill，1969 年）、埃克森·瓦尔迪兹溢油事件（Exxon Valdez oil spill，1989 年）和墨西哥湾溢油事件（BP Oil Spill，2010 年）等重大海洋溢油事件导致了严重的生态灾害、经济损失、社会影响以及文化破坏，引起了国外社会学界的广泛关注。在美国，

---

* 中国海洋发展研究中心青年项目"渤海溢油事件的社会影响评价研究"（AOCQN201124）的阶段性成果。本文已刊登在《中国农业大学学报（社会科学版）》2012 年第 2 期。
** 陈涛（1983—）男，安徽霍邱人，社会学博士，中国海洋大学法政学院社会学所讲师。

海洋开发和海洋溢油也是环境社会学经验研究中的重要内容①,相关学者甚至开展了长达几十年的追踪研究。

近年来,中国沿海省份的海洋开发纷纷上升为国家战略。在这场前所未有的海洋开发热潮中,海洋石油开采及其运输规模大幅提升,而其中的技术风险和生态风险同样不容小觑。2011年的渤海溢油事件就是最有力的证明,而这起溢油事件的生态损失和社会影响至今未有定论。事实上,在渤海溢油事件发生前,我国的海洋溢油事件就时有发生。而中国学术界有关溢油事件的研究,主要是在经济学、法学、环境科学、管理学等学科框架内。相比之下,社会学的研究几乎处于空白。在主流社会学的研究中,这似乎尚未成为一个问题。与国外社会学的学术动态相比,这显得十分滞后。而在现代社会,特别是随着网络等大众传媒的普及与发达,溢油事件所产生的"冲击波"常常超乎想象。对溢油事件的影响评估,已经远远超出环境科学、经济学、法学和管理学等学科的视野,迫切需要社会学视角的介入,迫切需要环境社会学等社会学分支学科的理论指导和现实关怀。

本文试图框定美国社会学界在海洋溢油事件议题中的主要研究框架,梳理其中具有代表性的学术观点。最后,笔者将在此基础上探讨其对中国海洋溢油事件研究的理论借鉴价值和实践启示。

二 海洋溢油及其影响评估

从类型学的意义而言,灾害可分为自然灾害(natural disaster)与技术灾害(technological disaster)两种。其中,自然灾害是气象、地震等自然因素引发的,包括地震、飓风、海啸等。而技术灾害则是不负责任的、不谨慎的或者鲁莽行为等人为因素导致的。有毒物生产、运输及其密封系统的运行与管理环节中的技术系统失败常常引发技术灾害。溢油事件属于典型的技术灾害②。在海洋石油开采和运输等环节中,操作失误、管理不善以及

---

① 陈涛:《美国环境社会学最新研究进展》,《河海大学学报(哲学社会科学版)》2011年第4期。

② Picou, J. S., 2009, "When the Solution Becomes the Problem: The Impacts of Adversarial Litigation on Survivors of the Exxon Valdez Oil Spill", *University of St. Thomas Law Journal*, 7 (1), pp. 68 – 88.

触礁等多重因素都会导致石油泄漏即溢油问题。溢油事件发生后，政府部门率先开展的评估一般是环境影响和经济影响。而事实上，溢油事件的影响往往是错综复杂的，会引发生态危机和社会文化危机等连锁反应。因而，溢油事件的精确影响评估难以在短期内完成。我们以埃克森·瓦尔迪兹溢油事件等案例说明之。

1989 年 3 月 24 日，超级油轮埃克森·瓦尔迪兹号在威廉王子海湾（Prince William Sound）因为触礁发生溢油，造成了当时美国历史上最严重的溢油事件。溢油事件导致水面浮油达到 3 万平方英里，影响了 1200 英里的海岸线。溢油事件对生态系统的直接影响是毁灭性的，而所溢出的石油也引起了生物降解、物理风化的速率更加缓慢等问题。事件发生六个月后，威廉王子海湾的鸟类、海洋哺乳动物大量死亡。尼科尔斯（Nichols）的保守估计数据显示，溢油造成 3.3 万只鸟、980 只海獭、30 头麻斑海豹、17 头灰鲸和 14 头海狮死亡。而后来的研究发现，上述数据严重低估了其生态影响。1991 年的一份环境影响报告显示，溢油事件直接导致 3500～5500 只海獭和 35 万只鸟类死亡①。在溢油事件之前，在全美最有利润的十大水产品港口中，威廉王子海峡附近的科尔多瓦（Cordova）一直位居前十，而溢油事件发生 21 年之后，排名还在 25 名之后②。科恩（Cohen）运用事后分析（expost analysis）评估了该起溢油事件对阿拉斯加中南部渔业所造成的经济损失，指出在溢油事件的第一年，渔业损失的上限是 1.08 亿美元，第二年的损失高达 4700 万美元。但他同时指出，溢油事件所造成影响的综合性特征使得精确的损失评估很困难③。2010 年 4 月 20 日夜间，位于墨西哥湾的"深水地平线"钻井平台发生爆炸，这就是墨西哥湾溢油事件。据估计，沉没的钻井平台每天漏油达到 5.5 万桶。溢油事件对墨西哥湾北部的捕捞业、休闲渔业和旅游业等造成了严重威胁。虽然初期影响比较容易确定，

① Picou, J. S., Gill, D. A. et al., 1992, "Disruption and stress in an Alaskan fishing: initial and continuing impacts of the Exxon Valdez oil spill", *Industrial Crisis Quarterly*, 6 (3), pp. 235 – 257.

② Gill, D. A., Picou, J. S., Ritchie, L. A., 2012, "the Exxon Valdez and BP Oil Spills: A Comparison of Initial Social and Psychological Impacts", *American Behavioral Scientist*, 56 (1), pp. 3—23.

③ Cohen, M. J., 1995, "Technological Disasters and Natural Resource Damage Assessment: An Evaluation of the ExxonValdez Oil Spill", *Land Economics*, 71 (1), pp. 65 – 82.

但有关墨西哥溢油事件对生态系统、水产品安全、水和空气质量、海滩污染和旅游业等造成的长期影响，科学家、政治家、政府官员和沿岸居民等利益相关者之间存在很多争论①。

简言之，海洋溢油具有很大的生态破坏性，并会对经济、社会乃至文化产生深刻影响，而这种影响往往具有交织性和连锁性。因此，短期内对某一具体溢油事件开展精确的评估是不可能的。正因为如此，美国社会学界对海洋溢油事件的研究具有很强的追踪性，围绕其中的政治博弈、国家政策、社会文化和心理康复等特定问题开展长期深入的研究，并对不同海域的溢油事件开展了比较研究。

三 研究框架与基本观点

美国社会学界研究了溢油事件的社会影响、社会过程以及社会文化后果。综观相关研究成果，笔者将这些研究分为"根源论""影响论"和"博弈论"三大部分。所谓"根源论"，即研究溢油事件产生的社会根源；所谓"影响论"，即研究溢油事件发生后所产生的影响，主要包括社会文化影响和心理影响两个方面；所谓"博弈论"，研究的是溢油事件的社会过程，即利益相关者在溢油事件发生后的利益博弈与斗争。

（一）溢油事件的社会根源

溢油事件的发生有其特定的社会背景和社会原因。现有的溢油事件"根源论"侧重制度层面的研究，通过"社会—政治"视角探索溢油事件的导火索。具体而言，研究的是溢油事件背后的国家石油能源政策和发展制度。

海洋石油开采提供了就业岗位，增加了财政收入，因而得到了政府的积极支持。更重要的是，加大石油开发力度符合美国的国家战略和能源政策。环境社会学家弗罗伊登伯格（William R. Freudenburg）和格拉姆林（Robert Gramling）认为，如果没有强有力的"能源自给"政策导向等多种

---

① Gill, D. A., Picou, J. S., Ritchie, L. A., 2012, "The Exxon Valdez and BP Oil Spills: A Comparison of Initial Social and Psychological Impacts", *American Behavioral Scientist*, 56 (1), pp. 3—23.

政治经济因素，很多海洋溢油事件就有可能得到规避①。他们通过对溢油事件背后的国家石油能源政策的研究，提供了解读溢油事件的宏观政策视角。

弗罗伊登伯格和格拉姆林研究发现，美国一直强调能源自给的重要性，不断推动国内的海洋石油开采。比如，1974 年，尼克松总统就提出，美国须在 1980 年实现能源自给，而不再依赖任何其他国家。当时，美国石油消费中的 36.1% 来自国外，尼克松提出要通过开采国内石油终结这种依赖，而国内石油的开采主要是近海石油开采。但是，这种目标并没有实现。之后，几乎历任总统都高度强调要减少并最终结束石油依赖，实现能源自给。但相关数据表明，美国对国外石油的依赖却越来越大。比如，截至 2009 年，美国的石油消耗依赖国外部分仍然高达 62.2%。而这种能源依赖的压力，更加迫使美国政府不断强化石油自给意识②。不仅如此，石油公司等利益相关者也积极参与到这一议题中。他们积极强化石油自给的重要性，通过国家的石油能源政策和专家的论证将自己的石油开采项目合法化。可见，溢油事件的爆发，往往与美国的石油能源政策以及国家利益紧密相连③。

与国家高度强调石油开采相对照的是，底层民众表达了强烈的抗议。比如，从弗罗里达到阿拉斯加以及加州海岸带，政府极力推动的海洋石油开发项目一度遭到了广泛的抗议与强烈的抵制，这种情形与海洋石油开采刚刚兴起时的情形差异甚大。1988 年 2 月 3 日，联邦内政部围绕出售近海石油开采租期议题，在加州的布雷格堡举行听证会（Fort Bragg hearing）。大量的社区居民不约而同地前来，除了早到的进入听证会室内的居民外，室外还聚集了三千到五千人。他们都是示威者，强烈抗议听证会将要表决的发展项目，表达他们对近海石油开采可能引发溢油等环境危机的诸种担忧④。对这种抗议的解读是"多因论"，即多重因素引起了这样的抗议，但圣

① Gramling, R. & Freudenburg, W. R., 1992, "The Exxon Valdez Oil Spill in the Context of U. S. Petroleum Energy Politics", *Organization & Environment*, 6 (3), pp. 175 – 196.

② Freudenburg, W. R. & Gramling, R., 2010, *Blowout in the Gulf: The BP Oil Spill Disaster and the Future of Energy in America*. Cambridge: MIT Press, pp. 5 – 6.

③ Tierney, K. J., 1999, "Toward a Critical Sociology of Risk", *Sociological Forum*, 14 (2), pp. 215 – 242.

④ Freudenburg, W. R. & Gramling, R., 1994, *Oil in Troubled Waters: Perceptions, Politics and the Battle over Offshore Drilling*. Albany: State University of New York Press, pp. 1 – 5.

巴巴拉溢油事件则是重要的甚至是直接的影响因子。在一定程度上，底层民众的反对促动了政府部门对石油能源政策的反思，并和其他因素共同促成了"近海石油开采禁令"的颁布，但并未从根本上阻止美国近海石油开采的冲动。在此背景下上，墨西哥湾溢油事件似乎成了注定要发生的事情①。

（二）溢油事件的社会文化影响

海洋溢油事件不但造成了生态破坏和经济损失，也威胁了受影响区域的社会运行与文化完整性。埃克森·瓦尔迪兹溢油事件比较清楚地展示了这种社会文化影响。阿拉斯加土著人有自己的文化体系和生活方式，自远古时候起就与自然和谐相处。但自从与现代西方文化接触后，当地传统的社会文化经历了一系列的变迁，土著语言慢慢被丢弃，酗酒等行为增加，唯一没变的是"生存经济"（subsistence economy）。这是一种小农经济，居民不会生产那些生存所需之外的物质资料。这种经济模式强调社区内的资源共享和自给自足，剩余劳动力和资源不被交换为资本，居民几乎不参与其他的经济活动，分配活动主要发生于家庭、扩大的亲属关系和村落之中，而不会存在于市场。这是他们文化认同的根本与核心。而埃克森·瓦尔迪兹溢油事件爆发后，这种文化认同的核心遭遇危机②。

首先，溢油事件社会影响的产生具有一定的文化基础和社会历史背景。溢油事件发生在早春季节，这个时间在当地的文化传统中具有特殊意义，因为这是万物复苏之际，是收获希望的时间，当地渔民正在准备捕鱼等传统活动。同时，土著人也是在这样的季节向年青的一代传授捕捞技术，传递共享文化价值，进而延续他们的生活方式。所以，当溢油事件的消息传播开来的时候，阿拉斯加土著人群中表现出了包括否认、愤怒、悲伤、麻木、惶惑等在内的复杂情绪。比如，Tatitlek 村的居民处于恐慌之中，因为搁浅的油轮就在几公里之外停留了数日，他们能闻到所泄漏出来的石油的味道。而 Chenega Bay 的土著人所忍受的痛苦更大，因为 25 年前的同日，

① Freudenburg, W. R. & Gramling, R., 2010, *Blowout in the Gulf: The BP Oil Spill Disaster and the Future of Energy in America*. Cambridge: MIT Press, pp. 5 – 6.

② Gill, D. A. & Picou, J. S., 1997, "The Day the Water Died: Cultural Impacts of the Exxon Valdez Oil Spill", in JS Picou, DA Gill & M. J. Cohen (eds). *The Exxon Valdez Disaster: Readings on a Modern Social Problem*. Dubuque, IA: Kendall – Hunt, Publishers, pp. 167 – 187.

一场严重的地震几乎完全摧毁了他们的村落。因而，突如其来的溢油灾害对他们意味着什么也就不言而喻了①。可见，五味杂陈的情绪事实上是一种巨大的精神摧残，而如果不理解这种文化传统和历史，就不能深刻地理解溢油事件对土著人的深层影响。

其次，溢油事件导致传统权威的解构和社区内部问题的增加。溢油事件之前，当地从未发生过如此严峻的环境污染问题。溢油事件发生后，很多传统的捕捞活动区域被封闭，水产品的安全受到广泛关注。溢油被看做未知的化学污染物质闯入阿拉斯加土著人的精神信仰和日常行为之中，恐惧和无助因而产生。后来，他们借助外界的技术和知识权威来判断水产品的安全，这导致了当地传统权威的解构。溢油事件也影响了家庭关系，当父母参加清污工作时，孩子受到的照顾和关爱明显减少了。有些父母参加清污，一去就是好几个星期，缺少监管的孩子的酗酒和吸毒行为增加，一些家庭内部的家暴行为也增加了。当地没有活跃的市场活动，因而现金很少。所以，参加清污工作使一些人突然获得了很多现金，但这并没有给社区带来正面的影响，而是被用于吸毒和酗酒，进而增加了社区内部的社会问题②。

再次，溢油事件干扰了文化传统，而清理油污活动加剧了这一危机。很多当地人参加了油污清理活动，因而没有时间参加季节性的"生存经济"活动。而由于捕捞不足，村落面临严峻的食品短缺，传统的食物共享的文化价值和社会关系遭遇危机③。社区社会网络由此遭受破坏，传统生活方式（subsistence lifestyles）遭遇困境，溢油事件由此导致了"次生灾害"（secondary disaster）④。文化层面的影响具有长期性和潜伏性。跟踪研究表明，

① Gill, D. A. & Picou, J. S. , 1997, "The Day the Water Died: Cultural Impacts of the Exxon Valdez Oil Spill", in JS Picou, DA Gill & M. J. Cohen (eds.) . *The Exxon Valdez Disaster: Readings on a Modern Social Problem.* Dubuque, IA: Kendall – Hunt, Publishers, pp. 167 – 187.

② Gill, D. A. & Picou, J. S. , 1997, "The Day the Water Died: Cultural Impacts of the Exxon Valdez Oil Spill", in JS Picou, DA Gill & M. J. Cohen (eds.) . *The Exxon Valdez Disaster: Readings on a Modern Social Problem.* Dubuque, IA: Kendall – Hunt, Publishers, pp. 167 – 187.

③ Gill, D. A. & Picou, J. S. , 1997, "The Day the Water Died: Cultural Impacts of the Exxon Valdez Oil Spill", in JS Picou, DA Gill & M. J. Cohen (eds.) . *The Exxon Valdez Disaster: Readings on a Modern Social Problem.* Dubuque, IA: Kendall – Hunt, Publishers, pp. 167 – 187.

④ Dyer, C. L. , 1993, "Tradition loss as secondary disaster: Long – term cultural impacts of the Exxon Valdez oil spill", *Sociological Spectrum* 13 (1), pp. 65 – 88.

在多年之后，溢油事件的长期影响依然存在。比如，溢油事件发生两三年后，社区居民对"生存经济"活动的参与度的减少依然较为明显，水产品捕捞量的急剧减少就是例证。究其原因，一是居民害怕水产品被石油污染进而影响健康，二是溢油事件导致海洋生物大量死亡，水产品变得更加稀缺①。此外，溢油事件爆发后，企业家、政府官员、律师、科学家、清污人员等纷纷到来，而这些外来人对阿拉斯加土著人的文化和传统是"无知"的。他们通过居民的窗子拍照、谩骂老人、随意丢弃垃圾，有些人的言谈举止中甚至有种族主义倾向②。所以，土著人对短时间内到来的大量陌生人及其行为方式感到不适应。在一定程度上，这种外来者的"闯入"导致了文化不适应和社会问题的增加。

与此同时，溢油事件的爆发和环境运动的兴起，也产生了"倒逼"机制，促进了相关环境法律法规的颁布和实施。比如，圣巴巴拉溢油事件至少部分地促进了《美国国家环境政策法》（NEPA）的颁布，而埃克森·瓦尔迪兹溢油事件则直接促成了《联邦油污染法》（Federal Oil Pollution Act）的颁布③。

（三）溢油事件的心理影响及其康复

溢油事件不仅会威胁到居民的生理健康乃至生命安全，还会导致受影响居民产生心理危机和精神抑郁等问题。南阿拉巴马大学社会学家史蒂夫·皮可（Steve Picou）教授及其研究团队致力于海洋溢油事件对受影响居民的心理健康和精神康复的研究。他们对埃克森·瓦尔迪兹溢油事件进行了长达20余年的追踪研究，对墨西哥湾溢油事件的社会影响进行了深入考察，探讨了海洋溢油对社区居民的心理健康的影响及其心理康复的问题。

---

① Gill, D. A. & Picou, J. S., 1997, "The Day the Water Died: Cultural Impacts of the Exxon Valdez Oil Spill", in JS Picou, DA Gill & M. J. Cohen (eds). *The Exxon Valdez Disaster: Readings on a Modern Social Problem.* Dubuque, IA: Kendall - Hunt, Publishers, pp. 167 - 187.

② Gill, D. A. & Picou, J. S., 1997, "The Day the Water Died: Cultural Impacts of the Exxon Valdez Oil Spill", in JS Picou, DA Gill & M. J. Cohen (eds). *The Exxon Valdez Disaster: Readings on a Modern Social Problem.* Dubuque, IA: Kendall - Hunt, Publishers, pp. 167 - 187.

③ Gramling, R., & Freudenburg, W. A., 1992, "Opportunity - Threat, Development, and Adaptation: Toward a Comprehensive Framework for Social Impact Assessment", *Rural Sociology* 57 (2), pp. 216 - 234.

由于埃克森·瓦尔迪兹溢油事件影响巨大，学术界对之进行了长期跟踪研究。相关文献分析表明，这种研究视角可分为宏观、中观和微观三个层面。心理层面的影响属于其中的微观视角，主要包括家庭生活和工作受影响以及严重的心理健康问题爆发，表现为酗酒、吸毒、家庭暴力增加，同时，受影响居民的无助感、焦虑情绪也大幅增加。而宏观层面影响包括地方政府耗竭财政储备应对公共服务的需求、应急响应、社区心理健康治疗以及相关的法律实施等，中观层面的文化影响包括社区关系紧张乃至社区冲突、社会资本破坏等①。为深入研究溢油事件所造成的心理影响，皮可选择科尔多瓦进行了案例研究。该社区位于阿拉斯加中南部，临近威廉王子海峡，是一个风景如画的渔业社区。社区中 18% 的人口是阿拉斯加土著人。其经济结构以商业捕鱼为主，是一个资源型社区，并有着渊远的食渔和商业渔业文化传统。鱼和麋鹿等资源共享是当地社会关系得以维系的基础。因为河流、海域和山脉相隔，科尔多瓦被与其他社区隔开。也正因为如此，溢油没有蔓延到科尔多瓦海岸。尽管如此，溢油仍然直接影响了威廉王子海峡的渔业基础，导致渔民捕捞海产品的数量急剧减少。因此，它仍然是受影响区域，而这种影响不仅是经济和环境影响，还包括社会与心理层面的影响。调查发现，68% 的受访人认为工作受到了破坏性的影响，超过 50% 的人认为他们的个人计划因此改变，96% 的受访者认为社区在溢油事件五个月后发生了改变。溢油事件导致社区居民中普遍存在着不确定性、恐惧和愤怒的情绪，社区中出现了逃避性行为 (avoidance behavior)。在此基础上，他主张开展溢油事件的社会影响评价研究，包括社区居民的社会性瓦解 (social disruption) 和心理上的紧张 (psychological stress)②。皮可和吉尔 (Gill) 在阿拉斯加三个渔业社区开展的分层随机样本调查表明，溢油事件会对资源型社区居民产生长期的心理压力。因此，当溢油这种技术灾害发生后，需要对资源型社区开展心理压力的识别和评估③。正因为影响具

---

① Gill, D. A., Picou, J. S., Ritchie, L. A., 2012, "the Exxon Valdez and BP Oil Spills: A Comparison of Initial Social and Psychological Impacts", *American Behavioral Scientist*, 56 (1), pp. 3 – 23.

② Picou, J. S., Gill, D. A. et al., 1992, "Disruption and stress in an Alaskan fishing: initial and continuing impacts of the Exxon Valdez oil spill", *Industrial Crisis Quarterly*, 6 (3), pp. 235 – 257.

③ Picou, J. S., Gill, D. A. et al., 1996, "The Exxon Valdez Oil Spill and Chronic Psychological Stress", *American Fisheries Society Symposium*, pp. 879 – 893.

有后发性和持续性，所以，当媒体有关墨西哥湾溢油事件的报道进入销声匿迹阶段时，真正的环境破坏和心理影响则刚刚开始①。

吉尔、皮可和里奇（Ritchie）对埃克森·瓦尔迪兹溢油事件和墨西哥湾溢油事件开展了对比研究。他们认为，1989 年的埃克森·瓦尔迪兹溢油事件和 2010 年英国石油公司（BP）发生在墨西哥湾的溢油事件是北美历史上最严重的海上溢油事件。事件五个月之后，他们分别对阿拉斯加的科尔多瓦和阿拉巴马的南莫比尔县（South Mobile County）的住户进行了随机样本调查。数据分析表明，两起溢油事件造成的初期心理压力和影响高度相似。最主要的心理压力影响指标是家庭的健康关心、对可再生资源利益受影响的关注、对经济损失和未来经济发展的关注以及溢油危险的关心②。墨西哥湾溢油事件造成人员死亡，对幸存者的心理康复产生了很大影响。事实上，在受影响区域，已经爆发了自杀事件、显而易见的社区冲突以及对心理康复需求的增加等社会问题。一份研究表明，墨西哥湾溢油事件后，父母报告孩子有精神健康问题的比例达到 19%，而对于那些年收入低于 2.5 万美元和那些声称他们将离开目前居住社区的家庭而言，这一比例更高。盖勒普民意测验表面，墨西哥沿岸县域居民的"整体情绪健康"水平下降。而南路易斯安那居民的电话调查表明，溢油事件发生后，受访者"压力的自我评估水平"增加了一倍③。对小型渔业社区和土著阿拉斯加村落而言，瓦尔迪兹溢油事件所产生的直接影响更具破坏性。事件发生六个月后，相比较受影响区域外的社区而言，阿拉斯加土著人仍有较高程度的沮丧等心理特征。大量的案例研究和社区调查都表明，溢油事件产生了社会破坏和心理压力。相比较自然灾害而言，人为因素导致的灾难更容易导致不确定性、愤怒和孤立感等社会情绪的产生④。

① Ritchie, L. A., Gill, D. A. & Picou, J. S., 2011, "The BP Disaster as an Exxon Valdez Rerun", *Contexts*, 10 (3), pp. 30 – 35.

② Gill, D. A., Picou, J. S., Ritchie, L. A., 2012, "the Exxon Valdez and BP Oil Spills: A Comparison of Initial Social and Psychological Impacts", *American Behavioral Scientist*, 56 (1), pp. 3 – 23.

③ Gill, D. A., Picou, J. S., Ritchie, L. A., 2012, "the Exxon Valdez and BP Oil Spills: A Comparison of Initial Social and Psychological Impacts", *American Behavioral Scientist*, 56 (1), pp. 3 – 23.

④ Picou, J. S., 2000, "The 'Talking Circle' as Sociological Practice: Cultural Transformation of Chronic Disaster Impacts", *Sociological Practice: A Journal of Clinical and Applied Sociology*, 2 (2), pp. 77 – 97.

在埃克森·瓦尔迪兹溢油事件中，对抗性诉讼（Adversarial Litigation）本来是一种维权手段。但在与律师打交道以及理解复杂的诉讼议题方面，作为溢油事件诉讼当事人的土著居民，其受害程度加深了。研究发现，诉讼中产生了新的结构性特征，即在受影响社区中诉讼者的心理紧张程度和压力更大，从而加重了慢性的社会与心理影响①。皮可还研究了实施减压策略（mitigation strategy）和干预策略（intervention strategy）以缓解溢油事件的慢性影响（chronic impact）。研究发现，参与式社会网络的建立和干预式治疗的实施，能促进受害者的社会角色由"灾难受害者"向"积极的参与者"转变，进而促进社区恢复与重建。比如，通过社区教育和"共同成长"等项目的实施，达到了改善社会关系和减轻心理压力等多重目标②。但是，心理康复并不容易，而且往往涉及多重因素。

（四）溢油事件中的权力博弈

加州大学圣巴巴拉分校的哈维·莫罗奇（Harvey Molotch）和印第安那大学伯明顿分校的玛里琳·莱斯特（Marilyn Lester）通过对圣巴巴拉海湾（Santa Barbara Channel）溢油事件的考察，对溢油事件中的权力体系及其运作逻辑进行了专题讨论。莫罗奇认为，圣巴巴拉溢油"事故"和其他事故一样，都展示了社会结构方面的某些共同因素。就该起溢油事件而言，它揭示了美国的权力结构及其运作：谁拥有它以及更为重要的，它是如何运用现存的社会组织功能消除异议的③。简言之，溢油事件中的权利安排和运作逻辑是其研究的焦点。

圣巴巴拉溢油事件发生后，整个城市的海岸线都被铺满了原油，数百英尺内的空气遭到恶化，作为当地传统经济基础的旅游业遭受严重威胁。虽然石油公司为其租赁权支付了 6.03 亿美金，但无论是石油公司还是联邦政府，都没有对这种租赁所造成的损害承担任何重要的法律责任。他认为，

---

① Picou, J. S., 2009, "When the Solution Becomes the Problem: The Impacts of Adversarial Litiga-tion on Survivors of the Exxon Valdez Oil Spill", *University of St. Thomas Law Journal*, 7 (1), pp. 68 – 88.

② Picou, J. S., 2009, "Disaster recovery as translational applied sociology: Transforming chronic com-munity distress", *Humboldt Journal of Social Relations*, 32 (1), pp. 123 – 157.

③ Molotch, H., 1970, "Oil in Santa Barbara and power in America", *Sociological Inquiry*, 40, pp. 131 – 144.

如果这样的溢油事件发生在其他地方，可能产生不了那么大的影响。但是，发生在圣巴巴拉就有了不同的意义。因为，这里有七万居民，其中大多数是上层阶级和中上层阶级。这些人是因为圣巴巴拉气候宜人、风景秀丽才选择到此居住的。他们经济富有，受过良好教育，拥有广泛的资源，能与全国和全球的精英发生联系。同时，媒体进行了广泛的报道，从而使得这起海洋污染事件迅速传播开来。在一位前州参议员和当地公司行政主管的领导下，一个名为"清除石油"的社区组织得以成立，他们站在激进的立场上，反对圣巴巴拉海湾的任何石油开采活动①。尽管如此，当科学遭遇价值中立危机时，即使是精英的环境抗争也会处于不利地位。莫罗奇研究发现，随着政府和石油公司以及地质学家的共谋（collusion）局面的出现，当地居民的维权活动处于非常不利的地位——他们需要自己去证明持续的石油开发存在危险，而与此相对应的是，"专家"认为没有什么风险。美国公民自由协会（ACLU）所代表的 17 名原告，试图在听证会开始之前，临时禁止持续的石油开采活动。但是，联邦法官所依据的是"专家"的意见判决，因此，这种"禁止"没有得到授权②。综观全球环境污染事件，这种不对称的关系格局广泛地存在着。没有专业知识和技能的普通居民在环境抗争和维权活动中，常常因为缺少权威证据，而难以胜诉。这种逻辑在中国的环境抗争中更是普遍存在。莫罗奇和莱斯特认为，圣巴巴拉溢油事件所折射出来的权力格局，与美国日常运转中的政治与经济制度非常类似③，在某种程度上反映了整个权力体系的运作逻辑。

大众传媒对溢油事件的建构过程也体现了权力运作的逻辑准则。溢油事件是一突发事件，媒体的宣传报道对这种突发事件的社会影响和处理进程会产生深刻影响。莫罗奇和莱斯特在《美国社会学杂志》（*American Journal of Sociology*）发表的文章中对圣巴巴拉溢油事件中的新闻报道进行了专题研究。他们认为，相比自然资源保护论者和地方官员而言，联邦官员和

---

① Molotch, H., 1970, "Oil in Santa Barbara and power in America", *Sociological Inquiry*, 40, pp. 131 – 144.

② Molotch, H., 1970, "Oil in Santa Barbara and power in America", *Sociological Inquiry*, 40, pp. 131 – 144.

③ Molotch, A. & Lester, M., 1974, "News as Purposive Behavior: On the Strategic Use of Routine Events, Accidents, and Scandals", *American Sociological Review*, 39 (1), pp. 101 – 112.

商业发言人更容易接触媒体，掌握话语霸权。在利益博弈中，当地居民和环保组织一致反对石油公司，而石油公司试图与内政部（Department of the Interior）结成利益同盟继续开展海底石油钻探。在此背景下，各利益相关主体都努力寻找对自己有利的媒体报道事项，主要包括以下议题：溢油面积、溢油事件的短期和长期生态破坏、持续的石油开采会导致的经济和社会成本、产业发展对能源的需求、石油平台对大洋岛屿审美的破坏、将来溢油的可能性、石油公司提供的经济赔偿与补助、石油公司和政府官员之间的社会和商业联系、自然资源保护论者的"不切实际性"和"理想主义"等等①。虽然利益相关者都在通过媒体寻找对自己有利的报道言论，但因为权力格局的失衡，不同的利益主体所处的境遇完全不同。威德纳（Widener）和甘特（Gunter）认为，并不是所有人都能有效地通过主流媒体诉诸意见和表达权益，主流媒体更倾向于代表中央政府、石油公司的利益，弱势群体的声音往往被忽视。而受影响区域的地方媒体和主流媒体在溢油事件的观点呈现方面具有很大不同，它更能代表受影响人群的意志。鉴于媒体在对边缘化的弱势群体的赋权和权益表达中的重要功能，他们建议主流媒体应该开阔视野，倾听弱势群体的声音，而弱势群体也需要相应的策略和主流媒体沟通，否则就失去了表达权益和维护利益的机会②。事实也证明，如果缺少诉诸媒体的渠道，弱势群体的声音就更容易被淹没。

　　溢油事件中的权力运作逻辑是环境污染事件中的权力准则的一个缩影。笔者认为，这种权力运作逻辑可以这样概括：当环境事件发生后，一方面，石油公司以他们能提供税收和就业机会等向地方政府施压（有些地方政府甚至主动倾向于代表企业的利益，与污染企业处于利益共谋关系格局中），应对地方性的环境抗争；另一方面，当专家学者和企业共谋时，科学和技术发生价值转向，并通过其话语权优势对地方性的环境抗争产生了解构性的作用。由此，在溢油等环境事件发生后，环境风险的识别与认知以及环境事件的解决必然面临很多的不确定性。

---

① Molotch, A. & Lester, M., 1975, "Accidental News: The Great Oil Spill as Local Occurrence and National Event", *American Journal of Sociology*, 81 (2), pp. 235 – 260.

② Widener, P. & Gunter, V. J., 2007, "Oil Spill Recovery in the Media: Missing an Alaska Native Perspective", *Society & Natural Resources*, 20 (9), pp. 767 – 783.

四 结论与讨论

海洋溢油是现代工业社会的产物。溢油事件发生后，因为种种复杂条件的限制，最初的封堵溢油口的努力往往很难成功，而这则彰显了技术主义的失灵。美国社会学家也常常以技术灾害形容海洋溢油事件。在危机处理中，政府部门和相关组织在环境监管和应急处置方面的滞后性加剧了社会信任的瓦解，使居民的焦虑感和不确定性心态增加，进而凸显了现代风险社会的特质。

美国社会学界围绕海洋溢油问题开展了深入的田野调查和理论分析，探讨了溢油事件产生的社会、文化和心理层面的影响以及其间的利益博弈和环境抗争。本文初步分析了美国社会学围绕海洋溢油事件的研究框架，梳理了具有代表性的学术观点。美国海洋溢油事件的社会学研究对我们的学术研究具有重要启示。

首先，海洋溢油事件研究迫切需要社会学的介入，中国社会学界在这一议题中的话语缺失现象亟待改变。随着中国海洋开发进程的加快，溢油事件已经屡见不鲜，对社会运行产生了深刻影响。这需要社会学界增强学术自觉意识，积极主动地开展相应的学术调查和理论分析。

其次，海洋溢油事件不仅会产生严重的环境与经济影响，也会产生深刻的社会与文化影响，这迫切需要开展社会影响评价研究。这给社会学围绕海洋溢油事件的研究提供了平台，但由于溢油事件的影响往往具有综合性和连锁性，因而也给社会影响评价研究带来了现实挑战。所以，跨学科的学术研究亟待开展。

再次，海洋溢油事件研究需要具有追踪性。美国环境社会学围绕溢油事件中的不同具体问题，形成了较为紧密的学术研究团队。有的学术共同体已经对诸如埃克森·瓦尔迪兹溢油事件开展了 20 多年的追踪研究，这样的学术研究不但十分深入，而且所提炼出来的学术观点更具解释力。

最后，我们需要开展跨区域、国度以及跨文化的比较研究。我们对海洋溢油事件的社会学研究，可以通过与美国案例的比较研究，探讨其中的同质性和异质性。比如，通过对诸如墨西哥湾溢油事件特别是其处理进程的研究，为我国制定海洋溢油事件的相关法律法规和政策提供可资比较的经验借鉴。

从课责概念探讨台湾渔会组织之治理

林谷蓉[*]

摘要： 因应全球化的挑战，机构组织的变革与改造已是一种趋势，本文从台湾渔会组织所衍生出的治理问题着手，试图从课责概念与机制入手来分析与探究现行渔会管理与监督之缺失。缘此，文中首先介绍了渔会组织及其任务与功能，继而说明课责的内涵及其在机关组织的运作发展，并依循 Romzek & Dubnick 的"科层式、法律式、政治式、专业式"四种课责类型来探讨现行渔会组织与运作的问题，最后从公法人、公司化及非政府组织等三种模式中，讨论目前渔会组织改革之可能选择的途径与课责方式，期使渔会健全运作并恒续发展。

关键词： 渔会组织 课责 非政府组织

一 绪论

公共组织在高度透明以及高度可信任的"负责任的课责"（responsible accountability）情境下，让主事者贪腐专断的可能性降到最低，管理机构便具备更多被信任的主动性，而能为服务人民负起更多的责任。

——*Gregory and Hicks*[①]

台湾农委会前主委李金龙先生曾说："农渔会是台湾特有而且珍贵的资产；农渔会更是农渔村建设、农渔业发展上，不可被取代的中流砥柱。"[②]

---

* 林谷蓉，台湾海洋大学海洋文化所助理教授。

① Gregory, R. and C. Hicks, 1999, "Promoting Public Service Integrity: A Case for Responsible Accountability", *Australian Journal of Public Administration*, pp. 3 – 15.

② 李金龙：《修法，让农渔会组织更加灵活》，《农训杂志》2005 年第 11 期。

根据渔会法的规范，渔会成立的目的在于：作为渔民与政府对话之桥梁、建立渔民自主性管理机制，以及服务渔民、为渔民创造收益。渔会组织依通说与实务见解系属社团法人，并负有多重之任务，一方面为具有政治性、经济性、教育性和社会性等功能的渔民团体，另一方面亦是肩负达成政府任务的委托单位，故属具公益性质的非政府组织（NGO）。所以渔会核心价值在于协助渔业产业发展，以及协助渔民、提升渔民的福利①，并在渔业政策的推动中扮演着重要的角色。换言之，渔会既然为渔民服务，亦接受政府补助与授权，依法施行公权力（如政府委托渔会代收渔港工程受益费），自当接受指挥监督、达成绩效并承担责任。然而随着岛内外经济、社会结构与环境的变迁，渔业经济发展遭遇"瓶颈"，渔会组织应变能力受到严厉考验，甚而与黑金政治盘根错节，沦为地方派系壮大的温床，而令人诟病。

尤其随着 21 世纪全球治理（global governance）概念的兴起，国家的治权逐渐被国际组织、非政府组织和自治团体等机构分化削弱而萎缩，国家机关不再是唯一的权力核心②，故行政机关需重新界定其角色与地位，并调整其在社会互动关系中的功用与职能，方能有效面对全球化的挑战，这也是近年来台湾推动"政府改造"（reinventing government）和组织调整之意义与目的所在。而在此波政府改造运动的潮流下，讲求廉能与效率虽属重要，但真正本质问题，还是在于如何运用透明化机制来引导民主课责（democratic accountability）之落实，有效控制各机构及主事者的独断和贪腐情况，以臻致责任政治的落实与民主治理的真谛。

权力之行使，须有课责相应之必要，尤其是现代民主治理之管理模式即是透过课责机制的良性运作，达成追求个人或团体之公共利益。诚如 Pitfield 所言："课责是所有政府体制，不论是管理、司法或民主本身都必须包含的一个元素；若将课责从制度中抽离，那么制度将什么都不剩，只是一个具有希望的空壳而已。"③ 而渔会之性质普遍被认为是公益倡议团体的非政府组织（non-government organization，NGO），其设置之原因是政府将原先

---

① 庄庆达：《渔会组织功能再造之探讨》，台湾渔业政策总体检系列研讨会（三），行政院农业委员会渔业署，第 3、69 页。

② Pierre, J. and B. G. Peters, 2000, *Governance*, *Politics and the State*. Hong Kong: Macmillan.

③ 此为加拿大议员 Michael Pitfield 于 1997 年在国会辩论的演说内容，参见伏怡妲（1999，第 43 页）。

公部门所承担的功能，转由私部门或市场机能运作，朝向权责分散、政府与民间分工，以追求效率及专业，并避免政府供给浪费的弊端，然而这些社团法人和非政府组织的"第三部门"[①] 运作之后也陆续衍生出一些问题，最鲜明的便是缺乏课责，Herzlinger[②] 便不讳言地指出"第三部门失灵"（third sector failure）就是"课责失灵"（accountability failure）。缘此，本文即从课责的概念与机制着手，说明台湾地区性渔会组织的任务与功能，并进一步针对其组织与运作等相关问题进行分析与讨论，寄盼借此有助于渔会管理功能之提升，并确保公共利益的实现。

二　现行渔会之组织、任务与管理

台湾渔会系一光复前即已存在之渔民组织，颇具历史，其组织架构数次调整，"渔会法"亦随之酝酿、制定与修改。以下略述渔会之沿革、组织架构、任务、功能与管理机制。

（一）沿革与组织

从历史沿革观之，光复前台湾地区的渔民组织，计有"渔业组合"（经济性组织）与"水产会"（社会性组织）两种形态，1944 年，两者合并为"渔业会"；光复后国民政府根据渔业法与合作社法之规定，将渔业会指导部分改组为渔会，将经济部门改组为渔业生产合作社。1947 年改组完成。1950 年，政府统一事权，将各级渔会与各级生产合作社合并为渔会，分为省渔会、县（市）渔会与乡镇渔会三级，当时各级渔会并无统一之法规，仅参照台湾省人民团体的相关法规办理。1951 年，随着台湾行政区域之调整，再行改组。此一时期，渔会组织乃是省、县（市）、乡（镇）三级。1955 年，依照台湾省各级渔会改进实施方案，三级制改组为省及市、区二级制渔会。经过多年调整分合之后，1976 年"渔会法"修正公布，同时公

---

① 第三部门（The third sector）是一社会学与经济学名词，意指在第一部门（Public sector，或称为公部门）与第二部门（Private sector，或称为私部门）之外，既非政府单位，又非一般民营企业的事业单位之总称，有时泛指非营利组织或非政府组织。

② Herzlinger, R. E., 1996, "Can public trust in nonprofits and governments be restored" *Harvard Business Review*, pp. 97 – 107.

布实施的还有"台湾省区渔会合并方案"，将同一渔业区内之渔会及渔业条件不足之渔会予以合并。至1981年完成第二期渔会合并改选，而成为省渔会1单位，区渔会37单位，共计38单位。1989年金门区渔会加入台湾省渔会成为会员，马祖区渔会亦于1993年由连江县渔会改组成立，在1991年即已加入省渔会成为会员，渔会数目未再有增减，即渔会组织系计1个省渔会、39个区渔会。① 直至2012年"渔会法"作组织等级重大修正并公布，此后渔会分区渔会与全省渔会二级，各级渔会得视事实需要，报经主管机关核准设立办事处②。

至于渔会的组织，根据渔会法第四章会员、第五章职员与第六章权责划分的规定，区渔会组织架构可由会员、议事机构、执行机构与渔民小组四大部分组成，略述如下。

（1）会员。"渔会法"第十五条之规定，会员可分为本身直接从事渔业劳动的甲类会员、非直接从事渔业劳动或以渔业劳动为兼业的乙类会员，以及个人赞助会员及团体赞助会员。

（2）渔民小组。"渔会法"第九条规定，此系依渔业类别或村、里行政区域而划设，为渔会业务推动之基层单位。渔民小组置组长及副组长各一人，由会员选任之，任期四年，连选得连任（"渔会法"第二十四条），渔民小组组长、副组长可和会员代表一样参与渔会理监事之选举（第二十一条）。

（3）议事机构。包括会员（代表）大会、理事会与监事会，"渔会法"第三十条规定渔会以会员（代表）大会为最高权力机构，每年召开一次会员代表大会。会员（代表）大会休会期间，理事会则依会员（代表）大会之决议策划业务，监事会监察业务及财务。

（4）执行机构。此系渔会之行政部门，由总干事职司行政主管角色，秉承理事会决议执行渔会任务，向理事会负责，并执行理事会决议事项（第三十三条）。总干事及聘雇人员皆为专任，故不得兼营工商业或兼任公私团体中

---

① 根据"渔会法"第三章有关设立之规定，区渔会乃基层渔会，于渔业集中之渔区设立；区渔会之设立系以渔区之划分为先决条件，渔区划分乃由"直辖市"、县（市）主管机关勘查后，报由当局主管机关核定公告之。区渔会名称由"直辖市"、县（市）主管机关定之。参见"渔会法"第六条第三、四项规定。

② 参见"渔会法"第六条、第六条之一、第十四条之一规定。

任何有给职务或各级民意代表。如有竞选公职，一经当选就职，视同辞职，予以解任（第二十九条）。总干事下设秘书及会务、业务、推广、辅导、财务、鱼市场、供销部、信用部、保险部、通讯电台、办事处等单位。

（二）任务与功能

依"渔会法"第四条之规定，渔会有下列五大类共 19 项任务。①

（1）渔会直接办理事项。①保障渔民权益，传播渔业法令及调解渔业纠纷（第 1 项）。②渔业改进及推广（第 2 项）。③办理水产品之进出口、加工，冷藏、调配，运销及生产地和消费地批发、零售市场经营（第 6 项）。④办理渔用物质进口、加工、制造、配售、渔船修护及会员生活用品供销（第 7 项）。⑤办理会员金融事业（第 9 项）。⑥开展渔村文化、医疗卫生、福利、救助及社会服务（第 10 项）。⑦倡导渔村副业，辅导渔民增加生产，改善生活（第 11 项）。⑧倡导渔村及渔业合作（第 12 项）。⑨开展渔村及渔港旅游、娱乐渔业（第 18 项）。

（2）渔会配合办理事项。①渔民海难及其他事故之救助（第 3 项）。②渔民组训（第 14 项）。③保护水产资源（第 15 项）。

（3）渔会协助办理事项。①设置、管理渔港设施或专用渔区内之渔船航行安全设施及渔业标志（第 5 项）。②设置、管理岛外渔业基地及有关国际渔业合作（第 8 项）。③渔村建设（第 13 项）。④海防安全（第 14 项）。⑤防治渔港、渔区水污染（第 15 项）。⑥渔民保险（第 16 项）。

（4）受托办理事项。①报道渔讯、渔业气象及渔船通讯（第 4 项）。②会员住宅辅建（第 13 项）。③渔业保险（第 16 项）。④接受政府及公私团体之委托办理之事项（第 17 项）。

（5）特准办理或指定办理事项。受主管机关特准办理之事项或经主管机关指定办理之特定事项（第 19 项）。

在功能上，"渔会法"赋予渔会上述 19 项任务，除了自办、协办、配合办理之事项外，亦需接受政府委托事项与特准、指定事项，可谓任务繁重。若进一步将 19 项任务加以分类，则每一项任务常具备一个或多个功能。

---

① 黄异：《现行渔会组织之探讨》，《第二届渔会组织功能及经营管理研讨会论文集》，台湾海洋大学渔业经济研究所，1996，第 23－24 页。

归结而言，渔会似被赋予了四大功能：政治性功能（如第 1 项的保障渔民权益，传播渔业法令及调解渔业纠纷；第 4 项的报道渔讯、渔业气象及渔船通讯；第 14 项的海防安全等），经济性功能（如第 2 项的渔业改进及推广；第 6 项的办理水产品之进出口、加工，冷藏、调配，运销及生产地和消费地批发、零售市场经营；第 9 项的办理会员金融事业；第 11 项的倡导渔村副业，辅导渔民增加生产，改善生活；第 18 项的开展渔村及渔港旅游、娱乐渔业等），教育性功能（如第 2 项的渔业改进及推广；第 10 项的开展渔村文化、医疗卫生、福利、救助及社会服务；第 18 项的开展渔村及渔港旅游、娱乐渔业）与社会性功能（如第 10 项的开展渔村文化、医疗卫生、福利、救助及社会服务等功能；第 13 项的渔村建设；第 16 项的渔民保险等）。

（三）管理与监督机制

为了健全渔会的发展与促进其任务与功能之实践，需有一套妥适的管理机制，来凝聚共识，群策群力，以恪尽其功。Robbins 和 De Cenzo 便认为管理的意义即是对组织所拥有的资源进行有效的计划、组织、领导与控制，以兼具效果和效率的方式达成组织目标。[1] 因此决策的领导者不仅需激励部属、解决团体内外部冲突，还需监督与评估组织绩效，确保任务顺遂进行并达成预定之绩效，诚如 Tricker 所言：所谓管理就是如何去经营一个机构，而确保这种经营处于正确的轨道之上，便是一种"治理"（governance）[2]。由此可知，唯有强化管理功能、落实监督机制，才能使经营管理按部就班、运行不坠，实践机构组织的目标，达成透明、课责、参与、高效的良善治理（good governance）之理想。

而现阶段台湾渔会组织的运作，在管理上，依据"渔业法"第三条之规定其主管机关，在"中央"为行政院农业委员会，在"直辖市"为"直辖市政府"，在县（市）为县（市）政府。但其目的事业，应受各事业之主管机关指导、监督。另外"渔业法"第九章（第 44~50 条）则是专章介绍渔会的各项监督与课责机制，具体包含以下内容。

（1）渔会怠忽任务、妨害公益或逾越其任务范围时，主管机关得予以

---

① Robbins, S. P., and David A. De Cenzo, 1998, *Fundamentals of management：Essential concepts and applications.* Prentice Hall, Upper Saddle River, N. J.

② Tricker, R. I., 1984, *Corporate Governance.*, Gower Publishing Company Limited.

警告。

（2）渔会之决议，有违反法令、妨害公益或逾越其宗旨、任务时，主管机关得再予警告或撤销其决议。

（3）渔会违反其宗旨及任务，其情节重大者，主管机关得予以解散或废止其登记。

（4）下级主管机关为上述（2）、（3）处分时，应经上级主管机关核准。

（5）渔会废弛会务或有其他重大事故，主管机关认为必要时，得经上级主管机关之核准，停止会员代表、理事、监事之职权，并予整理。整理完成，应即办理改选。其整理办法，由"中央"主管机关定之。

（6）渔会理、监事及总干事如有违反法令、章程，严重危害渔会之情事，主管机关得报经上级主管机关之核准，或经由上级主管机关予以停止职权或解除职务。

（7）渔会选任及聘、雇人员，因刑事案件被羁押或通缉者，应予停止职权。

（8）渔会解散时，应由主管机关指派清算人。

（9）渔会之选举有不法行为者，视情事分别科处刑责、废止当选资格及当选无效。

（10）渔会办理信用部业务，违反"中央"目的事业主管机关依本法授权所定命令中有关强制或禁止规定或应为一定行为而不为者，由"中央"目的事业主管机关，处新台币 60 万元以上 300 万元以下罚款。

然而经年累月的运作之下，渔会团体不仅因常介入各种选举，致使政治因素常造成派系纠葛与弊端层出，并且因缺乏现代企业独立自主之功能，而经营绩效不彰，经营环境愈趋恶化，抹灭了渔会组织原有的重要功能与效益。因此，当务之急实需检讨监督及强化课责之机制，因为课责的概念在现代化治理上已是被用来衡量一个政府是否可被评断为合法、正当的标准。所以欲让渔会脱胎换骨、响应各种衍生问题和满足多元社会的多样需求，实需重新构思渔会的治理与监督体制，只有建置完善的课责系统，才能缔造一个良好治理的渔会经营环境，造福渔民与改善渔村环境。

三 课责的内涵及其在机关组织的运作发展

（一）课责的定义与内涵

Accountability 一词，常见的中文翻译除了"课责"外，还有"究责""问责""职责""当责""责信"等，① 不仅其中译莫衷一是而显纷纭繁杂，其原文的概念与意涵迄今亦是模糊晦涩、混沌杂异、发散且多元的，② 所以 Day 和 Klein 便指陈 Accountability 是一个涵盖了多面向与多层次的词语，犹如"变色龙"（Chameleon）令人捉摸不定，故许多学者都各有不同的解读与定义。其实依牛津字典（*Oxford English Dictionary*）的解释，Accountability 源于拉丁文 *accomptare*，原意是指进行计算、查核或解释，延伸则含有算清楚、需交代、可依赖与重结果的意涵。其基本概念便是期待给予说清楚、讲明白，就治理（governance）而言，课责乃指当某人需向某一个人或组织清楚说明或解释（account-giving）其过去或未来所为之行动与决策，并为此结果能承担任何赏罚之责；换言之，当甲方不得不告知乙方有关甲方的所作所为，并证明此举措属适当无误，一旦被查有违法失职时，则愿受制裁与惩罚时，课责的意义便已成形。

如同 Schneider 和 Ingram 所言：Accountability 的意义是可以改变的，甚至是可为人所操控的，因此其改变而新指涉的内涵端视时间环境的变异状况而定，且它会随着事件、人物、政治以及其他相关互动过程的影响而变迁；③ 故一般采取较宽泛的认定并异中求同，以取得名词意义的理解与共识。例如 Shafritz 认为，"课责为一种关系，在此关系中，个人或是机构有义务向授权者回答有关其所执行授权行动的各种绩效问题"，而 Light④、

---

① Accountability 在新加坡则称"课责"，香港译为"究责"，而中国大陆译为"问责"或"责信"（吕玉娟，2008）；台湾有译为"职责""当责""权责""责任"等，而目前公共行政学者，实多以"课责"一词称之。

② Kramer, R., 1981, *Voluntary Agencies in the Welfare State*. Berkeley CA: University of California Press.

③ 陈志玮《政策课责的设计与管理》，台湾大学政治学研究所博士论文，2003。

④ Light, P. C., 1994, "Federal Inspectors General and the Paths to Accountability", in T. L. Cooper (ed.). Philanthropy and Law in Asia: A Comparative Study of Nonprofit Legal Systems in Ten Asia Pacific Societies. San Francisco, CA: Jossey-Bass.

Kearns[①] 和 Mulgan[②] 等人亦认为："课责系指向高层权威负责，要求其'提供说明'（rendering of accounts）个人行动的过程，所处理的是有关监督和报告之机制；而此种课责概念采取的是命令与控制的定义方式，所包含的有外部监督、辩护、顺服、奖惩、控制等意义，亦即课责是透过清楚的法规命令和正式程序、监督与强制来达成。"从企业管理的角度来看，课责是个人、公司或机构需清楚交代其决策和作为并承担责任，也就是说对其所管理的资金和受委托财产，均需以透明公开的方式揭露其执行成果，接受质询和做出响应。[③] 而从公共行政的领域来看，课责意指代表他人或团体利益而行动的人们，必须向他所代表的对象汇报其执行的行动绩效，或用某种方式对其所代表的对象负责；这是一种"委托人—代理人"的关系（principal-agent relation）中，代理人基于委托人的利益而履行某种职责，并向委托人汇报执行绩效的一种制度。因此，不论在公部门或私部门，皆存在课责机制。[④]

至于在实际运作上，课责首先面对的操作化议题即为"谁该被赋予课责"（who is accountable），"向谁负责"（to whom），以及"为什么被课责"（for what）。易言之，如何布建课责的途径与网络以收成效，是实务中最受瞩目的问题。而最常被公共行政学者提及的课责类型与机制，便是 Romzek 和 Dubnick 于 1987 年利用是否由单位组织的内部或外部来界定其行为的期望，以及组织本身控制期望的自主程度高低这两项关键轴向指标[⑤]，交织出的科层（Bureaucratic）课责、法律（Legal）课责、专业（Professional）课责以及政治（Political）课责四种类型[⑥]，如表 1 所示。归结而言，在科层课责与法律课责的环境下，机关重视循规蹈矩，自主成分低，组织多采被动策略，

---

① Kearns, K. P., 1996, Managing for Accountability: Preserving the Public Trust in Public and Nonprofit Organizations. San Francisco, CA: Jossey – Bass.

② Mulgan, R., 2000, Accountability: An Ever – Expanding Concept? Public Administration, pp. 555 – 573.

③ 参见 definition of accountability from BusinessDictionary, http://www. businessdictionary. com。

④ Hughes O. E., 2003, *Public Management and Administration: An Introduction.* New York: St. Martin's Press. 张政亮：《领袖课责》，鼎茂出版社，2011。

⑤ Romzek, B. and M. Dubnick, 1987, "Accountability in the Public Sector, Lessons from the Challenger Tragedy", *Public Administration Review*, pp. 227 – 238.

⑥ Romzek, B. amd P. W. Ingraham, 2000, "Cross Pressure of Accountability: Initiative, Command and Failure in the Ron Brown Plane Crash", *Public Administration Review*, pp. 240 – 242；陈志玮：《政策课责的设计与管理》，台湾大学政治学研究所博士论文，2003。

至于专业课责和政治课责此二类型通常给予个人或机构更多的酌量权，自主性较高，组织内部较能主动、弹性地运作以达成欲追求的目标与任务。

表 1　课责机制的四种模式

主轴		期望或控制的来源	
		内部 Internal	外部 External
自主性程度	低 Low	Ⅰ 科层式课责 Hierarchical —透过层级监督组织	Ⅱ 法律式课责 Legal —透过契约签订方式
	高 High	Ⅲ 专业式课责 Professional —依据专家自身与同侪之间的监督	Ⅳ 政治式课责 Political —借由选民、民代、顾客或其他机构

资料来源：Romzek & Ingraham，2000。

（二）课责在机关组织的运作与发展

自从 1965 年"课责"一词开始出现于美国的立法中，许多实务上的探讨与研究也纷纷出笼，而有关公共行政部门课责的相关研究颇多，例如教育、司法、财政等议题均常有学者撰文讨论，Burke（1986）在《官僚责任》（*Bureaucratic responsibility*）一书中指出：官僚组织重视秩序和稳定，这与民选制度要求开放和自主常发生冲突，因此一旦发现行政人员失职或钻法律漏洞，需秉持专业信念和道德良知进行决策的价值判断，才不致使课责机制失灵而造成民主政治的斩伤[1]。Day 和 Klein（1987）所著的《五类公部门组织的课责》（*Accountabilities：five public services*）则针对英国的健康卫生、警察、教育、水资源管理及社会服务等五大公部门进行课责模式的分析及评估后，归结出这些公部门课责的改革趋向分别是：①由内部控制转为外部控制，尤其强调政治课责和非正式课责；②从财务的管控移向对环境与社会等公共利益为目标；③以组织间、公私部门间的水平课责（horizontal accountability）填补垂直课责（vertical accountability）的缺漏。台湾研究方面，陈志玮[2]及陈淳斌[3]等人认为在区域与地方治理方面，因体制结构

---

[1]　Burke, J., 1986, *Bureaucratic Responsibility.* MD：Johns Hopkins University Press.

[2]　陈志玮：《行政课责与地方治理能力的提升》，《政策学报》2004 年第 4 期。

[3]　陈淳斌：《地方议会的立法控制与监督：嘉义市第六届议会的个案分析》，《空大行政学报》2007 年第 18 期。

的限制、资源稀少、财政困窘、派系或政党护航、信息不对称、审查监督形式化等难题，常会出现"形格势禁"之叹，解决之道在于课责之方式不应仅是遵守行政程序的内部层级规定（行政课责），还需依法行政，接受法律的监督，扩大民众和代议制度所形成的政治课责并提升专业形象与能力，以维护民主政治之运作。

20 世纪 80 年代以来，"新公共管理"（New Public Management）的概念逐渐主导了政府组织和管理的变革，新公共管理引入"企业化"的概念，使政府必须注意公共服务供给的成本与投资报酬率以为人民提供更有效率的政府服务，改变过往政府浪费、缺乏经济概念的形象，因此非属政府治理的核心业务，均改以委托外包及民营化的方式运作，尤其伴随着全球化、信息化、市场化和知识经济时代的来临，为了让政府组织更精简、更有效率、更加专业，且兼具弹性，许多独立管制机关（independent regulatory agency）和非政府组织变成协助政府、促进政府效能的重要伙伴；而透过委托外包（contact out）、公私合营、公办民营等模式，政府逐渐走向公私合产（co-production）及协力（collaboration）、伙伴（partnership）等形式，如此等于宣告了政府的统治模式，已面临变革，从控制、支配，走向治理（governance）。①

政府的工作一旦被转包到私人企业或是第三部门组织，公部门某种程度上便逃避了原本应该承担的责任与义务，而且相关的法规和制度又常模糊不清，对第三部门组织的监督和管理欠缺周密，从而衍生出许多漏洞与弊病。Bendell 曾发表了《非政府组织课责辨析》（*Debating NGO Accountability*）报告书，认为非政府组织（NGO）凭借着专业与知识、信息的提供、组织架构的弹性，在现今社会中占有重要的地位，但课责问题也是其主要的挑战，例如透明信息的揭露、绩效的评估、欠缺专业经理人和完善制度等，故削弱了在当地的扎根与永续性；② Owolabi 采用信息披露、成效评估、参与程度、自我管控和大众审视等课责的评估指标，调查了奈及利亚（Nigeria）的非政府组织执行状况，同样也发现非政府组织一方面受到政府监督组织和商业利益团体的打压与对其合法性之质疑，另一方面其本身的宣

---

① 张琼玲：《探讨非营利组织与政府互动的课责机制：以托育服务为例》，《竞争力评论》2009 年第 13 期。

② Bendell, J. , 2006, *Debating NGO Accountability*：*NGLS Development Dossier*. New York：United Nations.

传技法、基金的使用、管理和治理，及是否符应社会的价值观和期望，也显露出一些问题①；主要的课责缺失仍是未重视这些受非政府组织所影响的利害关系人（stakeholder），且课责的焦点仅在于非政府组织的财物状况，而忽视其所成立的宗旨和目标有无达成。

　　台湾方面有关非政府组织之研究，伏怡妲②、甘恩光③从"民营化运动"（privatization movement）探讨公立医院公办民营的政策，文中归结此种"委托经营"或"公私协力"（public-private partnership，PPP）之模式，能促进政府行政革新及人力精简，减轻政府财政负担，提高效率与效能，避免僵化的官僚体系运作，故成为经营不彰的公立医院的变革方向；但鉴于目前监督与课责机制的不完备，亦可能引发困扰，例如，①欠缺专属的法律规定：目前依循的规范多半为"公营事业民营化条例"和行政命令，难以有效管理。②政治课责薄弱：由于公、私合作建立在契约关系上，政府仅能透过契约间接服务，缺乏直接的控制，无法周延地监督服务质量。③公民权（civil rights）和公平性（equity）受冲击的问题：民营化的企业经营模式过度强调效率与效益，完全以经济利益为导向，往往忽略了社会均衡发展所须之社会目标与整体社会的福祉，例如偏远地区的医疗供给将失衡。④利益的输送和政治压力：民间执行公共服务，缺乏有效的监督机制，因此容易造成利益的不当输送；同时相关决策易受压力团体影响。此外颜诗丽④、周佳蓉⑤、张琼玲⑥分别从妇幼福利服务中心、环保团体及托育业务等机构探讨非营利组织的课责，综观认为，目前非营利组织的法规制度尚不完备或仍存瑕疵。故除了行政和法律等强制性的"他律"机制外，唯透

---

① Owolabi, A., 2010, NGO Accountability and Sustainable Development in Nigeria, http：// apira2010. econ. usyd. edu. au/conference_ proceedings/APIRA－2010－285－Owolabi－NGO－ Accountability－and－sustainable－development－in－Nigeria. pd.

② 伏怡妲：《新公共管理之课责研究——以台北市立万芳医院为例》，东海大学公共行政所硕士论文，1999。

③ 甘恩光：《公立医院"公办民营"政策执行之评估研究》，铭传大学公共管理与小区发展研究所硕士论文，2002。

④ 颜诗丽：《委外提供福利服务课责意涵之研究：以台北市公设民营机构为例》，东海大学公共行政研究所硕士论文，2005。

⑤ 周佳蓉：《环保团体课责表现衡量架构之建立与实证研究》，台湾"中山大学"公共事务管理研究所博士论文，2007。

⑥ 张琼玲：《从中华邮政"正名事件"探讨治理理论中心课责问题》，《空大行政学报》2009年第19期。

过非正式课责，如大众舆论、信息透明和道德自律等方式的强化，才可以
创造出非营利组织和政府间的良性互动，健全公民社会的发展。

四　现行渔会组织与运作的课责机制与问题

依台湾"渔会法"第二条规定："渔会为法人"，所谓法人系由法律所
创设，得为权利义务主体的社会组织体，目前通说及实务见解皆主张其为
私法人中的社团法人。因此，渔会作为一个私法主体，必有其权利能力，
但此项权利能力必受其本身性质、任务，以及法令等方面的限制；此外，
"渔会法"除了赋予渔会自办、协办、配合办理之事项等多项任务外，渔会
亦需接受政府委托事项与特准、指定事项，故性质上便须受政府监督管理，
以达成任务与绩效①；所谓拥有权利与权力，自当善尽其职责，从公共政策
的角度而言，渔会经营与管理是指在政府与渔民团体的支持下，渔会运用
其权力之际，应善尽其应有的责任，保障利害关系人之权益，并响应其对
绩效的期望与完成绩效要求，这便是课责的意义与目的。因此，本节循
Romzek 和 Dubnick 的"科层式、法律式、政治式、专业式"四种课责类型
来探讨现行渔会组织与运作的问题。

（一）渔会的科层课责

所谓科层课责是透过组织垂直式的层层节制和一连串内部规章、条例
与命令的约束来达到分级负责之目的；此种课责形式乃遵行上级机关的指
挥和裁量，自主程度很低，是行政机关内最显见的课责方式，所以又称为
行政课责。依台湾现行"渔业法"第三条渔会之主管机关：在"中央"为
行政主管部门农业委员会；在"直辖市"为"直辖市政府"；在县（市）
为县（市）政府。但其目的事业，应受各事业之主管机关指导、监督。然
而，"地方制度法"第十九条则列举农、林、渔、牧业之辅导及管理，属
"直辖市"、县（市）的自治事项，其管辖单位乃由地方政府负责处理，这
种法规本身的矛盾，不仅引发"中央"与地方权限的冲突，亦导致实务运

---

① 林谷蓉：《从海洋文化推动与渔业事项属性观点探讨渔会组织之定位》，台湾海洋大学海洋
文化研究所，2008，第482、495 页。

作上的颠簸。

由于科层体制就是官僚系统的横向分工与垂直分级的层层节制，这种官僚组织需配置一种特定的治理模式才能运行不悖，Denhardt 和 Denhardt 便曾言："行政的科层课责是透过上级监督下级、下级对上级负责的机制，方能迅速有效地建立组织内需对何事负责、对谁响应及确保上述责任与义务达成之模式"[①]；而渔会组织此种多头管理模式，不易厘清角色与责任，又因非属公部门组织，难以建立内部协调（negotiated）一致及高度服从组织之约定与领导，故造成公权力介入困难与"官僚怠工"（bureaucratic sabotage）的情形，致使科层课责的实施多所窒碍。此外，目前渔会组织发展困难，还包括基层渔会彼此间、与上级渔会间联系松散，部分渔会各自为政，缺乏系统意识，不善联合经营，也不支持上级渔会的活动。上下层级渔会皆忽略其各自与群体之角色及责任，彼此形同陌路，机能分担缺乏准则，"渔会法"第二十条又规定上级渔会理、监事，不得兼任下级渔会理、监事，致供销业务之共同运销、运销业务之秩序调配，以及信用业务之互援集中运用资金绩效不彰，无法紧密联营、分工互利，这种松垮、冗散的科层体制，难以进行专业化与企业化的经营，更无法迅速因应经贸全球化、自由化的冲击[②]。

（二）渔会的法律课责

法律课责是在外在的立法规范、授权和监督下，行政管理者依法执行公务并遵守工作上的各种相关法令规章，而非靠内部上级的指示办事，这便是一种法律课责的行为表现；法治乃民主立宪国家重要的宪政原理，其核心意义乃在约束行政者不得恣意地运用权力，因为权力一旦脱离了法制的束缚，将会蜕变为一只残暴伤人的猛兽。目前渔会遵行的法源依据主要是"渔会法"，"渔会法"是于 1929 年 10 月 26 日制定，原先条文共 29 条，随后逐次增订，1975 年 12 月 13 日义字第 5497 号令修正公布全文 53 条，最近一次的修正为 2012 年 1 月 31 日修正公布第 6、20 条条文及第三章章名；

---

① Denhardt, J. V. and R. B. Denhardt, 2003, *The New Public Servic.* New York: M. E. Sharpe, Inc.

② 廖朝贤：《当前渔会困难与转机之探讨》，《第二届渔会组织功能及经营管理研讨会论文集》，台湾海洋大学渔业经济研究所，1996；林谷蓉：《从海洋文化推动与渔业事项属性观点探讨渔会组织之定位》，台湾海洋大学海洋文化研究所，2008，第 482、495 页。

增订第 6 - 1、14 - 1 ~ 14 - 6 条条文，除"渔会法"外，还搭配"渔业法施行细则"；另外，由于渔会属社团法人，故其组织和运作需受"民法"第二章第二节的法人通则及社团法人等条文（第 25 条至第 59 条）之规范，又渔会信用部因办理渔民之融资和贷款等金融业务，须依"农业金融法"及相关法规办理。

法律是保障人民权利、维护社会秩序并促进社会进步的依据，一旦法规条文出现瑕疵或漏洞，便易被有心人士运用以作为规避课责的手段。例如 2007 年 6 月公布的第 26 条及 49 条之一之修正条文，便引起很大的争议，2007 年 5 月台湾立法主管部门通过"渔会法"第 26 条修正案，原先第 26 条规定：渔会置总干事一人，由理事会就"中央"或"直辖市"主管机关遴选之合格人员中聘任之。聘期最长以当届理事任期为限；如次届理事会续聘者，得续聘一次；但经政府评定为绩优者，得再续聘一次。换言之，渔会总干事以一任四年为期，任期最多三任，故最多仅能任职 12 年就需走马换将，而新的第 26 条修正案，则删除现行对总干事续聘的所有限制。同样对照 2007 年 6 月的"农会法"第 25 条修正案，旧法中规定总干事如次届理事会续聘者，得续聘一次，但经政府评定为绩优者，得再续聘一次，但新修正案将续聘条件改为考绩"甲等"得续聘，删除只能再续聘一次的规定；相形之下，"渔会法"连"考绩甲等"的要求都没有，从课责的角度而言，其目的不仅是进行监督，使目标的达成过程中不致失误与偏离，更重要的还有期望效率提升，以积极作为呈现良好的表现，所以课责要求以其"绩效表现"（accountability for performance）向民众交代，符应求新求变、好还要更好的企盼[1]，如今这种取消任期制的万年总干事，是握有行政权的执行单位，长久掌权容易规避会期甚短的会员代表大会（最高权力机构），对理监事会的监督与考核也易流于敷衍应付之形式，造成行政权扩大及权力集中之倾向，而容易摆脱课责制约。

其次，"渔会法"第 49 条之一修正条文规定，原先农渔会选任及聘、雇人员受有期徒刑以上刑之"二审判决"者，均应解除其职务，而新三读通过的修正案则放宽为受有期徒刑以上刑之"判决确定者"，应解除其职务

---

① Behn, R. D., 2001, *Rethinking Democratic Accountability*. Washington, D. C.: Brooking Institution Press.

（即三审判决定谳）。此法原于 1999 年"修法"删除经提起公诉应停职之规定，而改为"受有期徒刑以上刑之判决确定者"，但因受到"因诉讼过程冗长，涉案人因未停权恐生危害，此修正形同具文"之讥，才改为"二审判决者，均应解除其职务"，如今又走回头路，其造成之影响有：①万一渔会所选任、聘雇人员其聘期、任期都到了，但判决还没有确定，仍于官司诉讼中，故第 49 条之一规定形同具文，无法发挥监督和吓阻之效；②渔会选任、聘雇人员有罪在身时，仍可执行相关权力，连停止其职务的约束都没有，这犹如坐视监守自盗，任凭违法乱纪之情势续存，司法弃守正义，不禁令人汗颜。进而言之，此修正条文相较于公务人员，不需经法院审判，只要行为不检，依据"公务人员考绩法"的规定，一次记二大过处分就予以免职；而"地方制度法"第 78 条也规定地方行政长官，只要一审判决有罪就停止其职务，待判刑确定则解除职务（第 79 条），这些亡羊补牢的课责措施均不适用于渔会行政人员；法律是人民与社会的最后防线，有鉴于许多非营利组织的许多法规尚不完备，亟待修补之际，现又以此超低的法律课责标准检视为渔民服务的渔会组织，是否能扬清激浊，举善弹违，建立良善之运作，不禁令人忧心。

综观 2007 年"渔会法"的第 26 条及第 49 条之一条之修正条文之所以引发极大争议，乃在于农渔会组织一向被视为国民党选举的重要桩脚所在，以 2007 年为例，全台有 339 名农渔会总干事，其中国民党占 72%，有 244 人，故此次"修法"被民进党和"绿营立委"批评为放宽农渔会排黑条款，为夺回政权进行选举绑桩，不惜"修法"巩固黑金地方势力，道德沦丧，是步上反改革的向下沉沦之路。以往农渔会组织遭人诟病的就是被质疑为孳生黑金的温床，不肖农渔会干部成为黑金势力把持农渔会组织的代表，滥用职权、徇私舞弊，例如 2007 年渔会开立不实鱼货交易证明协助会员溢领劳保老年给付，全台有三大渔会弊情特别严重，共有逾四千名渔民涉嫌诈领高额的老年给付，金额超过 21 亿元而遭"法务部"调查；2008 年苗栗县通苑区渔会理事长郑明秀等 27 人因侵吞中油公司 2700 万元补偿金案遭受收押起诉；① 部分农渔会信用部更变相沦为私人金库，让其恶意干部借机掏空组织之资产，鉴于事态严重，2001 年财政部门即要求十大公民营行库进

---

① 参见 2007 年 9 月 6 日《联合报》及 2008 年 1 月 10 日《自由时报》。

驻 36 家农、渔会信用部与信用合作社进行清查与整顿，并动用金融重建基金全额赔付达新台币 737 亿元，造成全民损失，法律规范疏漏、执行不力，公权力机关之管理和监督怠惰不作为，[①] 导致农渔会组织未能达其法人保卫、管制、辅助、服务及发展之目的，若一再重蹈覆辙，让法律的正义梁柱倾倒，将使民心向背。

（三）渔会的政治课责

政治课责是指响应民选代表、地方民众或其他评鉴机构等外在的利害相关人（external stakeholders）的需求与要求，所以像定期的选举、议会质询、特定利益的游说团体、反贪腐联盟之监督及选民的满意度问卷调查等，皆为本项课责之方式。渔会是由多数会员所形成之社团法人，依据渔会的组织架构，由会员、渔民小组、议事机构、执行机构等四大部分所组成（参考前述二之一）。由于渔会的权力最终皆来自渔民会员的授权，因此会员借由选举理监事和会员代表大会来参与组织之运作，而总干事职司行政主管角色虽由理事会以 1/2 以上之决议聘任，但其权力终究来自渔民，是"授权者"（principal）赋权力予"代理者"（agent）为其服务，因此需对其选民大众负责。简而言之，政治课责最具代表的方式就是选举课责（electoral accountability），此种课责属于纵向课责，执事的总干事必须对理监事、渔民代表及一般渔民等所形成的外围人脉网络做出响应，以符合其不同期待；政治课责假定政治与行政可互相区隔（即权能区分），而且这些民选代表拥有民意正当性，是"由下而上"的政策讯息反馈，故组织系统必须向这些拥有选票的特定顾客（customer or clientele）提供服务并回应所需，这就是 Weale 所强调的民主模式的主要特征是"责任治理"，管理阶层须为其绩效表现负责[②]。

然而渔会之会员代表、渔民小组组长、理监事与总干事的产生制度，

---

① 2002 年监察院"农业金融改革方向"项目调查报告指出，政府相关部门对 40 余家问题金融机构及负责人的处理，未能依法惩办，跟社会的期许落差过大，同时，"农渔会信用部放款业务分级管理措施"多次修正，最后却宣布暂缓实施，显示行政部门规划有欠周延。调查报告并要求需严予追究违法掏空者的责任，包括由行政部门与司法机关共同研议速审速结机制，公布相关违法者的恶劣行径和拟具追索、严防脱产行为措施等，速审速结，以儆效尤及符民众期待。

② Weale, A., 1999, *Democracy.* New York：ST. Martin's Press.

引起了理事长与总干事的"权能区分制"争议。渔会原采"理事长责任制"，因权与能归属同一单位，缺乏指挥、监督与制衡机构；至1975年改为"理事长与总干事权能划分制"，希望理事长有权、总干事有能，并相辅相成。渔会依"渔会法"设总干事一人，为行政主管角色，下设秘书及会务、业务、推广、辅导、财务、鱼市场、供销部、信用部、保险部、通讯电台、办事处等单位，权力十分庞大；换言之，渔会由理事长和总干事一起把持，如果县市政府和农委会同党，县市政府又与遴选人同派，理事长和其所选出的总干事系出同门时，便容易为所欲为。但实务上，若两人出现干戈，意见相左，渔会便难以运作，因为渔会总干事需承理事会决议，执行任务，向理事会负责（"渔会法"第33条），而渔会对外行文，召开各种法定会议，总干事之聘任、解聘及奖惩事项，由理事长签署；对外行使权益、修改章程、处分财产，办理改组、改选、补选、法定会议记录、会务、事业计划、工作报告及预、决算之报备等事项，需由理事长签署，总干事副署（"渔会法施行细则"第30条），显见总干事和理事长的权能很难区分；又因"渔会法"第26条规定渔会总干事之聘任，须经全体理事1/2以上之决议，可走马上任，但要解其聘职却须经全体理事2/3以上之决议行之，故万一与理事长意见不合，虽能力再强也会处处受到掣肘阻挠，而理事长除非拥有2/3以上的理事支持才能免除总干事，否则便会身系派系与权力斗争之中，而难以推动业务。因此有学者建议总干事可由渔会会员直接选举产生，使总干事也具有"民意"基础，犹如各县政府与议会的权能区分与权力平衡之概念，能够发挥总干事的职"能"，而不受理事会的操弄和控制，① 但也有学者认为现行渔会选举系由渔民先选出渔民代表，再由渔民代表选出理监事，使有心人士从渔民代表选举开始部署进行绑桩或派自己人马竞选，这种选举制度成为渔会派系、贿选、暴力和冲突问题的缘由，故建议渔会组织改为单一首长制，似农田水利会的会长制，且直选会长暨会务委员，釜底抽薪，以避免上述问题之发生。②

渔会为具一定资格之渔民所组成，为谋渔民之权益，自应由渔民自主，

---

① 宋燕辉、欧庆贤：《渔会业务之规划与改革研究》，台湾省政府农林厅渔业局委托研究，台湾海洋大学法律研究所，1993。

② 参见2005年5月27日渔业署为与台湾经济研究院共同举办之"渔会组织功能再造"研讨会之结论与建议事项。

但渔会会员的资格与认定亦是一大问题，依 2004 年统计，全台 39 个区渔会辖属会员计 386800 人，其中甲类会员 343820 人，占总数之 88.9%，乙类会员 18281 人，占总数之 4.7%，赞助会员 24699 人，占总数之 6.4%；然而实际上由于会员资格之规定未明确规范从事渔业劳动之条件，加以渔会理事会未严谨地审查会员入会资格，致许多未确实从事渔业劳动之渔民进入渔会为会员，除分享政府对渔民照顾之优惠外，还参与渔会选举，直接涉入渔会之经营，进而把持渔会，图派系之利益，而忽略对渔民服务之目的。[①] 而渔会信用部亦长期受到地方派系操控，绵密地交织了特定政党的金脉与人脉网络，也造成许多弊端。例如，1997 年花莲区渔会进行理监事改选，总干事游众能涉及贿选并有串证之虞，被法院收押禁见，2001 年台湾省渔会理事长郑美兰涉嫌改选贿选遭到收押，2009 年日月潭区渔会选举，力争理事长的刘淑梓及其夫婿王江立涉及金钱、暴力介入选举，并于选前殴打新当选的理事王龙池成伤，而被收押禁见；这些新闻凸显了渔会选举问题重重，课责效果明显有待加强。

（四）渔会的专业课责

专业课责——此课责关系属于内部课责的范畴，所需负责的对象为相关领域的专业成员与专业规范。政府在委托专业人士提供服务，或该部门有特殊的专业职能，使授权者与被授权者系类似于"外行人与专家"间的关系时，很大程度上不是靠严密的监管，而是倚赖专业人士的专业操守来进行课责；在此课责关系之下，专业人员握拥高程度的自主权，本身即是行动的判断者与裁决者，凭借他们的专业知识和经验对内在规范进行适当的作为，而这些规范来自专业的社会化（professional socialization）、个人信念、伦理规范、组织培训或工作经验，故"充分的裁量权"与"互信互重"成为专业课责的重要特征，员工被评量的准绳乃在于是否遵循彼此约定的协议，是否有杰出的专业表现，所以专业课责有时也称为"同业问责"。简而言之，专业课责最大的特色便是以平等、协商制定的准则进行专业的判断与裁量，取代往昔为人诟病的由上而下、靠权力制定的课责机制。

---

① 江英智：《渔会组织功能再造之探讨》，台湾渔业政策总体检系列研讨会（三），行政院农委会，2005。

以此标准观察渔会组织，依据"渔业法"第 21 条之一规定，渔会会员只要入会满二年以上，学历为中学以上学校毕业或小学毕业并曾任渔会理、监事、会员代表、总干事、渔民小组组长、副组长一任以上，便能成为理监事候选人，而依统计，1989 年选出的理事长和常务监事中，中学或小学毕业者占 92%，1993 年各区选出的理事和监事中，中学或小学毕业者占 82%，2005 年各区选出的理事和监事共 588 人，其中大专以上学历仅有 27 人，占 4.6%，年龄在 51 岁以上者有 332 人，占 56.5%。这些数据显示渔会领导人有基本学历偏低、年纪偏大之趋向，这对于渔会激发创新理念、引进先进制度、研拟革新方法和拓展渔会活动都会造成一定程度的窒碍。至于在聘任员工部分，虽然大专以上毕业者占 25.3%（502 人），但学者亦指出许多非专业人士掌控农渔会信用部，亦造成经营不善、逾放比过高等问题，尤其国际上对海洋资源的利用及管理日趋重视、加入 WTO 所面临之影响、两岸渔业秩序与管理之问题及经济自由化等外在环境之冲击，相关产业均谋思因应方针；相较之下，渔会不仅欠缺专业人才而且因主事者学历和年纪等因素响应较为保守，不仅未有积极因应之对策，且经营形态未能随社会经济环境之变迁予以调整，又未善加运用既有资源，致使渔会业务之经营萎缩，收入逐年减少，无力重视渔民之权益，渔会整体逐渐失去自主能力，无余力服务渔民，与渔民渐行渐远。

专业课责强调专业人员与团体在执行专业事务时，有能力维护专业尊严、形象、地位与价值，把持机关观点、守护公共利益，这便是"新公共行政"（New Public Administration）的推展概念，因此身为渔会领导与干部需增进专业知识，善用职权与裁量，以职业伦理和操守，追求组织管理体系过程中对渔民利益的最大化，才是善尽其职责之法。此外，针对未来渔会组织之改革，亦期盼可引进专业经理人才，导入企业经营的营运模式，在渔会经营日益艰困、竞争力日渐式微之际，实应多仿效国际趋势与经验，策略性松绑渔会人事管理办法，从专业课责角度考虑，由渔会更具弹性聘任专业人员或另订专业管理人聘任办法，才可能吸引专业人员进入渔会服务，增进渔民福祉。

五　讨论与结语

渔会之功能乃在于服务渔民，增加渔民收益，然而在现行体制的运作下，不仅指挥混乱、监督不佳，且影响人员素质及组织功能之发挥，因此台湾渔会应多思考自己的定位并进行改革，才能在国际化、自由化的冲击下蜕变成长。归结目前渔会组织的改革走向与课责方式约有以下三种选择途径。①转为具有公法人资格的人民团体：渔会性质上既属公益倡议团体的非政府组织，原就有承接政府公部门之社会服务功能，且在外部管理机制的控管上，政府行政权介入亦相当多（如总干事的遴选、信用部的金融监督等），此种形式似农田水利会，是由政府直接或间接设立的人民团体。以德国为例，公法上的社团法人乃是被赋予公共任务，行使公权力之特性，公法上社团法人区分为三大类：一为大学，二为地方自治团体，三为职业团体，其中职业团体即是同业公会类之公法人，采强制入会与强制收费，其预算、会计、审计等必须合乎公部门之法制之要求，且受到国家的监督，其目的即在确保相关公法上社团法人的功能发挥、照顾整体职业人员之利益与相关公共利益的实现。① 渔会改为公法上社团法人，如此一来，渔会组织须依法定任务行事，且因行使公权力，故需受到较严格之监督（如科层课责），以利于任务之执行，也避免地方派系的操弄和阻扰。②转为私人企业或公司形态：渔会之功能最终在于服务渔民，增加渔民收益，但渔会却定义为公益倡议的"非营利"团体，不以获利为经营目的，而渔民也未能共享渔会业务经营之利益，渔会业务经营之好坏、盈亏，均与会员无关，这势必影响渔民对渔会之认同，尤其渔会整体收入及盈余逐年减少，造成渔会员工工资无法提高、难以吸引优秀人员进入渔会服务，因此有人建议将渔会仿照香港等地区，重新定位为私法人，对"渔会法"涉及公部门之业务予以删除，以免造成目前这种非公非私及既是公又是私法人之四不像体制，而渔会公司化和私有化有助于其以企业化整并现有资源，扩大经营规模，开辟自有财源，提升自立自主能力，重视营运绩效及扮演渔民与社

---

① 参阅黄锦堂《行政组织法论》之第八章德国公法人之研究，翰芦图书出版公司，2005；另外，公法人的组织与成员不一定都是政府部门或官僚体系，凡与公共事务有关者都应属之。

会大众沟通的角色，此种重视具体成果（outcomes）的营运绩效要求，也是一种课责的方式。目前各区许多渔会（如彰化区渔会）即以公司化形式，进行转型，重视多元营销，增加利润回馈给会员，共同打造富丽渔村。③强化及健全目前的非政府组织形态：基于目前渔会的缺失主要在于内部科层体制的适法性监督和外部相关法律条文的约束与执行等问题，渔会可透过政府这一经费赞助者的角色，官派监事或理事来监督渔会运作，或是透过查核小组针对人事、会计等单位进行不定期检查，而有关法律缺失和执行部分，则透过修法和奖惩等方式，加强公权力的积极作为，防止地方派系或黑金势力渗透，恢复官僚体制体现社会价值的诚意与职能。除正式课责的他律机制外，建立信息透明公开的课责准绳，借由公共参与、社会课责、舆论监督等非正式课责的加入，让评鉴多元化，扩大督查角色方能有效促进课责展现。此外透过渔会组织自律，坚守信念与价值，响应和提升公众信任，并寻求平衡各利益关系人的课责需求，以有效达成其使命，让组织的正当性（legitimacy）获得肯定，渔会运作自然会否极泰来，赢得渔民信赖。

值得再加以着墨的是，台湾各地区渔会所处位置不同，经营发展条件自然有所差异，因此未来渔会需弹性调整组织经营，增进创造利益的绩效导向，善用渔会资源进行策略结盟，提升员工素质与专业能力，借此塑造渔会的核心价值。尤其在岛内外政治、经济、社会环境遽变过程中，渔会在海洋资源及文化推动上，有其新的角色扮演使命，配合政府施行之"文化创意产业""休闲渔业""渔村小区总体营造"三大政策，渔会若能进行组织转型或改革，将是海洋资源管理及海洋文化教育的重要推手，并能达成服务渔民、造福渔民之宗旨，进而让渔会永续发展，生生不息。

区域性海洋社会建设中的社会工作干预

吴永红　王　上[*]

摘要： 在国家实施海洋战略的大背景下，各省市海洋产业结构的转型不仅意味着经济发展方式的转变，也意味着以传统渔业为主要产业的渔村社区、海港社区等区域性海洋社会的转型。这在某种程度上意味着海洋社区社会需求结构的分化：社会普遍性公共需求和个性化的公共需求。面对这些具有独特地域性特征的挑战，在海洋社区建设中引入社会工作的理念、社会工作的队伍、社会工作的方法，对于区域性海洋社会建设和社会管理体制创新具有重要意义。

关键词： 区域性海洋社会　社会建设　社会工作

一　国家海洋战略下的海洋产业结构转型

作为人类生存和发展的基本环境和重要资源，海洋在世界历史的进程中一直扮演着重要的角色。在全球化加速的背景下，海洋也逐渐成为世界各国加入全球经济体系中的不可或缺的桥梁。随着陆地资源的日益枯竭、人口压力的日益加剧，许多国家都将视角转向了海洋。自从1992年联合国颁布《国际海洋法公约》后，全球海洋的1/3已成为各国的专属经济区，深海大洋的竞争更加激烈，世界各国对海洋的投入和开发都在全面升级。随着许多国家对海洋利益的日益重视，发展海洋经济已经成为其国家发展战略的重要组成部分。迄今，已经制定海洋经济发展战略的国家已有100个左右①。在此意义上，21世纪也被称为"海洋时代"，一场以开发海洋资

---

* 吴永红，上海海洋大学人文学院讲师；王上，上海海洋大学人文学院讲师。
① 徐有龙：《呼唤海洋，更要敬畏海洋》，《观察与思考》2011年第6期。

源、保护海洋权益为标志的"蓝色革命"正在兴起①。按照《联合国海洋法公约》的有关规定，中国享有主权和管辖权的海域总面积 300 万平方公里。改革开放以来，我国海洋经济发展迅速，尤其在沿海地区经济发展中发挥了重要作用。进入新世纪以来，中国高度重视海洋经济的发展，党的十七大明确提出要发展海洋产业，国家"十二五"发展规划纲要对推进海洋经济发展做出了总体部署。这也是我国首次在五年规划中以整章的篇幅明确提出发展海洋战略，凸显了海洋经济发展在整个国家发展战略中越来越重要的地位。

在此背景下，沿海省市纷纷在其"十二五"规划中制定了各自的海洋经济发展战略。2011 年 1 月，国务院批复《山东半岛蓝色经济区发展规划》；2011 年 3 月，国务院批准实施《浙江海洋经济发展示范区规划》；2011 年 8 月，国务院批复《广东海洋经济综合试验区发展规划》；上海也将"十二五"期间的海洋产业发展战略定位为"实现海陆产业互动和海陆经济一体化，服务上海'四个中心'建设"；海南省的"十二五"海洋经济发展规划也明确指出，未来五年海南将着重发掘海洋文化内涵，弘扬海洋文化，大力发展滨海及海岛旅游业。

纵观各个省市的海洋经济发展战略，尽管侧重有所不同，但有一点是共同的，即都比较重视海洋产业结构调整，加快构建现代海洋产业体系。可以预见的是，未来一段时期内，我国海洋经济结构将有一个较大的逐步调整和转型过程。具体来说，在传统的海洋第一产业，即现代海洋渔业发展上，海洋渔业结构将会进一步调整优化，现代水产养殖业、渔业增殖业、现代远洋渔业、滨海特色农业将成为重点发展产业；在海洋第二产业发展上，海洋生物、装备制造、能源矿产、工程建筑、现代海洋化工、海洋水产品精深加工等将发展成为优势产业；在海洋第三产业发展上，海洋运输物流业、海洋文化旅游业、涉海金融服务业、涉海商务服务业等将成为重点发展产业。

二　海洋产业结构转型引发的区域性海洋社会变迁

在分析海洋产业结构转型引发的区域性海洋社会变迁之前，有必要先

---

① 庞玉珍：《海洋发展与社会变迁研究导论》，《中国海洋大学学报》2009 年第 4 期。

对相关概念做出界定。"海洋社会"是海洋社会学的重要概念，有不少学者做出了各自的定义。杨国桢认为，海洋社会是指在直接或间接的各种海洋活动中，人与海洋之间、人与人之间形成的各种关系的组合，包括海洋社会群体、海洋区域社会、海洋国家等不同层次的社会组织及其结构系统；海洋社会群体聚结的地域，如临海港市、岛屿和传统活动的海域，组成海洋区域社会①。崔凤认为，海洋社会是人类基于开发、利用和保护海洋的实践活动所形成的区域性人与人关系的总和。由于人类开发、利用和保护海洋的实践活动不同于其他的活动，因此，海洋社会具有自己的独特性。同时，海洋社会是人类整体社会的组成部分，它无法脱离人类整体社会而存在，在影响人类整体社会发展的同时必将受人类整体社会的影响②。庞玉珍认为，海洋社会是人类缘于海洋、依托海洋而形成的特殊群体，这一群体以其独特的涉海行为、生活方式形成了一个具有特殊结构的地域共同体③。张开城认为，海洋社会是人类社会的重要组成部分，是基于海洋、海岸带、岛礁形成的区域性人群共同体。海洋社会是一个复杂的系统，其中包括人海关系和人海互动、涉海生产和生活实践中的人际关系和人际互动。以这种关系和互动为基础形成包括经济结构、政治结构和思想文化结构在内的有机整体。这个有机整体就是海洋社会④。宁波认为，以上这些海洋社会的定义，都无法回避这样一个问题，即海洋社会中的人群，其共同地域仍主要是陆地这样一个事实。在目前的条件下，海洋社会的提法有些勉为其难，因为其主要的群体互动地域不在海洋，而是岛屿与海岸带等附属于陆地的区域⑤。

　　基于以上观点，本文认为"海洋社会"是一个抽象和宏观层次的概念，界定和把握起来都有较大的难度。因此，我们可以使用一个与之相对的、

---

① 杨国桢：《论海洋人文社会科学的概念磨合》，《厦门大学学报（哲学社会科学版）》2000年第 1 期。
② 崔凤：《海洋社会学：社会学应用研究的一项新探索》，《自然辩证法研究》2006 年第 8 期。
③ 庞玉珍：《海洋社会学：海洋问题的社会学阐释》，《中国海洋大学学报（社会科学版）》2004 年第 6 期。
④ 张开城：《应重视海洋社会学学科体系的建构》，《探索与争鸣》2007 年第 1 期。
⑤ 关于海洋社会和海洋社会学问题的论述，此处不再赘述，深入和细致的讨论具体可参见崔凤：《再论海洋社会学的学科属性》，《中国海洋大学学报》2011 年第 1 期。宁波：《关于海洋社会与海洋社会学概念的讨论》，《中国海洋大学学报》2008 年第 4 期。

相对操作化的概念，即"海洋社区"或"区域性海洋社会"。杨国桢提出，海洋社会与海洋经济的兴衰相适应，有不同的层次，最初只是个别海洋海岸地区和岛屿上的生产生活群体，进而为一定海域的渔村社会、海商社会、海盗社会、海洋移民社会的组合，再进一步发展为面向海洋的开放型社会体系，形成海洋区域（以海洋发展为社会驱动力的海洋沿岸地区、岛屿和海域）和海洋国家（以海洋发展为国策的海洋沿岸国家或岛国）①。借鉴这一观点，海洋社区是更为微观的区域性地方社会，它有不同的层级和结构。从占据主导地位的海洋产业角度来看，海洋社区既包括渔村、海港和滨海城市、海岛，也包括海轮与舰艇小社会等②。

在国家实施海洋战略的大背景下，各个省市海洋产业结构转型不仅仅意味着经济发展方式的转变，也意味着其中的海洋社区必然要经历相应的变迁，尤其是社会结构的转型：在以传统渔业为主要产业的渔村社区，由于渔民的转产转业，一些群体逐步搬离社区，还有一些退出传统职业结构的群体开始积淀在社区，如失渔农民、老年渔民；在一些海港社区，由于新的海洋产业的建立（如海洋化工、海洋生物制药、海洋电力、海洋船舶制造等），一些新的群体则通过新的职业结构导入到海洋社区，如从事海洋第二和第三产业的年轻白领、外来务工人员、雇工船员和海员等。

在某种意义上，海洋社区社会结构的转型意味着海洋社会群体的分化。具体而言，不同层级的产业有不同的社会群体：以海洋养殖和捕捞等海洋第一产业为主的渔民及其相关群体；以海洋盐业、海洋矿产业、水产品加工业、海洋海岸工程建筑业等海洋第二产业为主的海洋盐业者、矿业者、工程业者和加工业者及其相关群体；以为海洋开发业、流通和生活提供社会化服务的海洋第三产业为主的船员、船东、租船者以及海商等海洋交通业者、滨海旅游业者及其相关群体③。

海洋社区社会结构的变化在某种程度上意味着海洋社区社会需求结构的分化。社会需求主要包括两大方面：一是为提升区域功能、提高居民生活品质而引发的社会普遍性公共需求；二是根植于社会结构和群体意义上

---

① 杨国桢：《关于中国海洋经济社会史的思考》，《中国社会经济史研究》1996 年第 2 期。
② 宋广智：《海洋社会学：海洋社区的研究》，《文史博览》2006 年第 12 期。吴宾等：《社会工作对和谐海洋社区构建的意义》，《法制与社会》2010 年第 10 期（下）。
③ 宋宁而：《群体认同：海洋社会群体的研究视角》，《中国海洋大学学报》2011 年第 3 期。

的个性化公共需求。

尽管不同产业结构和不同类型的海洋社区有着各自不同的社会结构，但也存在着一些普遍性的公共需求。第一类是对优化社区环境，尤其是海洋环境保护的公共需求；第二类是对海洋安全，尤其是海洋防灾减灾的公共需求。个性化的公共需求主要是一些特殊群体，尤其是弱势群体的需求。在海洋第一产业中，第一类是失海农民的基本社会保障需求；第二类是城市化过程中，转产转业渔民的城市适应，尤其是人际交往和社会关系网络的构建需求；在海洋第二产业中，主要是新的海洋产业工人群体，尤其是外来流动人口的社会保障和子女教育问题；在海洋第三产业中，主要是船员的心理、婚姻、子女教育等问题。

可以说，海洋社区的产业结构调整和社会结构变迁，引发了海洋社区的社会需求结构的相应变化。首先，随着海洋社区社会结构的变化，海洋社区社会需求的总量将会进一步增加：一些传统的制度化群体，如转产转业的渔民的基本需求已经初步解决，而新导入群体的需求在未来一段时间内也需要加以关注。其次，随着海洋社区社会结构的分化，海洋社区的需求结构也发生了变化：一部分生活富裕的居民要求加强公共安全保障、提升社区文化品位等；一部分处于中等生活水平的居民则提出进一步完善社区的教育、绿化、娱乐设施等新要求；一部分生活水平比较低的居民则对基层政府提出了济贫、帮困、再就业等需求。

三　区域性海洋社会结构变迁下的社会工作干预

在国家实施海洋发展战略、海洋产业结构转型的背景下，海洋社区的社会结构也在发生相应的变化，如海港社区面临着雇工船员、海员等外来人口流动问题；传统的渔村社区面临着渔民转产转业后的社会适应、社会保障等问题。海洋社区社会结构的变化也引发了海洋社区社会需求结构在需求总量和需求层次上的分化。这些分化和转型意味着，海洋社区建设不仅具有一般性陆地社区的共性，更具有其自身区域性特征。面对这些具有独特地域性特征的挑战，在海洋社区建设中引入社会工作的理念、社会工作的队伍、社会工作的方法，对于海洋社区的社会建设和社会管理体制创新具有重要意义。

社会工作是运用专业的社会工作方法，帮助服务对象恢复受损社会功能的科学的助人方法、职业和制度。关于社会工作的本质，学者们从不同的角度得出了不同的认识，如作为一门"学科和专业"的社会工作、作为"福利事业"的社会工作、作为调整"社会关系"的社会工作、作为"具有价值取向的社会技术"的社会工作、作为"道德实践"和"政治实践"的社会工作等①。本文在此使用的"社会工作"采用了张昱的观点，即社会工作本质上是以个体社会关系为对象的、一种具有极其强烈的价值取向的社会技术②。因此，本文所使用的"社会工作"概念更多地指涉作为一种制度和职业的社会工作、作为社会福利事业的社会工作、作为一种社会技术的社会工作。将社会工作引入处于变迁中的海洋社区建设，具有以下三个方面的重要功能。

首先，社会工作参与海洋社区建设有助于提高海洋社区的公共服务供给水平。

以传统的渔业社区为例，海洋产业结构加快了渔民转产转业的步伐，在此过程中，渔民个体"碎片"化程度进一步提高，个体问题日趋严重，如渔民失海问题、个体渔民的社会支持降低问题、个体渔民的精神健康问题、个体渔民的心理问题、个体渔民的社会保障问题等。在提供这些个体化的、差异化的社会需求问题时，政府的优势则相对不足，因为政府更多的是提供一种普惠性的公共服务。而社会工作恰恰可以弥补这方面的不足。

张昱认为，社会工作是促进个体和谐发展的社会技术，在本质上是一种具有极其强烈的价值取向的社会技术。他认为，在经验上，我们经常把科学技术直接等同于自然科学技术，无形当中否认了社会科学技术，所以对于人类的治疗人们更重视生理和心理治疗，而忽视了其他方面的治疗。这需要我们大力发展出一种或几种不仅能解决问题而且能提升个体能力的社会技术，这样既能使个体有能力预防问题的产生，又能使个体有能力解决问题，而能使个体具备这种能力的技术之一就是社会工作③。如对残疾人、老人、问题青少年等的照顾上，我们现有的更多的是一种经验式的照顾，而缺乏专业性的社会照顾，即使有一些专业性的照顾也基本上是医疗和

---

① 孙志丽、张昱：《社会工作本质研究评述》，《前沿》2011 年第 17 期。
② 张昱：《促进个体和谐发展的社会技术》，《西北师大学报（社会科学版）》2008 年第 1 期。
③ 张昱：《促进个体和谐发展的社会技术》，《西北师大学报（社会科学版）》2008 年第 1 期。

心理方面的。比如对于一个失海的老年渔民而言，他面临着因年老而带来的能力的变化、社会功能的变化、社会认知的变化、社会支持体系的变化、行为的变化、家庭关系等方面的变化、社会交往的变化等等，其碰到的问题能否仅仅通过医疗或心理咨询与治疗解决？如果停留在一些传统的做法上，个体的很多问题可能得不到有效的解决。因此，通过社会工作参与海洋社区公共服务，可以对海洋社区中的老年人、残疾人、失海渔民等弱势群体提供专业化的服务和帮助，最大可能地为海洋社区提供专业化、差异化、个性化的公共服务。

其次，社会工作参与海洋社区建设有利于促进海洋社区的社会组织培育和社会资本发育。

美国 1972 年出版的《世界社会科学百科全书》将社会工作解说为：社会工作的目标是帮助社会上受到损害的个人、家庭、社区和群体，为他们创造条件，恢复和改善其社会功能，使他们免于破产。社会工作的职能是帮助人们适应社会和改善社会制度。职业社会工作者的任务是采取适宜的措施援助那些由于贫困、疾病、免职、冲突以及由于个人、家庭或社会解体在经济上和社会环境中失调而陷于困难的人，此外，还参加社会福利政策与社会预防方案的制订[①]。社会工作起源于西方社会的慈善活动，专业化于 20 世纪。从其起源看，社会工作最初是面向社会弱势群体的一种活动，但当社会工作专业化之后，其面向已不单单是社会弱势群体。当代社会工作已经超越了传统的救贫济弱的活动范围，它是非营利服务和专业性社会服务的建构者，属于专业性、非营利性、公益性和福利性的一种社会服务。社会工作的这种非营利性和公益性也有助于海洋社区社会组织的发育和社会资本的发育。例如，渔村社区是以近海捕捞或养殖为主的渔民聚集地，它是与以种植业为主的农村社区不同的社区类型。在海洋环境变迁和海洋渔业不断升级的影响下，渔村社区也处于不断变迁之中。其中渔民"失海"问题和渔民养殖中受到环境污染问题是渔村社区面临的主要问题。在解决这类问题时，社会工作可以运用小组工作和社区工作的方法，帮助渔民建立"渔业合作社"等社会组织，共同抵御市场的不确定性风险，维护自己的权利。而社会组织或民间组织的充分发育，也有助于当地海洋社区的社

---

① 转引自孙志丽、张昱《社会工作本质研究评述》，《前沿》2011 年第 17 期。

会资本发育，提升当地居民的自我发展能力。

最后，社会工作参与海洋社区建设有助于探索海洋社区的社会管理体制创新。

在海洋产业结构调整和海洋社区社会结构转型的背景下，海洋社区将面临一系列新的社会问题和新的社会需求（如传统的渔民转产转业后的社会保障问题、新的海洋产业工人群体的社会保障需求），如果还继续单独使用政府习惯的传统工作方法和组织方式（发红头文件、党的工作方法、少数服从多数、居委会等），在许多场合已经难以奏效。这就要求政府改变传统的管理模式，吸引社会力量参与，健全十七大提出的"党委领导、政府负责、社会协同、公众参与"的社会管理格局。在中央提出"社会建设""促进经济社会协调发展以增进人民福祉"等理念的背景下，将社会工作制度（如在海洋社区建立与海洋社会群体有关的社会工作服务站、合理设置居委会与社工站的责任分工体系）引入海洋社区建设，也有助于政府在社会管理体制和社会福利体制创新方面的探索。在变迁中的海洋社区中建立新型的社会工作制度既是对原有的社会管理体制、社会保障制度的改革，也是一种制度创新。

海洋人力资源供给约束探析

李国军　张继平　郑建明[*]

摘要：海洋经济可持续发展离不开人力资源的不断投入。在我国人口总量和结构发生变化的情况下，海洋部门将面临人力资源供给约束。本文从数量和质量两个方面，对影响海洋人力资源供给的因素进行考察和分析，并给出相应的对策。

关键词：海洋经济　人力资源　供给约束

一　引言

21世纪是海洋世纪。随着陆地资源的日益减少，开发海洋资源、发展海洋经济，引起了世界各国政府的高度重视，成为人类社会实现可持续发展的重要战略举措。开发利用海洋资源，大力促进海洋经济发展，已经成为国民经济新的增长点，对实现我国全面建设小康社会的目标具有重要意义。

海洋经济可持续发展离不开人力资源的不断投入。海洋人力资源主要是指国家总人口中在整个经济活动中从事海洋产业相关的社会劳动力总和。主要包括：①海洋管理人才。是指受到一定专业训练、具备一定的海洋知识、区域管理的技能或特长，具有合作能力、实践能力与敬业精神的人才。②海洋技术人才。海洋技术人才是指工作于生产第一线，使学术型人才的研究成果和工程型人才的设计、规划、决策变成物质形态或对社会产生具体作用的一类人才。③海洋技能人才。一般指在第一线或现场从事工作的一

＊　李国军（1975—）男，山东潍坊人，经济学博士，上海海洋大学人文学院讲师，研究方向：人口、资源管理与环境治理。张继平（1957—）男，现任上海海洋大学人文学院院长兼党委书记，全国高等农业院校教学指导委员会委员，教授。郑建明（1976—）男，经济学博士，上海海洋大学副教授，研究方向：公共经济、社会保障。

类人才，这也是当前区域海洋经济发展过程中比较缺乏的人才。除此以外，海洋人才还包括海洋研究人才、海洋教育人才、海洋体力劳动人才等。[1]

海洋经济的快速发展引致了对海洋人力资源需求的增长。平均来看，2009 年我国沿海地区涉海就业人员总数已超过地区就业人员总数的 10%；个别地区已接近或超过 30%（如海南 29%，天津 32%）。可以预计，随着海洋经济的进一步发展，对人力资源的需求会不断增长。相关研究表明，在我国人口总量和结构发生变化的情况下，海洋部门会面临人力资源供给约束。[2][3] 形成这些约束的原因何在？我们应采取哪些措施来缓解这种矛盾？这是本文要探讨的。

本文后续结构安排如下：首先是文献综述；其次，对影响海洋人力资源供给的因素进行考察和分析；最后，给出结论和相应的对策。

二 文献综述

相关研究从以下几个方面展开。

（1）对海洋人力资源现状和存在问题的梳理

陈新军和周应琪用灰色关联的方法对我国沿海省市海洋渔业人力资源的结构和现状进行了分析，发现渔业人力资源主要投入了捕捞产业。[4] 谢素美和徐敏对海洋人力资源存在的问题进行了总结，具体体现在海洋人力资源整体素质不高、海洋人才流失严重、海洋科研队伍人才结构不合理、海洋教育意识淡薄、海洋人力资源培训力度不够、海洋人力资源激励机制不活等方面。仲雯雯和郝艳萍的研究发现了类似的问题，体现在我国海洋人力资源整体素质不高，高层次人才太少；知识结构单一，复合型人才紧缺；组成结构不合理，人才流失现象严重；培训系统性、层次性欠缺，力度有待加强；积极性和创造性缺乏等方面。[5]

① 全永波：《基于区域海洋管理的人才共享机制构建研究》，《辽宁行政学院学报》2011 年第 3 期。
② 谢素美、徐敏：《海洋人力资源管理措施初探》，《海洋开发与管理》2007 年第 4 期。
③ 李彬和高艳：《海洋产业人力资源的现状与开发研究》，《海洋湖沼通报》2011 年第 1 期。
④ 陈新军、周应琪：《中国海洋渔业人力资源结构的灰色分析及其预测》，《湛江海洋大学学报》2001 年第 1 期。
⑤ 仲雯雯、郝艳萍：《我国海洋人力资源开发与可持续发展探讨》，《中国渔业经济》2010 年第 6 期。

（2）影响海洋人力资源流动的因素分析

高健和平瑛针对我国海洋捕捞产业劳动力投入量过大的问题，从我国海洋捕捞产业的人力资源现状着手，分析了制约海洋捕捞劳动力转移的主要因素。[①]

（3）对完善海洋人力资源管理的对策研究

谢素美和徐敏认为应采取以下措施加强海洋人力资源管理，即①发展海洋教育，提高海洋从业者素质；②建立新的用人机制，制定有利于人才辈出的政策；③制定合理的人力资源规划，着力培养复合型海洋人才；④建立科学有效的培训机制，构筑可持续发展的海洋人力资源体系。仲雯雯和郝艳萍认为除了发展教育外，还应分层次制定海洋人力资源开发方案，注重培养复合型海洋人才和选拔高层次人才；优化海洋人力资源结构，建立合理的用人机制；有针对性地开展系统的海洋人力资源培训，加强培训力度；建立海洋人力资源的激励机制，引导和促进海洋人才的创新。全永波提出通过形成区域间的协作机制、优化人才培养和教育机制、制定适应区域海洋管理的人力资源规划等措施来构建人才共享机制以应对区域海洋管理中存在的弊端。崔旺来和文接力在阐述海洋科技人力资源教育开发与激励机制概念的基础上，分析了影响海洋科技人力资源教育开发过程中激励机制形成的因素，提出通过学术、环境、感情和分配四大激励机制来促进海洋科技人力资源的教育和开发。[②]

从已有相关文献来看，对海洋经济发展面临的人力资源约束的现状分析得较多，但缺乏对影响海洋人力资源供给约束影响因素的全面分析。这是本文要探讨的。

三 海洋人力资源供给约束影响因素分析

根据劳动经济学相关理论，人力资源的供给通过数量和质量两个属性来描述。影响劳动力供给数量的因素可从人口总量、净出生率、区域净流

---

① 高健、平瑛：《制约我国海洋捕捞渔业人力资源流动因素的探讨》，《中国渔业经济》2002 年第 5 期。

② 崔旺来、文接力：《基于激励机制视角的海洋科技人力资源教育开发研究》，《人力资源管理》2012 年第 2 期。

入率、劳动力参与率等方面来考察；而提高人力资源质量的途径包括教育、培训和劳动力流动。

（一）数量因素分析

1. 人口总量、净出生率变化趋势

中国是世界上第一人口大国。在 20 世纪后半叶，中国人口经历了几次前所未有的、在世界上也属罕见的重大变动：50～70 年代的人口快速增长和死亡率的急剧下降、70～80 年代的生育率快速下降和 90 年代的大规模劳动力流动。预期在今后的 10～20 年，我们还将经历急速的人口老龄化过程。我国在不到 50 年的时间内就在大部分地区基本完成了人口转变过程，[①] 而在西方发达国家，人口转变伴随着工业化和现代化的进程缓慢发展，变化过程往往历时百年以上。人口的生育水平一般用出生率或总和生育率来测量。[②]

1949～1970 年，中国的出生率基本都高于 30‰，20 世纪 70 年代开始迅速下降，至 1980 年已经降到 18‰，随后呈现波动和徘徊，在 90 年代又开始呈现逐年缓慢下降的趋势，至 2004 年已经降到 12.29‰。不过，全国的生育水平并不平衡，呈现由东向西逐级升高的模式。至 2004 年，人口出生率依然高于 16‰的地区为西藏、青海和新疆，低于 8‰的地区为北京、天津、上海三个直辖市和辽宁、吉林、黑龙江三省。

自 70 年代开始，中国生育率出现迅速下降。总和生育率从 60 年代末的 6 以上下降到 1980～1985 年的 2.5 和 1990～1995 年的 2 以下，而根据发达国家经验，TFR 为 2.1 是生育更替水平。根据国家人口和计划委员会的预测，中国人口将在今后 20 多年内持续增长，并在 2035 年左右达到人口总量的峰值，此后人口将持续下降。

2. 劳动年龄人口

经济高速增长和人口控制政策导致了人口结构快速转变，使中国不得不提前面临人口的加速老龄化，劳动力市场的供求形势因此出现重要变化。

人口快速转变的结果使中国当前及今后一段时间内面临着最为丰富的

---

① 根据人口转变理论，人口从高出生率和高死亡率的再生产类型，经过死亡率降低和出生率降低，最后达到低出生、低死亡、低增长的相对稳定状态，这一变化过程称为人口转变。

② 总和生育率（total fertility rate，TFR）是指妇女终生生育的孩子数。

劳动力供给。建立在 2000 年全国第五次人口普查结果上的最新预测表明，如果总和生育率维持在 1.8 左右，则劳动年龄人口的增长趋势还会维持 10 年左右的时间。从 15～65 岁劳动年龄人口来看，2001～2006 年，每年增长数量都超过 1000 万，这一年龄段人口数量增加的趋势将会持续到 2016 年。从 15～59 岁的劳动年龄人口来看，2006 年之前，每年的增加量也超过 1000 万，但这一口径的人口增长趋势只能维持到 2013 年。之后，劳动年龄人口的绝对数量将不再增长，规模将会逐渐缩小。表 1 是对 2005～2050 年间我国劳动年龄人口和抚养比变化趋势的预测值。

表 1　劳动年龄人口和扶养比变化趋势预测（2005～2050 年）①

年份	劳动力人口增加数量/万人		抚养比/%
	15～64 岁	15～59 岁	
2005	1208.33	1113.06	42.10
2007	956.24	763.21	40.50
2009	885.01	624.69	39.52
2011	758.65	457.95	38.93
2013	593.84	175.04	38.77
2015	190.34	−165.67	39.41
2017	−37.41	−165.35	40.56
2019	−166.81	182.15	42.02
2020	−246.27	160.74	42.91
2025	197.84	−691.70	44.87
2030	−640.94	−815.58	47.84
2040	−600.73	−403.20	58.92
2050	−567.98	−846.33	62.95

具有一定人力资本的劳动力是一个国家最重要的资源，劳动年龄人口规模庞大意味着中国有劳动力丰富的比较优势，我们的产业选择不可背离这个基本条件。另外，劳动年龄人口在总人口中比重较高，说明我们正处

---

① 数据来源：蔡昉著《中国人口与可持续发展》，科学出版社，2007。

在难得的人口红利的机会窗口。这两个有利条件提醒我们，必须抓住时机吸引更多的劳动力投入海洋领域，加速海洋经济发展。

3. 劳动力参与率

鉴于数据可得性，只考察了城镇劳动参与率变化趋势。图 1 显示了 1995～2004 年间我国城镇劳动参与率变化趋势。

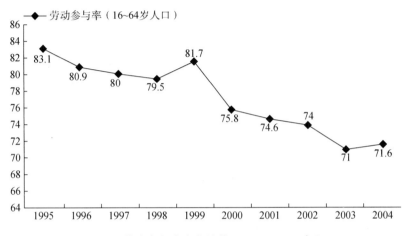

图 1　劳动参与率变化趋势（1995～2004 年）

数据来源：蔡昉《中国人口与可持续发展》，科学出版社，2007。

从图 1 可以看出，城镇劳动参与率的变动趋势不容乐观。劳动参与率的不断下降，会对海洋人力资源供给带来不利影响，是值得我们关注的动向之一。

4. 劳动力流动

劳动力流动一方面对流入地区的人力资源供给带来影响，另一方面会使得人力资本的价值可以实现并改变该地区人力资源的质量结构。

目前中国正处在简单劳动力供给无限的阶段，同时存在着一系列制约劳动力流动的制度性障碍，农村劳动力向城市转移的意愿大于城市的吸纳能力，使得在城市的劳动力市场上，劳动力供给曲线在一定范围内近乎于无限弹性。但随着我国东、中、西部均衡发展的战略指导，内地发展势必增加对人力资源的需求，因此，劳动力资源净流入的减少将会成为海洋人力资源供给的约束因素。

（二）质量分析

教育是最主要的人力资本投资方式，也是提高人口素质最主要的途径，成为推动经济发展的一个最重要的原动力。在职培训作为专用性人力资本投资的重要方式，得到了广泛认同。

海洋人力资源是具有高度技术性的资源。海洋环境与陆地环境截然不同，开发和利用海洋对开发技术的要求更高，对海洋的开发利用、保护海洋环境以及国家海洋权益的保护等都需要科学技术的支持，如海洋环境的监测预报、深海资源的勘测开发、海洋生物的培育利用、海上运输的发展等都是科技发展的前沿地带，是知识密集型的高科技产业。可以说，科学技术的水平将直接关系到海洋产业的规模与层次，海洋产业对科学技术有着很强的依赖性，要推动海洋经济的健康快速的发展就要依靠具备一定素质的从业人员。因此，教育和培训将成为海洋人力资源高质量的重要保证。

四 结论与对策

（一）结论

本文对我国海洋人力资源供给约束进行了探析。影响海洋人力资源供给有以下几个方面因素。

（1）在现行人口政策下，人口总量将会在经历一个人口红利的窗口之后，进入下行通道。

（2）劳动参与率逐年降低，变化趋势不容乐观。

（3）如果不能消除阻碍劳动力流动的各种因素，将难以发挥其在数量和质量方面对于突破海洋人力资源供给约束的作用。

（4）鉴于海洋人力资源高度技术性的特点，教育和培训对于保证海洋人力资源的供给具有重要意义。

（二）对策

我们可以从以下方面加以应对。

（1）通过教育和培训提高海洋从业人员的素质和技能，弥补人力资源数量短缺。

（2）通过选择适当的发展战略和产业政策，消除劳动力市场上的制度障碍，通过劳动力合理流动来保障海洋经济的发展和人力资本价值的实现。

（3）通过社会保障制度设计和加强宣传，促使更多适龄人口投入劳动力市场，尤其是海洋相关产业。

（4）通过适时、适当地调整人口政策，避免劳动年龄人口的永久性减少及其造成的人口负债，确保海洋各项事业的发展及战略目标的顺利实现。

图书在版编目(CIP)数据

中国海洋社会学研究. 2013 年卷：总第 1 卷／崔凤
主编 . — 北京：社会科学文献出版社，2013.7
ISBN 978 - 7 - 5097 - 4819 - 0

Ⅰ.①中…　Ⅱ.①崔…　Ⅲ.①海洋学 - 社会学 -
中国 - 文集　Ⅳ.①P7 - 05

中国版本图书馆 CIP 数据核字（2013）第 149092 号

中国海洋社会学研究（2013 年卷　总第 1 卷）

主　　编／崔　凤
执行主编／王书明

出 版 人／谢寿光
出 版 者／社会科学文献出版社
地　　址／北京市西城区北三环中路甲 29 号院 3 号楼华龙大厦
邮政编码／100029

责任部门／社会政法分社　（010）59367156　　责任编辑／崔晓璇　曾雪梅　谢蕊芬
电子信箱／shekebu@ ssap. cn　　　　　　　　责任校对／李　红
项目统筹／童根兴　　　　　　　　　　　　　责任印制／岳　阳
经　　销／社会科学文献出版社市场营销中心　（010）59367081　59367089
读者服务／读者服务中心　（010）59367028

印　　装／三河市尚艺印装有限公司
开　　本／787mm×1092mm　1/16　　　　　印　　张／16. 25
版　　次／2013 年 7 月第 1 版　　　　　　　字　　数／262 千字
印　　次／2013 年 7 月第 1 次印刷
书　　号／ISBN 978 - 7 - 5097 - 4819 - 0
定　　价／59. 00 元